工程施工现场技术管理丛书

# 项目经理

刘 喜 主编

中国铁道出版社

2010年·北京

## 内 容 提 要

本书作为工程施工现场技术管理丛书之一,内容翔实、全面,实用性强。

全书共分十章,分别为概论、工程项目合同管理、工程项目采购管理、工程现场技术管理、工程施工质量管理、工程现场材料设备管理、工程项目安全管理、工程造价与成本管理、工程项目资源管理、工程项目沟通管理。

本书既可作为施工企业质量技术或管理工具书,也可作为施工企业质量相关方面培训教材。

### 图书在版编目(CIP)数据

项目经理/刘喜主编 . —北京:中国铁道出版社,2010.12
(工程施工现场技术管理丛书)
ISBN 978-7-113-11922-5

Ⅰ.①项… Ⅱ.①刘… Ⅲ.①建筑工程－项目管理－基本知识 Ⅳ.①TU71

中国版本图书馆 CIP 数据核字(2010)第 184822 号

| | |
|---|---|
| 书　　名: | **工程施工现场技术管理丛书**<br>　　　　**项 目 经 理** |
| 作　　者: | 刘　喜 |

| | |
|---|---|
| 策划编辑: | 江新锡　徐　艳 |
| 责任编辑: | 徐　艳　　　　　电话:51873193 |
| 封面设计: | 崔丽芳 |
| 责任校对: | 张玉华 |
| 责任印制: | 李　佳 |

| | |
|---|---|
| 出版发行: | 中国铁道出版社(100054,北京市宣武区右安门西街 8 号) |
| 网　　址: | http://www.tdpress.com |
| 印　　刷: | 三河市兴达印务有限公司 |
| 版　　次: | 2010 年 12 月第 1 版　2010 年 12 月第 1 次印刷 |
| 开　　本: | 787mm×1092mm　1/16　印张:12.5　字数:311 千 |
| 书　　号: | ISBN 978-7-113-11922-5 |
| 定　　价: | 29.00 元 |

### 版权所有　侵权必究

凡购买铁道版的图书,如有缺页、倒页、脱页者,请与本社读者服务部联系调换。
电　　话:市电(010)51873170,路电(021)73170(发行部)
打击盗版举报电话:市电(010)63549504,路电(021)73187

# 前 言

我国正处在经济和社会快速发展的历史时期,工程建设作为国家基本建设的重要部分正在蓬勃发展,铁路、公路、房屋建筑、机场、水利水电、工厂等建设项目在不断增长,国家对工程建设项目的投资巨大。随着建设规模的扩大、建设速度的加快,工程施工的质量和安全问题、工程建设效率问题、工程建设成本问题越来越为人们所重视和关注。

加强培训学习,提高工程建设队伍自身业务素质,是确保工程质量和安全的有效途径。特别是工程施工企业,一是工程建设任务重,建设速度在加快;二是新技术、新材料、新工艺、新设备、新标准不断涌现;三是建设队伍存在相当不稳定性。提高队伍整体素质不仅关系到工程项目建设,更关系到企业的生存和发展,加强职工岗位培训既存在困难,又十分迫切。工程施工领域关键岗位的管理人员,既是工程项目管理命令的执行者,又是广大建筑施工人员的领导者,他们管理能力、技术水平的高低,直接关系到建设项目能否有序、高效率、高质量地完成。

为便于学习和有效培训,我们在充分调查研究的基础上,针对目前工程施工企业的生产管理实际,就工程施工企业的关键岗位组织编写了一套《工程施工现场技术管理丛书》,以各岗位有关管理知识、专业技术知识、规章规范要求为基本内容,突出新材料、新技术、新方法、新设备、新工艺和新标准,兼顾铁路工程施工、房屋建筑工程的实际,围绕工程施工现场生产管理的需要,旨在为工程单位岗位培训和各岗位技术管理人员提供一套实用性强、较为系统且使用方便的学习材料。

丛书按施工员、监理员、机械员、造价员、测量员、试验员、资料员、材料员、合同员、质量员、安全员、领工员、项目经理十三个关键岗位,分册编写。管理知识以我国现行工程建设管理法规、规范性管理文件为主要依据,专业技术方面严格执行国家和有关行业的施工规范、技术标准和质量标准,将管理知识、工艺技术、规章规范的内容有机结合,突出实际操作,注重管理可控性。

由于时间仓促,加之缺乏经验,书中不足之处在所难免,欢迎使用单位和个人提出宝贵意见和建议。

编 者

2010 年 12 月

# 目 录

## 第一章 概 论 ... (1)
- 第一节 工程项目与项目管理 ... (1)
- 第二节 项目经理概述 ... (5)

## 第二章 工程项目合同管理 ... (10)
- 第一节 项目合同管理概述 ... (10)
- 第二节 项目合同管理体系 ... (12)
- 第三节 项目合同管理事项 ... (14)
- 第四节 项目合同变更管理 ... (19)
- 第五节 项目索赔管理 ... (24)
- 第六节 合同终止与评价 ... (34)

## 第三章 工程项目采购管理 ... (36)
- 第一节 概 述 ... (36)
- 第二节 项目采购计划 ... (38)
- 第三节 项目采购控制 ... (41)

## 第四章 工程现场技术管理 ... (44)
- 第一节 技术管理基本知识 ... (44)
- 第二节 工程项目的施工管理 ... (47)
- 第三节 工程项目的技术管理 ... (51)

## 第五章 工程施工质量管理 ... (56)
- 第一节 质量管理基本知识 ... (56)
- 第二节 质量管理数理统计 ... (60)
- 第三节 工程质量控制 ... (75)
- 第四节 工程质量检验评定与验收 ... (85)
- 第五节 工程质量改进 ... (90)

## 第六章 工程现场材料设备管理 ... (94)
- 第一节 工程材料管理 ... (94)
- 第二节 工程机械设备管理 ... (101)
- 第三节 物资仓储管理 ... (105)

## 第七章 工程项目安全管理 ... (110)
- 第一节 安全管理职责 ... (110)
- 第二节 安全管理注意事项 ... (111)
- 第三节 安全文明施工管理 ... (136)

## 第八章　工程造价与成本管理 …………………………………………………… (140)

第一节　工程造价的构成与费用计算 ……………………………………… (140)

第二节　项目成本管理 ……………………………………………………… (153)

第三节　项目成本计划与控制 ……………………………………………… (157)

第四节　项目成本核算 ……………………………………………………… (164)

第五节　项目成本分析与考核 ……………………………………………… (168)

## 第九章　工程项目资源管理 ……………………………………………………… (172)

第一节　概　　述 …………………………………………………………… (172)

第二节　人力资源管理 ……………………………………………………… (173)

第三节　材料资源管理 ……………………………………………………… (176)

第四节　机械设备资源管理 ………………………………………………… (179)

第五节　项目技术管理 ……………………………………………………… (181)

第六节　项目资金管理 ……………………………………………………… (183)

## 第十章　工程项目沟通管理 ……………………………………………………… (186)

第一节　概　　述 …………………………………………………………… (186)

第二节　项目沟通依据、方式与渠道 ……………………………………… (188)

第三节　项目沟通处理 ……………………………………………………… (190)

## 参 考 文 献 ……………………………………………………………………… (193)

# 第一章 概 论

要做好一个合格的项目经理,首先必须知道工程对自己的能力要求、日常的工作以及基本权限。

## 第一节 工程项目与项目管理

### 一、建设项目与项目组成

建设项目是指在一定量的投资下,具有独立计划和总体设计文件,在一定约束条件下,按照总体设计要求组织施工,工程竣工后具有完整的系统,可以形成独立生产能力或使用功能的工程项目。如一座桥梁、一条铁路、一所学校等。

建设项目的管理主体是建设单位。它的约束条件是时间、资源和质量,即一个建设项目应具有合理的建设工期目标,特定的投资总量目标和预期的生产能力、技术水平和使用效益目标。

各个建设项目的规模和复杂程度不尽相同,如铁路基本建设项目,从大的方面而言,包括铁路新线修建项目、既有线复线或电化改造项目、线路或个体改扩建项目等,它们又包含许多子项目,如新建铁路基本建设工程项目有路基、桥涵、轨道、隧道及明洞、站场建筑设备、机务设备、车辆设备、给排水、通信、信号、电力、房屋建筑,一般将前五项工程统称为站前工程,其余统称为站后工程。

建设项目按构成可划分为单项工程、单位工程、分部工程及分项工程。

1. 单项工程

单项工程,也称工程项目,是指具有独立的设计文件,完工后可以独立发挥生产能力或效益的工程。一个建设项目,可由一个单项工程组成,也可由若干个单项工程组成。如修建一条新线,将其划分为若干个区段,每个区段可作为一个单项工程完成。

单项工程体现了建设项目的主要建设内容,其施工条件往往具有相对的独立性。

2. 单位工程

单位工程是指具有单独设计图纸,可以独立施工,但完工后一般不具有独立发挥生产能力和经济效益的工程。如站前工程、站后工程,以及一段铁路的任何一段路基,任何一座桥梁、隧道等均可作为一项单位工程。

一般情况下,单位工程是一个单体的建筑物或构筑物。规模较大的单位工程,可将其能形成独立使用功能的部分作为一个子单位工程。

3. 分部工程

组成单位工程的若干个分部称为分部工程。分部工程的划分应按专业性质、建筑部位确定。如铁路基本建设工程项目中的桥涵工程可以划分为桥梁工程和涵洞工程,而桥梁工程又可划分为下部结构和桥跨结构等分部工程。

当分部工程较大或较复杂时,可按材料种类、施工特点、施工程序、专业系统及类别等划分为若干子分部工程。如下部结构分部工程可划分为桥台、桥墩及基础等子分部工程。

4. 分项工程

组成分部工程的若干个施工过程称为分项工程。分项工程应按主要工种、材料、施工工艺、设备类别等进行划分。如主体混凝土结构可以划分为模板、钢筋、混凝土等几个分项工程。分项工程是整个铁路工程成本、进度控制的基本单位。

## 二、工程项目管理

1. 工程项目管理的主要任务

工程项目管理在工程建设过程中具有十分重要的意义,它的任务主要表现为以下几个方面。

(1)合同管理。铁路工程合同是业主和参与项目实施各主体之间明确责任、权利关系的具有法律效力的协议文件,也是运用市场经济体制、组织项目实施的基本手段。从某种意义上讲,项目的实施过程就是铁路工程合同订立和履行的过程。一切合同所赋予的责任、权利履行到位之日,也就是铁路工程项目实施完成之时。

铁路工程合同管理,主要是指对各类合同的依法订立过程和履行过程的管理,包括合同文本的选择,合同条件的协商、谈判,合同书的签署,合同履行、检查、变更和违约、纠纷的处理,总结评价等。

(2)组织协调。组织协调是实现项目目标必不可少的方法和手段。在铁路工程项目实施过程中,各个项目参与单位需要处理和调整众多复杂的业务组织关系。

(3)目标控制。目标控制是铁路工程项目管理的重要职能,它是指项目管理人员在不断变化的动态环境中为保证既定计划目标的实现而进行的一系列检查和调整活动。铁路工程项目目标控制的主要任务就是在项目前期策划、勘察设计、施工、竣工交付等各个阶段采用规划、组织、协调等手段,从组织、技术、经济、合同等方面采取措施,确保项目总目标的顺利实现。

(4)风险管理。风险管理是一个确定和度量项目风险,以及制定、选择和管理风险处理方案的过程。其目的是通过风险分析减少项目决策的不确定性,以便使决策更加科学,以及在铁路工程项目实施阶段保证目标控制的顺利进行,更好地实现项目质量、进度和投资目标。

(5)信息管理。信息管理是铁路工程项目管理的基础工作,是实现项目目标控制的保证。只有不断提高信息管理水平,才能更好地承担起项目管理的任务。

铁路工程项目的信息管理主要是指对有关项目的各类信息的收集、储存、加工整理、传递与使用等一系列工作的总称。信息管理的主要任务是及时、准确地向项目管理各级领导、各参加单位及各类人员提供所需的综合程度不同的信息,以便在项目进展的全过程中,动态地进行项目规划,迅速正确地进行各种决策,并及时检查决策执行结果,反映工程实施中暴露的各类问题,为项目总目标服务。

(6)环境保护。项目管理者必须充分研究和掌握国家和地区的有关环保法规和规定,对于环保方面有要求的工程建设项目在项目可行性研究和决策阶段,必须提出环境影响报告及其对策措施,并评估其措施的可行性和有效性,严格按建设程序向环保管理部门报批。在铁路工程项目实施阶段,做到主体工程与环保措施工程同步设计、同步施工、同步投入运行。在铁路工程施工承发包中,必须把依法做好环保工作列为重要的合同条件加以落实,并在施工方案的审查和施工过程中,始终把落实环保措施、克服建设公害作为重要的内容予以密切注视。

2.工程项目管理的体现

(1)建立项目管理组织,选聘称职的项目经理,组建项目管理机构,制订项目管理制度。

(2)编制项目管理规划。项目管理规划是对工程项目管理目标、组织、内容、方法、步骤、重点进行预测和决策,作出具体安排的文件。

铁路工程项目管理规划的内容主要有:进行工程项目分解,形成施工对象分解体系,以便确定阶段控制目标,从局部到整体地进行施工活动和进行施工项目管理;建立施工项目管理工作体系,绘制施工项目管理工作体系图和施工项目管理工作信息流程图;编制施工管理规划,确定管理点,形成文件,以利执行。

(3)进行项目的目标控制。项目的目标有阶段性目标和最终目标。实现各项目标是工程项目管理的目的所在。应当坚持以控制论为指导,进行全过程的科学控制。

铁路工程项目的控制目标主要有以下几项:进度控制目标,质量控制目标,成本控制目标,安全控制目标。

由于在铁路工程项目目标的控制过程中,会不断受到各种客观因素的干扰,各种风险因素都有随时发生的可能性,故应通过组织协调和风险管理,对施工项目目标进行动态控制。

(4)对项目施工现场的生产要素进行优化配置和动态管理。项目的生产要素是铁路工程项目目标得以实现的保证,主要包括:人力资源、材料、设备、技术和资金。生产要素管理的要点包括三项:分析各项生产要素的特点;对施工项目生产要素进行优化配置,并对配置状况进行评价;对各项生产要素进行动态管理。

(5)项目的合同管理。由于铁路工程项目管理是在市场条件下进行的特殊交易活动的管理,这种交易活动从招标投标开始,并持续于项目管理的全过程,因此必须依法签订合同,进行履约经营。

(6)项目的信息管理。现代化管理要依靠信息。铁路工程项目管理是一项复杂的现代化管理活动,更要依靠大量信息及对大量信息的管理。施工项目目标控制、动态管理,必须依靠信息管理,并应用计算机进行辅助。

(7)组织协调。组织协调指以一定的组织形式、手段和方法,对项目管理中产生的关系不畅进行疏通,对产生的干扰和障碍予以排除。

### 三、建设的基本程序

建设程序是指一个建设项目在整个建设过程中各项工作所遵循的先后次序,习惯上称作基本建设程序。建设项目按程序进行是客观存在的自然规律和经济规律的要求,也是由建设项目技术及其复杂性决定的。

根据几十年来基本建设工作实践经验的科学总结,我国已形成了一套科学的基本建设程序。我国的基本建设程序可划分为项目建议书、可行性研究、勘察设计、施工准备(包括招标投标)、建设实施、竣工验收、后评价七个阶段。这七个阶段基本上反映了基本建设工作的全过程。这七个阶段还可以进一步概括为决策、准备、实施三个阶段。

1.立项决策阶段

依据铁路建设规划,对拟建项目进行预可行性研究,编制项目建议书;根据批准的铁路中长期规划或项目建议书,在初测基础上进行可行性研究,编制可行性研究报告。项目建议书和可行性研究报告按国家规定报批。

(1)项目建议书。是业主单位向国家提出的要求建设某一项目的建议文件,是对工程项目

建设的轮廓设想。项目建议书的内容视项目的不同而有繁有简,但一般应包括以下几方面内容:

1)项目提出的必要性和依据;

2)产品方案、拟建规模和建设地点的初步设想;

3)资源情况、建设条件、协作关系等的初步分析;

4)投资估算和资金筹措设想;

5)项目的进度安排;

6)经济效益和社会效益的估计。

(2)可行性研究。是对工程项目在技术上是否可行和经济上是否合理进行科学的分析和论证。可行性研究工作完成后,需要编写出反映其全部工作成果的可行性研究报告。各类项目的可行性研究报告内容不尽相同,但一般应包括以下内容:

1)项目提出的背景、投资的必要性和研究工作依据;

2)需求预测及拟建规模、产品方案和发展方向的技术经济比较和分析;

3)资源、原材料、燃料及公用设施情况;

4)项目设计方案及协作配套工程;

5)建厂条件与厂址方案;

6)环境保护、防震、防洪等要求及其相应措施;

7)企业组织、劳动定员和人员培训;

8)建设工期和实施进度;

9)投资估算和资金筹措方式;

10)经济效益和社会效益。

2. 设计阶段

根据批准的可行性研究报告,在定测基础上开展初步设计。初步设计经审查批准后,开展施工图设计。

(1)初步设计。初步设计应根据批复的可行性研究报告、测设合同及勘测资料进行编制。初步设计文件经审查批复,列入国家基本建设年度计划后,即作为订购主要材料、机具、设备等事宜,进行施工准备,编制施工图设计文件和控制建设项目投资等的依据。

(2)技术设计。技术设计应根据初步设计的批复意见和勘测设计合同要求,进一步勘测调查,分析比较,解决初步设计中尚未解决的问题,落实技术方案,计算工程数量,提出修正的施工方案,编制修正设计概算,批准后即作为施工图的依据。

(3)施工图设计。施工图设计以修正设计概算作为编制依据,作出施工组织计划并编制施工图预算,向建设单位提供完整的施工图设计文件。

工程简易的建设项目,可根据批准的可行性研究报告,直接进行施工图设计。

3. 工程实施阶段

在初步设计文件审查批准后,组织工程招标投标、编制开工报告。开工报告批准后,依据批准的建设规模、技术标准、建设工期和投资,按照施工图和施工组织设计文件组织建设。

(1)招标与投标阶段。铁路建设工程是关系社会公共利益、公众安全的基础设施建设,必须依法进行招标投标。任何单位和个人不得违法限制或排斥本地区、本系统以外的具备相应资质的法人或其他组织参加投标,不得以任何方式非法干涉招标投标活动。

铁路建设工程招标投标活动应遵循公开、公平、公正、诚实信用的原则。任何单位和个人不得将必须招标的铁路建设项目化整为零或者以其他任何方式规避招标。

铁路建设工程招标的方式主要有公开招标和邀请招标两种,铁路建设工程招标程序如下:

1)编制、报批招标计划;
2)发布招标公告;
3)申请投标;
4)审查投标资格;
5)发售招标文件;
6)召开标前会;
7)递送投标文件;
8)确定评标方案、标底;
9)开标、评标、定标;
10)核准招标结果,发中标通知书;
11)上报招标投标情况的书面报告;
12)承发包合同签订与登记。

(2)施工准备。铁路工程施工涉及面广,为了保证施工的顺利进行应充分做好准备工作。

(3)施工工艺。做好准备工作后,施工单位必须按合同规定日期进行施工。

**4. 竣工验收阶段**

铁路建设项目按批准的设计文件全部竣工或分期、分段完成后,按规定组织竣工验收,办理资产移交。

## 第二节 项目经理概述

**一、项目经理的地位**

一个项目是一项整体任务,有统一的最高目标,按照管理学的基本原则,需要设有专人负责才能保证其目标的实现。这个负责人就是施工项目经理。

施工项目经理是施工项目的中心,在施工活动中占有举足轻重的地位。第一,施工项目经理是施工企业法人代表(施工企业经理)在项目上的代理人。施工企业是法人,企业经理是法人代表,一般情况下,企业经理不会直接对每个建筑单位负责,而是由施工项目经理在授权范围内对建设单位直接负责。第二,施工项目经理是施工项目全过程所有工作的主要负责人、企业项目承包责任人、项目动态管理的体现者,是项目生产要素合理投入和优化组合的组织者。总之,施工项目经理是施工项目目标的全面实现者,既要对建设单位的成果性目标负责,又要对施工企业的效率性目标负责,必须具备如下四方面条件:

(1)项目经理是施工承包企业法人代表在项目上的全权委托代理人。从企业内部看,项目经理是施工项目全过程所有工作的总负责人,是项目的总责任者,是项目动态管理的体现者,是项目生产要素合理投入和优化组合的组织者。从对外方面看,作为企业法人代表的企业经理,不直接对每个建设单位负责,而是由项目经理在授权范围内对建设单位直接负责。

(2)项目经理是协调各方面关系,使之相互紧密协作、配合的桥梁和纽带。他对项目管理目标的实现承担着全部责任,即承担合同责任、履行合同义务、执行合同条款、处理合同纠纷,受法律的约束和保护。

(3)项目经理对项目实施进行控制,是各种信息的集散中心。所有信息通过各种渠道汇集到项目经理的手中;项目经理又通过指令、计划和"办法",对下、对外发布信息,通过信息的集散达到控制的目的,使项目管理取得成功。

(4)项目经理是施工项目责、权、利的主体。项目经理是项目总体的组织管理者,即是项目中人、财、物、技术、信息和管理等所有生产要素的组织管理人。他不同于技术、财务等专业的总负责人。项目经理必须把组织管理职责放在首位。项目经理必须是项目的责任主体,是实现项目目标的最高责任者,而且目标的实现还应该不超出限定的资源条件。责任是实现项目经理责任制的核心,它构成了项目经理工作的压力和动力,是确定项目经理权力和利益的依据。对项目经理的上级管理部门来说,最重要的工作之一就是把项目的这种压力转化为动力。其次项目经理必须是项目的权力主体。权力是确保项目经理能够承担起责任的条件与手段,所以权力的范围必须视项目经理责任的要求而定。如果没有必要的权力,项目经理就是无法对工作负责。项目经理还必须是利益主体。利益是项目经理工作的动力,是由于项目经理负有相应的责任而得到的报酬,所以利益的形式及利益的多少也应该视项目经理的责任而定。如果没有一定的利益,项目经理就不愿负有相应的责任,也不会认真行使相应的权力,项目经理也难以处理好国家、企业和职工的利益关系。

### 二、项目经理的作用

项目经理在施工企业中的中心地位,决定了他对企业的盛衰具有关键作用。所谓"千军易得,一将难求"。项目经理是将帅之才,他在企业中的作用主要表现在以下几个方面:

(1)确定企业发展方向与目标,并组织实施。

(2)建立精干高效的经营管理机构,并适应形势与环境的变化及时作出调整。

(3)制定科学的企业管理制度并严格执行。

(4)合理配置资源,将企业资金同其他生产要素有效地结合起来,使各种资源都充分发挥作用,创造更多利润。

(5)协调各方面的利害关系,包括投资者、劳动者和社会各方面的利益关系,使各得其所,调动各方面的积极性,实现企业总体目标。

(6)造就人才,培训职工,公平、合理地选拔人才、使用人才,使其各尽所能,心情舒畅地为企业献身。

(7)不断创新,采取多种措施鼓励和支持不断更新企业的机构、技术、管理和产品(服务),使企业永葆青春。

### 三、项目经理的日常工作及其工作方法

1. 项目经理的日常工作

施工项目经理的日常工作主要包括以下内容:

(1)决策。项目经理对重大决策必须按照完整的科学方法进行。项目经理不需要包揽一切决策,只有如下两种情况要及时明确地作出决断:一是出现了例外性事件,例如特别的合同变更,对某种特殊材料的购买,领导重要指示的执行决策等;二是下级请求的重大问题,即涉及项目目标的全局性问题,项目经理要及时明确地作出决断。项目经理可不直接回答下属问题,只直接回答下属建议。决策要及时、明确,不要模棱两可。

(2)联系群众。项目经理必须密切联系群众,经常深入实际,这样才能体察下情,发现问

题,便于开展领导工作。要帮助群众解决问题,把关键工作做在最恰当的时候。

(3)实施合同。对合同中确定的各项目标的实现进行有效的协调与控制,协调各种关系,组织全体职工实现工期、质量、成本、安全、文明施工目标,提高经济利益。

(4)学习。项目管理涉及现代生产、科学技术、经营管理,它往往集中了这三者的最新成就。故项目经理必须事先学习,干中学习。事实上,群众的水平在不断提高,项目经理如果不学习,就不能很好地领导水平提高了的下属,也不能很好地解决出现的新问题。项目经理必须不断抛弃老化的知识,学习新知识、新思想和新方法,要跟上改革的形势,推进管理改革,使各项管理能与国际惯例接轨。

2. 项目经理的工作方法

(1)以人为本,领导就是服务

1)领导就是服务,这是领导者的基本信条。必须明白,只有我为人人,才能人人为我。

2)精心营造小环境,努力协调好组织内部的人际关系,使各人的优缺点互补,各得其所,形成领导班子整体优势。

3)领导首先不是管理职工的行为,而是争取他们的心。要让企业每一个成员都对企业有所了解,逐步增加透明度,培养群体意识、团队精神。

4)要了解你的部属在关心什么、干些什么、需要什么,并尽力满足他们的合理要求,帮助他们实现自己的理想。

5)要赢得部属的敬重,首先要尊重部属,要懂得你的权威不在于手中的权力,而在于部属的信服和支持。

6)设法不断强化部属的敬业精神,要知道没有工作热情,学历知识和才能都等于零。

7)不要以为自己拥有了目前的职位,便表示有知识和才干,要虚心好学,不耻下问,博采部属之长。

8)要平易近人,同职工打成一片。千万不要在部属面前叫苦、叫累,频呼"好忙"、"伤脑筋",这等于在向大家宣布自己无能,还影响大家情绪。

(2)发扬民主,科学决策

1)切记独断专行的人早晚要垮台。

2)既要集思广益,又要敢于决策,领导主要是拿主意、用人才,失去主见就等于失去领导。

3)要善于倾听职工意见,不要以"行不通"、"我知道"等言辞敷衍职工。

(3)要把问题解决在萌芽状态

1)及时制止流言蜚语,阻塞小道消息,驳斥恶意中伤,促进组织成员彼此和睦。

2)切莫迎合个别人的不合理要求,对嫉贤妒能者坚决批评。

3)对于既已形成的小集团,与其耗费很大精力去各个击破,不如正确引导,鼓励他们参加竞争,变消极因素为积极因素。

4)用人要慎重,防止阿谀逢迎者投机钻营。

5)要有意疏远献媚者。考验一个人的情操,关键是看他如何对待他的同事和比他卑微的人,而不是看他对你如何。

(4)以身作则,思想领先

1)要做到言有信,言必行,行果。不能办到的事千万不要许诺,切不可失信于人。

2)有错误要大胆承认,不要推诿责任,寻找"替罪羊"。

3)不要贪图小便宜,更不能损公肥私,这样会让人瞧不起。无法领导别人。公生明,谦生威,领导人的威信,来自清正廉明,在于身体力行。

4)养成"换位思考"的习惯,经常提醒自己,如果我是那人,我该如何办。

5)搞清工作的重点,弄清楚工作的轻重缓急。需要通过授权,戒除忙乱,要把自己应该做,但又一时做不了的次要事交给下属去做。

6)用自己工作热情的"光亮"照耀别人。

7)要学习、学习再学习。在当前知识快速更新的时代,不学习就要落伍,工作再忙也要挤时间读书看报,学习可以提高领导的质量和效率。

### 四、项目经理责任制

项目经理责任制是以施工项目为对象,以项目经理全面负责为前提,以项目目标责任书为依据,以创优质工程为目标,以求得项目成果的最佳经济效益为目的,实行一次性的全过程管理。也就是指以项目经理为责任主体的施工项目管理标责任制度,用以确保项目履约,用以确立项目经理部与企业、职工三者之间的责、权、利关系。

施工企业项目经理责任制的实施,应着重抓好以下几点:

(1)按照有关规定,明确项目经理的职责,并对其职责具体化、制度化。

(2)按照有关规定,明确项目经理的管理权力,并在企业中进行具体落实,形成制度,确保责权一致。

(3)必须明确项目经理与企业法定代表人是代理与被代理的关系。项目经理必须在企业法定代表人授权范围、内容和时间内行使职权,不得越权。为了确保项目管理目标的实现,项目经理应有权组织指挥本工程项目的生产经营活动,调配并管理进入工程项目的人力、资金、物质、设备等生产要素;有权决定项目内部的具体分配方案和分配形式;受企业法定代表人委托,有权处理与本项目有关的外部关系,并签署有关合同。

(4)项目经理承包责任制,应是项目经理责任制的一种主要形式,它是指在工程项目建设过程中,用以确立项目承包者与企业、职工三者之间责、权、利关系的一种管理手段和方法。它以工程项目为对象,以项目经理负责为前提,以施工图预算为依据,以创优质工程为目标,以承包合同为纽带,以求得最终产品的最佳经济效益为目的,实行从工程项目开工到竣工交付使用的一次性、全过程施工承包管理。

### 五、项目经理的权限

为了履行项目经理的职责,施工项目经理必须具有一定的权限,这些权限应由企业法人代表授予,并用制度具体确定下来。施工项目经理应具有以下权限:

(1)用人决策权。决定项目管理机构班子的设置,选择、聘任有关人员,对班子内的成员的任职情况进行考核监督,决定奖惩、辞退。当然,项目经理的用人权应以不违背企业的人事制度为前提。

(2)财务决策权。在财务制度允许的范围内,根据工程需要和计划的安排,做出投资,动用流动资金,周围固定资产购置、作用、大修和计提折旧的决策,对项目管理班子内的计酬方式、分配方法、分配方案等作出决策。

(3)进度计划控制权。根据项目进度总目标和阶段性目标的要求,对项目建设的进度进行检查、调整,并在资源上进行调配,从而对进度计划进行有效的控制。

(4)技术质量决策权。批准重大技术方案和重大技术措施,必要时召开技术方案论证会,把好技术决策关和质量关,防止技术上的决策失误,主持处理重大质量事故。

(5)设备、物资采购决策权。对采购方案、目标、到货要求,以及对供货单位的选择、项目库存策略等进行决策,对由此而引起的重大支付问题作出决策。

### 六、项目经理的利益与奖罚

项目经理最终的利益是项目经理行使权力和承担责任的结果,也是商品经济条件下责、权、利相互统一的具体体现。利益可分为两大类:一是物质兑现;二是精神奖励。目前许多企业在执行中采取了以下两种:

项目经理按规定标准享受岗位效益工资和月度资金(奖金暂不发),年终各项指标和整个工程项目都达到承包合同(责任状)指标要求的,按合同奖罚一次性兑现,其年度奖励可为风险抵押金额的2~3倍。项目终审盈余时可按利润超额比例提成予以奖励。具体分配办法根据各部门各地区、各企业有关规定执行。整个工程项目竣工综合承包指标全面完成贡献突出的,除按项目承包合同兑现外,可晋升一级工资或授予优秀项目经理等荣誉称号。

如果承包指标未按合同要求完成,可根据年度工程项目承包合同奖罚条款扣减风险抵押金,直至月度奖金全部免除。如属个人直接责任,致使工程项目质量粗糙、工期拖延、成本亏损或造成重大安全事故的,除全部没收抵押金和扣发奖金外,还要处以一次性罚款并下浮一级工资,性质严重者要按有关规定追究责任。

需要注意的是,从行为科学的理论观点来看,对施工项目经理的利益兑现应在分析的基础上区别对待,满足其最迫切的需要,以真正通过激励调动其积极性。行为科学认为,人的需要由低层次到高层次分别为物质的、安全的、社会的、自尊的和理想的。如把前两种需要称为"物质的",则其他三种需要为"精神的",因此在进行激励之前,应分析该项目经理的最迫切需要,不能盲目地只讲物质激励。一定意义上说,精神激励的面要大,作用会更显著。

# 第二章 工程项目合同管理

## 第一节 项目合同管理概述

### 一、项目合同管理的概念

项目合同管理是指对项目合同的签订、履行、变更和解除进行监督检查,对合同履行过程中发生的争议或纠纷进行处理,以确保合同依法订立和全面履行。项目合同管理贯穿于合同签订、履行、终结直至归档的全过程。

在铁路工程项目管理中,合同管理具有十分重要的地位,已成为与进度管理、质量管理、成本(投资)管理、安全管理、信息管理等并列的一大管理职能。铁路工程项目合同管理的重要性主要表现在以下几个方面:

(1)在铁路工程项目中合同已越来越复杂。这主要表现在:在工程中相关的合同有几十份、几百份甚至几千份,它们之间有复杂的关系;合同的文件多,包括合同条件、协议书、投标书、图纸、规范、工程量表等;合同条款越来越复杂;合同生命期长,实施过程复杂,受外部影响的因素比较多;合同过程中争执多,索赔多。所以要求专业化的建设工程项目合同管理。

(2)由于合同将工期、成本、质量目标统一起来,划分各方面的责任和权力,所以在项目管理中合同管理居于核心地位。没有合同管理,项目管理目标不明,形不成系统。

(3)严格的合同管理是国际工程管理惯例。主要体现在:严格符合国际惯例的招标投标制度,建设工程监理制度,国际通用的 FIDIC 合同条件等,这些都与合同管理有关。

### 二、工程项目合同的特征

工程项目合同,又称建设工程合同,是承包人进行工程建设,发包人支付价款的合同。即项目业主或其代理人与项目承包商或供应人为完成一个确定的项目所指向的目标或规定的内容,明确双方的权利义务关系而达成的协议。

工程项目合同除了具备一般合同所具有的特征以外,还具有以下特征。

(1)经济法律关系多元性。工程项目合同在合同签订和实施过程中会涉及多方面的关系,如建设单位可能派有代表或聘请咨询机构人员参与管理,承包方则会涉及专业分包、材料供应、构配件生产和设备加工,以及银行、保险公司等众多单位。特别是在大型工程项目中,往往会出现几家、十几家甚至几十家的分包单位,有国内的,也有国外的,因而产生错综复杂的关系。这些关系都要通过经济合同来体现。

(2)合同执行周期长。项目合同执行周期长是由项目形体庞大、实施周期长决定的。在长时间内,如何保证及时实现合同约定的权利、履行合同约定的义务是工程项目合同管理中始终应注意的问题。同时要求项目经理要加强项目合同全过程的管理,防止因建设周期长而造成的资料散失。

(3)合同内容条款多。由于工程项目经济法律关系的多元性以及工程项目的单件性,决定了每个工程项目的特殊性和建设项目受多方面、多因素的制约和影响,都要相应地反映在工程项目合同中,所以工程项目合同除了工作范围、工期、质量、造价等一般条款外,每个项目合同还有特殊条款,并涉及保险、税收、文物、专利等多种内容。条款往往多达几十条,因此,在签订合同时,一定要全面考虑多种关系和因素,仔细斟酌每一条款,否则可能产生严重的后果。

(4)合同涉及面广。主要表现在合同的签订和实施过程中会涉及多方面的关系,如建设单位可能派出代表或雇请监理机构人员为之管理,承包方则涉及业主、分包商、设计单位、咨询单位、材料供应单位、构配件生产和设备加工厂家,以及银行、保险公司等。尤其是在大型工程项目中,往往会出现几家甚至几十家分包单位,因而也就产生了更为复杂的关系。这些关系联结的方法便是合同。所以,在合同管理中必须注意项目合同涉及面广的特点。

(5)合同风险大。上述建设项目关系的多元性、复杂性、多变性、履约周期长等特征及金额大、市场竞争激烈等,构成和增加了项目承包合同的风险性。

**三、项目合同管理的内容与程序**

1. 项目合同管理的内容

(1)对合同履行情况进行监督检查。通过检查,发现问题及时协调解决,提高合同履约率。主要包括下面几点:

1)检查合同法及有关法规贯彻执行情况;

2)检查合同管理办法及有关规定的贯彻执行情况;

3)检查合同签订和履行情况,减少和避免合同纠纷的发生。

(2)经常对项目经理及有关人员进行合同法及有关法律知识教育,提高合同管理人员的素质。

(3)建立健全工程项目合同管理制度。包括项目合同归口管理制度,考核制度,合同用章管理制度,合同台账、统计及归档制度。

(4)对合同履行情况进行统计分析。包括工程合同份数、造价、履约率、纠纷次数、违约原因、变更次数及原因等。通过统计分析手段,发现问题,及时协调解决,提高利用合同进行生产经营的能力。

(5)组织和配合有关部门做好有关工程项目合同的鉴证、公证和调解、仲裁及诉讼活动。

2. 项目合同管理的程序

工程项目合同管理应遵循以下程序:

(1)合同评审。

(2)合同订立。

(3)合同实施计划编制。

(4)合同实施控制。

(5)合同综合评价。

(6)有关知识产权的合法使用。

**四、项目合同管理工作注意事项**

项目合同一经签署就对签约双方产生法律约束力,任何一方都应严肃、认真、积极地执行合同,否则将承担相应的违约责任。为此,在工程项目合同管理中应注意以下事项:

(1)签约前注意了解对方是否具有法人资格,对方的信誉如何,及其他有关情况和资料。若由代理人签约时,则要了解是否有具有法律效力的法人委托书。

(2)合同本身用词要准确,不能发生歧义,要符合《经济合同法》及《中华人民共和国合同法》等规定,要注意合同主要条款是否齐全,用辞是否确切。

(3)合同签订后应按有关规定及时送交合同主管部门审查及向有关部门备案。有的合同必须经批准方能生效的,要在规定的时间内完成。

(4)要主动及时地组织和督促各职能部门严格按合同规定履行义务。

(5)全部合同文件包括合同文本、附件及工程施工变更洽商等资料及涉及经济责任的会议纪要、往来函电等,应由专人负责整理保管。坚决避免出现工程尚未完成,合同及有关洽商资料已散失的现象。

(6)项目合同的变更、解除应经过认真的调查研究,且不能违背法定的程序及企业的有关规定。

(7)利用合同进行及时合理的索赔。由于对方的过失或不可抗力因素发生,致使己方发生损失时,应不失时机地向对方要求索赔。

# 第二节 项目合同管理体系

## 一、项目合同管理的制度

为了更好地落实合同管理工作,铁路工程建设单位必须建立完善的项目合同管理制度。铁路项目合同管理制度主要包括以下内容:

### 1. 企业内部合同会签制度

由于铁路工程企业的合同涉及企业各个部门的管理工作,为了保证合同签订后得以全面履行,在合同未正式签订之前,由办理合同的业务部门会同企业施工、技术、材料、劳动、机械动力和财务等部门共同研究,提出对合同条款的具体意见,进行会签。在企业内部实行合同会签制度,有利于调动企业各部门的积极性,发挥各部门管理职能作用,群策群力,集思广益,以保证合同履行的可行性,并促使企业各部门之间相互衔接和协调,确保合同的全面及实际履行。

### 2. 合同签订审查批准制度

为了使施工企业的合同签订后合法、有效,必须在签订前履行审查、批准手续。审查是指将准备签订的合同在部门之间会签后,送给企业主管合同的机构或法律顾问进行审查;批准是由企业主管或法定代表人签署意见,同意对外正式签订合同。通过严格的审查批准手续,可以使合同的签订建立在可靠的基础上,尽量防止合同纠纷的发生,以维护企业的合法权益。

### 3. 合同印章管理制度

工程建设企业合同专用章是企业在经营活动中对外行使权力、承担义务、签订合同的凭证。因此,企业对合同专用章的登记、保管、使用等都要有严格的规定。合同专用章应由合同管理员保管、签印,并实行专章专用。合同专用章只能在规定的业务范围内使用,不能超越范围使用;不准为空白合同文本加盖合同印章;不得为未经审查批准的合同文本加盖合同印章;严禁与合同洽谈人员勾结,利用合同专用章谋取个人利益。出现上述情况,要追究合同专用章管理人员的责任。凡外出签订合同时,应由合同专用章管理人员携章陪同负责办理签约的人员一起前往签约。

#### 4. 合同管理目标制度

合同管理目标制是各项合同管理活动应达到的预期结果和最终目的。合同管理的目的是施工企业通过自身在合同的订立和履行过程中进行的计划、组织、指挥、监督和协调等工作,促使企业内部各部门、各环节互相衔接、密切配合,进而使人、财、物各要素得到合理组织和充分利用,保证企业经营管理活动的顺利进行,提高工程管理水平,增强市场竞争能力,从而达到高质量、高效益,更好地为发展和完善建筑业市场经济服务。

#### 5. 统计考核制度

合同统计考核制度,是铁路工程施工企业整个统计报表制度的重要组成部分。完善的合同统计考核制度,是运用科学的方法,利用统计数字,反馈合同订立和履行情况,通过对统计数字的分析,总结经验,找出教训,为企业经营决策提供重要依据。施工企业合同考核制度包括统计范围、计算方法、报表格式、填报规定、报送期限和部门等。施工企业一般是对中标率、合同谈判成功率、合同签约率(即实行合同面)和合同履约率进行统计考核。

#### 6. 管理质量责任制度

管理质量责任制这是施工企业的一项基本管理制度。它具体规定企业内部具有合同管理任务的部门和合同管理人员的工作范围、履行合同中应负的责任,以及拥有的职权。这一制度有利于企业内部合同管理工作分工协作,责任明确,任务落实,逐级负责,人人负责,从而调动企业合同管理人员以及合同履行中涉及的有关人员的积极性,促进施工企业合同管理工作正常开展,保证合同圆满完成。

#### 7. 检查和奖励制度

为了发现和解决合同履行中的问题,协调企业各部门履行合同中的关系,铁路工程施工企业应建立合同签订、履行的监督检查制度。通过检查,及时发现合同履行管理中的薄弱环节和矛盾,以利提出改进意见,促进企业各部门不断改进合同履行管理工作,提高企业的经营管理水平。通过定期的检查和考核,对合同履行管理工作完成好的部门和人员给予表扬鼓励;成绩突出,并有重大贡献的人员,给予物质奖励。对于工作差、不负责任的或经常"扯皮"的部门和人员要给以批评教育;对玩忽职守、严重渎职或有违法行为的人员要给予行政处分、经济制裁,情节严重的要追究刑事责任。实行奖惩制度有利于增强企业各部门和有关人员履行合同的责任心,是保证全面履行合同的极其有力的措施。

#### 8. 评估制度

合同管理制度是合同管理活动及其运行过程的行为规范,合同管理制度是否健全是合同管理能否奏效的关键所在。因此,建立一套有效的合同管理评估制度是十分必要的。

### 二、项目合同管理机构及人员的设置

#### 1. 合同管理机构的设立

合同管理机构应当与企业总经理室、工程部等机构一样成为施工企业的重要内部机构。施工企业应设立专门的法律顾问室来管理合同的谈判、签署、修改、履约监控、存档和保管等一系列管理活动。合同管理是非常专业化且要求相当高的一种工作,所以,必须要由专门机构和专业人员来完成,而不应兼任甚至是临时管理。

(1)对于集团型大型施工企业应当设置二级管理制度。由于集团和其属下的施工企业都是独立的法人,故两者之间虽有投资管理关系,但在法律上又相互独立,施工企业在经营上有各自的灵活性和独立性。对于这种集团型施工企业的管理应当设置二级双重合同管理制度,

即在集团和其子公司中分别设立各自的合同管理机构,工作相对独立,但又应当及时联络,形成统分灵活的管理模式。

（2）对于中小型施工企业也必须设立合同管理机构和合同管理员,统一管理施工队和挂靠企业的合同,制订合同评审制度,切忌将合同管理权下放到项目部,以强化规范管理。

2. 合同管理专门人员的配备

合同管理工作由合同管理机构统一操作,应当落实到具体人员。对于合同管理工作较繁重的集团型施工企业,应当配以多人,明确分工,做好各自的合同管理工作;对于中小型施工企业,可依具体的合同管理工作量决定合同管理人员的数量。合同管理员的分工可依合同性质、种类划分,也可依合同实施阶段划分,具体由施工企业根据自身实际情况和企业经营传统决定。

3. 企业内部合同管理的协作

企业内部机构和人员对于合同管理的协作,是指由企业内部各相关职能部门各司其职,分别参与合同的谈判、起草、修改等工作,并建立会审和监督机制,实施合同管理的行为和制度。

施工企业需签订的合同种类繁多、性质各异。不同种类的合同因其所涉行业、专业的不同特点,而具有各自的特殊性。签订不同种类、不同性质的合同,应当由企业中与其相对应的职能部门参加合同谈判和拟定。例如,施工合同的谈判拟定,应由企业工程部负责,而贷款合同的谈判和拟定则应由企业财务部门负责。所有合同文本在各相关部门草拟之后应由企业的总项目经理、总经济师、总会计师以及合同管理机构进行会审,从不同的角度提出修改意见,完善合同文本,以供企业的决策者参考,确定合同文本,最终签署合同。

# 第三节　项目合同管理事项

## 一、项目合同评审

（一）招标文件分析

1. 招标文件的组成

招标文件内容大致分为三类:

（1）关于编写和提交投标文件的规定。载入这些内容的目的是尽量减少承包商或供应商由于不明确如何编写投标文件而处于不利地位或其投标遭到拒绝的可能。

（2）关于对投标人资格审查的标准及投标文件的评审标准和方法,这是为了提高招标过程的透明度和公平性。

（3）关于合同的主要条款,其中主要是商务性条款,有利于投标人了解中标后签订合同的主要内容,明确双方的权利和义务。

招标文件一般至少应包括以下内容:

（1）投标邀请书;

（2）投标人须知;

（3）合同条件;

（4）技术规范;

（5）图纸;

（6）工程量清单;

(7)投标书格式及投标保证;
(8)辅助资料表及各类文件格式;
(9)履约保证金;
(10)合同协议书;
(11)评标的标准和方法;
(12)国家对招标项目的技术、标准有规定的,应按照其规定在招标文件中提出相应要求;
(13)招标文件应对技术标和商务标的划分、内容要求、密封、标志、递交投标文件和开标等作出具体规定。

2. 招标文件分析的内容

承包商在铁路工程项目招标过程中,得到招标文件后,通常首先进行总体检查,重点是招标文件的完备性。一般要对照招标文件目录检查文件是否齐全,是否有缺页,对照图纸目录检查图纸是否齐全,然后分三部分进行全面分析。

(1)招标条件分析。分析的对象是投标人须知,通过分析不仅要掌握招标过程、评标的规则和各项要求,对投标报价工作作出具体安排,而且要了解投标风险,以确定投标策略。

(2)工程技术文件分析。主要是进行图纸会审,工程量复核,图纸和规范中的问题分析,从中了解承包商具体的工程范围、技术要求、质量标准等。在此基础上进行施工组织设计,确定劳动力的安排,进行材料、设备的分析,制订实施方案,进行报价。

(3)合同文本分析。合同文本分析是一项综合性的、复杂的、技术性很强的工作,分析的对象主要是合同协议书和合同条件。它要求合同管理者必须熟悉与合同相关的法律、法规,精通合同条款,对工程环境有全面的了解,有合同管理的实际工作经验。

(二)投标文件分析

1. 投标文件的内容

投标文件的内容大致有以下几项:

(1)投标书。投标文件中通常有规定的格式投标书,投标者只需按规定的格式填写必要的数据和签字即可,以表明投标者对各项基本保证的确认。

(2)有报价的工程量表。一般要求在招标文件所附的工程量表原件上填写单价和总价,每页均有小计,并有最后的汇总表。

(3)原招标文件的合同条件、技术规范和图纸。

投标文件一般至少应包括以下内容:

(1)投标书;
(2)法定代表人证书或授权书;
(3)各种投标保证;
(4)投标价格及有关分析资料;
(5)投标项目的实施或重要设备和主要材料供应方案及说明;
(6)投标项目达到的目标及措施;
(7)投标保证金和其他担保;
(8)项目管理或监理机构主要负责人和专业人员资格的简历、业绩;
(9)完成项目的主要设备和检测仪器;
(10)招标文件要求的其他内容。

2. 投标文件分析的内容

（1）投标文件总体审查。审查投标文件的有效性、完整性及一致性。

（2）报价分析。报价分析是通过各家报价进行数据处理，作出对比，找出其中的问题，对各家报价作出评价，为澄清会议、评标、定标、标后谈判提供依据。

（3）技术性评审。一般要求投标人在投标书后附上施工方案、施工组织和计划等较详细的说明。

（三）合同合法性审查

合同合法性是指合同依法成立所具有的约束力。对合同合法性的审查，基本上从合同主体、客体、内容三方面加以考虑。结合实践情况，在建设市场上有以下几种合同无效的情况。

（1）没有经营资格而签订的合同。铁路工程施工合同的签订双方是否有专门从事铁路建设业务的资格，这是合同有效、无效的重要条件之一。

（2）缺少相应资质而签订的合同。铁路工程是"百年大计"的不动产产品，而不是一般的产品，因此工程施工合同的主体除了具备可以支配的财产、固定的经营场所和组织机构外，还必须具备与铁路工程项目相适应的资质条件，而且也只能在资质证书核定的范围内承接相应的铁路建设工程任务，不得擅自越级或超越规定的范围。

（3）违反法定程序而订立的合同。在铁路工程施工合同尤其是总承包合同的订立中，通常通过招标投标的程序，但招标为要约邀请，中标通知书的发出意味着承诺。对通过这一程序签订的合同，《中华人民共和国招标投标法》有着严格的规定。首先，《中华人民共和国招标投标法》对必须进行招投标的项目作了限定。其次，招投标应遵循公平、公正的原则，违反这一原则，也可能导致合同无效。

（4）违反关于分包和转包的规定所签订的合同。《中华人民共和国铁路法》允许建设工程总承包单位将承包工程中的部分发包给具有相应资质条件的分包单位。但是，除总承包合同中约定的分包外，其他分包必须经建设单位认可。而且属于施工总承包的工程主体结构的施工必须由总承包单位自行完成。也就是说，未经建设单位认可的分包和施工总承包单位将工程主体结构分包出去所订立的分包合同，都是无效的。此外，将建设工程分包给不具备相应资质条件的单位或分包后将工程再分包，均是法律禁止的。

（5）其他违反法律和行政法规所订立的合同。如合同内容违反法律和行政法规，也可能导致整个合同的无效或合同的部分无效。例如发包方指定承包单位购入的用于工程的建筑材料、构配件，或者指定生产厂、供应商等，此类条款均为无效。合同中某一条款的无效，并不必然影响整个合同的有效性。

实践中，构成合同无效的情况众多，需要有一定的法律知识方能判别。所以，建议承发包双方将合同审查落实到合同管理机构和专门人员，每一项目的合同文本均须经过经办人员、部门负责人、法律顾问及总经理几道审查，批注具体意见，必要时还应听取财务人员的意见，以尽量完善合同，确保在谈判时确定己方利益能够得到最大限度的保护。

## 二、合同条款完备性审查

合同条款的内容直接关系到合同双方的权利、义务，在铁路工程项目合同签订之前，应当严格审查各项合同条款内容的完备性，尤其应注意如下内容。

（1）确定合理的工期。工期过长，不利于发包方及时收回投资；工期过短，则不利于承包方对工程质量以及施工过程中半成品的养护。因此，对承包方而言，应当合理计算自己能否在发包方要求的工期内完成承包任务,否则应当按照合同约定承担逾期竣工的违约责任。

(2)明确双方代表的权限。在施工承包合同中通常都明确甲方代表和乙方代表的姓名和职务,但对其作为代表的权限则往往规定不明。由于代表的行为代表了合同双方的行为,因此,有必要对其权利范围以及权利限制作一定约定。

(3)明确工程造价或工程造价的计算方法。工程造价条款是工程施工合同的必备和关键条款,但通常会发生约定不明的情况,往往为日后争议与纠纷的发生埋下隐患。而处理这类纠纷,法院或仲裁机构一般委托有关审价单位鉴定造价,这势必使当事人陷入旷日持久的诉讼,更何况经审价得出的造价也因缺少可靠的计算依据而缺乏准确性,对维护当事人的合法权益极为不利。

(4)明确材料和设备的供应。由于材料、设备的采购和供应引发的纠纷非常多,故必须在合同中明确约定相关条款,包括发包方或承包商所供应或采购的材料、设备的名称、型号、规格、数量、单价、质量要求、运送到达工地的时间、验收标准、运输费用的承担、保管责任、违约责任等。

(5)明确工程竣工交付的标准。应当明确约定工程竣工交付的标准。如发包方需要提前竣工,而承包商表示同意的,则应约定由发包方另行支付赶工费用或奖励。因为赶工意味着承包商将投入更多的人力、物力、财力,劳动强度增大,损耗亦增加。

(6)明确违约责任。违约责任条款订立的目的在于促使合同双方严格履行合同义务,防止违约行为的发生。发包方拖欠工程款、承包方不能保证施工质量或不按期竣工,均会给对方以及第三方带来不可估量的损失。

### 三、合同风险评价

合同风险是合同中的不确定因素,它是工程风险、业主资信风险、外界环境风险的集中反映和体现。合同风险是客观存在的,它受工程复杂程序的影响,是合同双方必须共同决定和共同承担的。任何一项商业活动,或大或小地承担着风险,风险与收益是对等的,铁路工程项目合同管理也不例外。

根据铁路工程项目合同主体行为,可将其分为客观性合同风险和主观性合同风险。

1. 客观性合同风险

合同的客观风险是法律法规、合同条件以及国际惯例规定的,其风险责任是合同双方无法回避的,通过人的主观努力往往无法控制。例如,合同规定承包人应承担的风险有,工程变更在15%的合同金额内,承包人得不到任何补偿,这叫做工程变更风险;又如合同价格规定不予调整,则承包人必须承担全部风险,如果在一定范围内调整,则承担部分风险,这叫做市场价格风险;还有在索赔事件发生后的28天内,承包人必须提出索赔意向通知,否则索赔失效,这叫时效风险。

2. 主观性合同风险

合同的主观性风险是人为因素引起的,同时能通过人为因素避免或控制的合同风险。在相当多的国内施工合同中,业主利用有利的竞争地位和起草合同条款的便利条件,在合同协议中或通过苛刻的条件把风险隐含在合同条款中,让承包人就范。而承包人为了急于承揽工程,在合同协议中,对自身权利不敢据理力争,致使任其摆布。在合同谈判中只重视价格和工期,对其他条款不予注意。这样,即使不平等的合同也愿意签,甚至有欺骗的合同也敢签,在合同签订上表现出极大的盲目性和随意性。

### 四、合同实施保证体系

建立合同实施的保证体系，是为了保证合同实施过程中的日常事务性工作有序地进行，使工程项目的全部合同事件处于受控状态，以保证合同目标的实现。铁路工程项目合同实施保证体系的内容主要包括以下几个方面。

1. 作合同交底，分解合同责任，实行目标管理

在总承包合同签订后，具体的执行者是项目部人员。项目部从项目经理、项目班子成员、项目中层到项目各部门管理人员，都应该认真学习合同各条款，对合同进行分析、分解。项目经理、主管经理要向项目各部门负责人进行"合同交底"，对合同的主要内容及存在的风险作出解释和说明。项目各部门负责人要向本部门管理人员进行较详细的"合同交底"，实行目标管理。

(1)对项目管理人员和各工程小组负责人进行"合同交底"，组织大家学习合同和合同总体分析结果，对合同的主要内容作出解释和说明，使大家熟悉合同中的主要内容、各种规定、管理程序，了解承包商的合同责任和工程范围，各种行为的法律后果等。

(2)将各种合同事件的责任分解落实到各工程小组或分包商，使他们对合同事件表(任务单、分包合同)、施工图纸、设备安装图纸、详细的施工说明等有十分详细的了解。并对工程实施的技术的和法律的问题进行解释和说明，如工程的质量、技术要求和实施中的注意点、工期要求、消耗标准、相关事件之间的搭接关系、各工程小组(分包商)责任界限的划分、完不成责任的影响和法律后果等。

(3)在合同实施前与其他相关的各方面(如业主、监理项目经理、承包商)沟通，召开协调会议，落实各种安排。

(4)在合同实施过程中还必须进行经常性的检查、监督，对合同作出解释。

(5)合同责任的完成必须通过其他经济手段来保证。

2. 建立合同管理的工作程序

在铁路工程实施过程中，合同管理的日常事务性工作很多，要协调好各方面关系，使总承包合同的实施工作程序化、规范化，按质量保证体系进行工作。具体来说，应订立如下工作程序。

(1)制订定期或不定期的协商会办制度。在铁路工程建设过程中，业主、项目经理和各承包商之间，承包商和分包商之间以及承包商的项目管理职能人员和各工程小组负责人之间都应有定期的协商会办。通过会办可以解决以下问题：

1)检查合同实施进度和各种计划落实情况。

2)协调各方面的工作，对后期工作作安排。

3)讨论和解决目前已经发生的和以后可能发生的各种问题，并作出相应的决议。

4)讨论合同变更问题，作出合同变更决议，落实变更措施，决定合同变更的工期和费用补偿数量等。

对工程中出现的特殊问题可不定期地召开特别会议讨论解决方法，保证合同实施一直得到很好的协调和控制。

(2)建立特殊工作程序。对于一些经常性工作应订立工作程序，使大家有章可循，合同管理人员也不必进行经常性的解释和指导，如图纸批准程序，工程变更程序，分包商的索赔程序，分包商的账单审查程序，材料、设备、隐蔽工程、已完工工程的检查验收程序，工程进度付款账

单的审查批准程序,工程问题的请示报告程序等。

3. 建立文档系统

项目上要设专职或兼职的合同管理人员。合同管理人员负责各种合同资料和相关的工程资料的收集、整理和保存。这些工作非常繁琐,需要花费大量的时间和精力。工程的原始资料都是在合同实施的过程中产生的,是由业主、分包商及项目的管理人员提供的。

建立铁路工程项目文档系统的具体工作应包括以下几个方面。

(1)各种数据、资料的标准化,如各种文件、报表、单据等应有规定的格式和规定的数据结构要求。

(2)将原始资料收集整理的责任落实到人,由责任人对资料负责。资料的收集工作必须落实到工程现场,必须对工程小组负责人和分包商提出具体要求。

(3)各种资料的提供时间。

(4)准确性要求。

(5)建立工程资料的文档系统等。

4. 建立报告和行文制度

总承包商和业主、监理项目经理、分包商之间的沟通都应该以书面形式进行,或以书面形式为最终依据。这既是合同的要求,也是经济法律的要求,更是铁路工程项目管理的需要。主要内容包括:

(1)定期的工程实施情况报告,如日报表、周报表、月报表等。应规定报告内容、格式、报告方式、时间以及负责人。

(2)工程生的特殊情况及其处理的书面文件(如特殊的气候条件、工程环境的变化等)应有书面记录,并由监理项目经理签署。

(3)工程中所有涉及双方的工程活动,如材料、设备、各种工程的检查验收,场地、图纸的交接,各种文件(如会议纪要、索赔和反索赔报告、账单)的交接,都应有相应的手续,应有签收证据。

## 第四节　项目合同变更管理

### 一、合同变更的概念

合同变更是指依法对原来合同进行的修改和补充,即在履行合同项目的过程中,由于实施条件或相关因素的变化,而不得不对原合同的某些条款作出修改、订正、删除或补充。合同变更一经成立,原合同中的相应条款就应解除。

### 二、合同变更的起因及影响

合同内容频繁变更是工程合同的特点之一。一个工程,合同变更的次数、范围和影响的大小与该工程招标文件(特别是合同条件)的完备性、技术设计的正确性,以及实施方案和实施计划的科学性直接相关。合同变更主要有以下几方面的原因:

(1)发包人有新的意图;发包人修改项目总计划,削减预算;发包人要求变化。

(2)由于设计人员、项目经理、承包商事先没能很好地理解发包人的意图,或设计的错误,导致图纸修改。

（3）工程环境的变化，预定的工程条件不准确，必须改变原设计、实施方案或实施计划，或由于发包人指令及发包人责任的原因造成承包商施工方案的变更。

（4）由于产生新的技术和知识，有必要改变原设计、实施方案或实施计划。

（5）由于合同实施出现问题，必须调整合同目标，或修改合同条款。

（6）合同双方当事人由于倒闭或其他原因转让合同，造成合同当事人的变化。这种情况通常比较少。

合同的变更通常不能免除或改变承包商的合同责任，但对合同实施影响很大，主要表现在以下几方面：

（1）导致设计图纸、成本计划和支付计划、工期计划、施工方案、技术说明和适用的规范等定义工程目标和工程实施情况的各种文件作相应的修改和变更。当然，相关的其他计划也应作相应调整，如材料采购计划、劳动力安排、机械使用计划等。它不仅引起与承包合同平行的其他合同的变化，而且会引起所属的各个分合同，如供应合同、租赁合同、分包合同的变更。有些重大的变更会打乱整个施工部署。

（2）引起合同双方、承包商的工程小组之间、总承包商和分包商之间合同责任的变化。如工程量增加，则增加了承包商的工程责任，增加了费用开支和延长了工期。

（3）有些工程变更还会引起已完工程的返工、现场工程施工的停滞、施工秩序混乱，已购材料的损失等。

### 三、合同变更的范围

合同变更的范围很广，一般在合同签订后所有工程范围、进度、工程质量要求、合同条款内容、合同双方责权利关系的变化等都可以被看作为合同变更。最常见的变更有两种：

（1）涉及合同条款的变更，合同条件和合同协议书所定义的双方责权利关系或一些重大问题的变更。这是狭义的合同变更，以前人们定义合同变更即为这一类。

（2）工程变更，即工程的质量、数量、性质、功能、施工次序和实施方案的变化。

### 四、合同变更的原则

（1）合同双方都必须遵守合同变更程序，依法进行，任何一方都不得单方面擅自更改合同条款。

（2）合同变更要经过有关专家（监理项目经理、设计项目经理、现场项目经理等）的科学论证和合同双方的协商。在合同变更具有合理性、可行性，而且由此而引起的进度和费用变化得到确认和落实的情况下方可实行。

（3）合同变更的次数应尽量减少，变更的时间亦应尽量提前，并在事件发生后的一定时限内提出，以避免或减少给工程项目建设带来的影响和损失。

（4）合同变更应以监理项目经理、发包人和承包商共同签署的合同变更书面指令为准，并以此作为结算工程价款的凭据。紧急情况下，监理项目经理的口头通知也可接受，但必须在48小时内追补合同变更书。承包人对合同变更若有不同意见可在7~10天内书面提出，但发包人决定继续执行的指令，承包商应继续执行。

（5）合同变更所造成的损失，除依法可以免除的责任外，如由于设计错误，设计所依据的条件与实际不符，图与说明不一致，施工图有遗漏或错误等，应由责任方负责赔偿。

### 五、合同变更的程序

**1. 合同变更的提出**

(1)承包商提出合同变更。承包商在提出合同变更时,一般情况是工程遇到不能预见的地质条件或地下障碍。另一种情况是承包商为了节约工程成本或加快工程施工进度,提出合同变更。

(2)发包人提出变更。发包人一般可通过项目经理提出合同变更。但如发包方提出的合同变更内容超出合同限定的范围,则属于新增工程,只能另签合同处理,除非承包方同意作为变更。

(3)项目经理提出合同变更。项目经理往往根据工地现场工程进展的具体情况,认为确有必要时,可提出合同变更。工程承包合同施工中,因设计考虑不周,或施工时环境发生变化,项目经理本着节约工程成本和加快工程与保证工程质量的原则,提出合同变更。只要提出的合同变更在原合同规定的范围内,一般是切实可行的。若超出原合同,新增了很多工程内容和项目,则属于不合理的合同变更请求,项目经理应和承包商协商后酌情处理。

**2. 合同变更的批准**

由承包商提出的合同变更,应交与项目经理审查并批准。由发包人提出的合同变更,为便于工程的统一管理,一般由项目经理代为发出。

而项目经理发出合同变更通知的权力,一般由工程施工合同明确约定。当然该权力也可约定为发包人所有,然后发包人通过书面授权的方式使项目经理拥有该权力。如果合同对项目经理提出合同变更的权力作了具体限制,而约定其余均应由发包人批准,则项目经理就超出其权限范围的合同变更发出指令时,应附上发包人的书面批准文件,否则承包商可拒绝执行。但在紧急情况下,不应限制项目经理向承包商发布他认为必要的变更指示。

合同变更审批的一般原则应为:

(1)考虑合同变更对工程进展是否有利。

(2)考虑合同变更可否节约工程成本。

(3)考虑合同变更更是兼顾发包人、承包商或工程项目之外其他第三方的利益,不能因合同变更而损害任何一方的正当权益。

(4)必须保证变更项目符合本工程的技术标准。

(5)最后一种情况为工程受阻,如遇到特殊风险、人为阻碍、合同一方当事人违约等不得不变更合同。

**3. 合同变更指令的发出及执行**

为了避免耽误工作,项目经理在和承包商就变更价格达成一致意见之前,有必要先行发布变更指示,即分两个阶段发布变更指示:第一阶段是在没有规定价格和费率的情况下直接指示承包商继续工作;第二阶段是在通过进一步的协商之后,发布确定变更工程费率和价格的指示。

合同变更指示的发出有两种形式:

(1)书面形式。一般情况要求项目经理签发书面变更通知令。当项目经理书面通知承包商工程变更,承包商才执行变更的工程。

(2)口头形式。当项目经理发出口头指令要求合同变更时,要求项目经理事后一定要补签一份书面的合同变更指示。如果项目经理口头指示后忘了补书面指示,承包商(须7天内)以书面形式证实此项指示,交与项目经理签字,项目经理若在14天之内没有提出反对意见,应视为认可。

所有合同变更必须用书面或一定规格写明。对于要取消的任何一项分部工程,合同变更应在该部分工程还未施工之前进行,以免造成人力、物力、财力的浪费,避免造成发包人多支付工程款项。

根据通常的工程惯例,除非项目经理明显超越合同赋予其的权限,承包商应该无条件地执行其合同变更的指示。如果项目经理根据合同约定发布了进行合同变更的书面指令,则不论承包商对此是否有异议,不论合同变更的价款是否已经确定,也不论监理方或发包人答应给予付款的金额是否令承包商满意,承包商都必须无条件地执行此种指令。即使承包商有意见,也只能是一边进行变更工作,一边根据合同规定寻求索赔或仲裁解决。在争议处理期间,承包商有义务继续进行正常的工程施工和有争议的变更工程施工,否则可能会构成承包商违约。

合同变更的程序示意图如图2-1所示。

### 六、合同变更责任分析

在合同变更中,量最大、最频繁的是工程变更,它在工程索赔中所占的份额也最大。工程变更的责任分析是工程变更起因与工程变更问题处理,是确定赔偿问题的桥梁。工程变更中有两大类,即设计变更和施工方案变更。

1. 设计变更

设计变更会引起工程量的增加、减少,新增或删除工程分项,工程质量和进度的变化,实施方案的变化。一般工程施工合同赋予发包人(项目经理)这方面的变更权力,可以直接通过下达指令、重新发布图纸或规范实现变更。见图2-1。

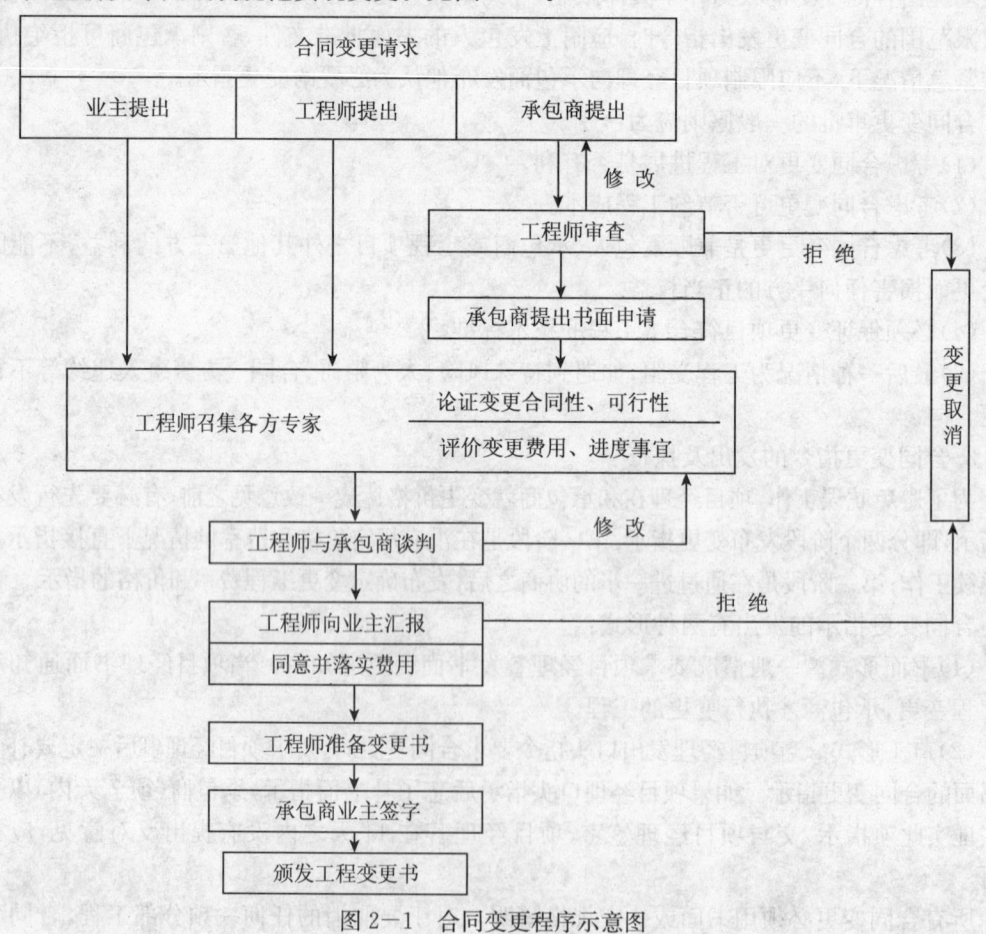

图2-1　合同变更程序示意图

## 2.施工方案变更

施工方案变更的责任分析有时比较复杂。

(1)在投标文件中,承包商就在施工组织设计中提出比较完备的施工方案,但施工组织设计不作为合同文件的一部分。对此有如下问题应注意:

1)施工方案虽不是合同文件,但它也有约束力。发包人向承包商授标就表示对这个方案的认可。当然在授标前,在澄清会议上,发包人也可以要求承包商对施工方案作出说明,甚至可以要求修改方案,以符合发包人的目标、发包人的配合和供应能力(如图纸、场地、资金等)。此时一般承包商会积极迎合发包人的要求,以争取中标。

2)施工合同规定,承包商应对所有现场作业和施工方法的完备、安全、稳定负全部责任。这一责任表示在通常情况下由于承包商自身原因(如失误或风险)修改施工方案所造成的损失由承包商负责。

3)承包商对决定和修改施工方案具有相应的权利,即发包人不能随便干预承包商的施工方案。为了更好地完成合同目标(如缩短工期),或在不影响合同目标的前提下承包商有权采用更为科学和经济合理的施工方案,发包人不得随便干预。当然承包商承担重新选择施工方案的风险和机会收益。

4)在工程中承包商采用或修改实施方案都要经过项目经理的批准或同意。

(2)重大的设计变更常常会导致施工方案的变更。如果设计变更由发包人承担责任,则相应的施工方案的变更也由发包人负责;反之,则由承包商负责。

(3)对不利的、异常的地质条件所引起的施工方案的变更,一般作为发包人的责任。一方面,这是一个有经验的承包商无法预料的现场气候条件除外的障碍或条件;另一方面,发包人负责地质勘察和提供地质报告,应对报告的正确性和完备性承担责任。

(4)施工进度的变更。施工进度的变更是十分频繁的:在招标文件中,发包人给出工程的总工期目标;承包商在投标书中有一个总进度计划(一般以横道图形式表示);中标后承包商还要提出详细的进度计划,由项目经理批准(或同意);在工程开工后,每月都可能有进度的调整。通常只要项目经理(或发包人)批准(或同意)承包商的进度计划(或调整后的进度计划),则新进度计划就产生约束力。如果发包人不能按照新进度计划完成按合同应由发包人完成的责任,如及时提供图纸、施工场地、水电等,则属发包人的违约,应承担责任。

### 七、合同变更中应注意的事项

#### 1.对工程变更条款的合同分析

对工程变更条款的合同分析应特别注意:工程变更不能超过合同规定的工程范围,如果超过这个范围,承包商有权不执行变更或坚持先商定价格后再进行变更。发包人和项目经理的认可权必须限制。发包人常常通过项目经理对材料的认可权提高材料的质量标准、对设计的认可权提高设计质量标准、对施工工艺的认可权提高施工质量标准。如果合同条文规定比较含糊或设计不详细,则容易产生争执。但是,如果这种认可权超过合同明确规定的范围和标准,承包商应争取发包人或项目经理的书面确认,进而提出工期和费用索赔。

此外,承包商与发包人、与总(分)包之间的任何书面信件、报告、指令等都应经合同管理人员进行技术和法律方面的审查,这样才能保证任何变更都在控制中,不会出现合同问题。

#### 2.促成项目经理提前作出工程变更

在实际工作中,变更决策时间过长和变更程序太慢会造成很大的损失。通常有两种现象:一种现象是施工停止,承包商等待变更指令或变更会谈决议;另一种现象是变更指令不能迅速作出,而现场继续施工,造成更大的返工损失。这就要求变更程序尽量快捷,故即使仅从自身出发,承包商也应尽早发现可能导致工程变更的种种迹象,尽可能促使项目经理提前作出工程变更。

施工中发现图纸错误或其他问题,需进行变更,首先应通知项目经理,经项目经理同意或通过变更程序再进行变更。否则,承包商可能不仅得不到应有的补偿,而且会带来麻烦。

3. 识别项目经理发出的变更指令

特别在国际工程中,工程变更不能免去承包商的合同责任。对已收到的变更指令,特别对重大的变更指令或在图纸上作出的修改意见,应予以核实。对超出项目经理权限范围的变更,应要求项目经理出具发包人的书面批准文件。对涉及双方责权利关系的重大变更,必须有发包人的书面指令、认可或双方签署的变更协议。

4. 迅速、全面落实变更指令

变更指令作出后,承包商应迅速、全面、系统地落实变更指令。承包商应全面修改相关的各种文件,例如有关图纸、规范、施工计划、采购计划等,使它们一直反映和包容最新的变更。承包商应在相关的各工程小组和分包商的工作中落实变更指令,并提出相应的措施,对新出现的问题作解释和对策,同时又要协调好各方面工作。

5. 分析工程变更产生的影响

工程变更是索赔机会,应在合同规定的索赔有效期内完成对它的索赔处理。在合同变更过程中就应记录、收集、整理所涉及的各种文件,如图纸、各种计划、技术说明、规范和发包人或项目经理的变更指令,以作为进一步分析的依据和索赔的证据。

在工程变更中,特别应注意因变更造成返工、停工、窝工、修改计划等引起的损失,注意这方面证据的收集。在变更谈判中应对此进行商谈,保留索赔权。在实际工程中,人们常常会忽视这些损失证据的收集,而最后提出索赔报告时往往因举证和验证困难而被对方否决。

# 第五节　项目索赔管理

## 一、索赔管理的特点

在工程项目索赔管理中,要健康开展索赔工作,全面认识索赔,完整理解索赔,端正索赔动机,才能正确对待索赔,规范索赔行为,合理地处理索赔业务。因此发包人、工程师和承包商应对索赔管理工作的特点有个全面认识和理解。

(1)索赔工作贯穿工程项目始终。合同当事人要做好索赔工作,必须从签订合同起,直至执行合同的全过程中,在项目经理的直接领导下,认真采取预防保护措施,建立健全索赔业务的各项管理制度。

在工程项目的招标、投标和合同签订阶段,作为承包商应仔细研究工程所在国的法律、法规及合同条件,特别是关于合同范围、义务、付款、工程变更、违约及罚款、特殊风险、索赔时限和争议解决等条款,必须在合同中明确规定当事人各方的权利和义务,以便为将来可能的索赔提供合法的依据和基础。

在合同执行阶段,合同当事人应密切注视对方的合同履行情况,不断地寻求索赔机会,同时自身应严格履行合同义务,防止被对方索赔。

一些缺乏工程承包经验的承包商,由于对索赔工作的重要性认识不够,往往在工程开始时并不重视,等到发现不能获得应当得到的偿付时才匆忙研究合同中的索赔条款,汇集所需要的数据和论证材料,但已经陷入被动局面,有的经过旷日持久的争执、交涉乃至诉诸法律程序,仍难以索回应得的补偿或损失,影响了自身的经济效益。

(2)索赔是一门融工程技术和法律于一体的综合学问和艺术。索赔问题涉及的层面相当广泛,既要求索赔人员具备丰富的工程技术知识与实际施工经验,使得索赔问题的提出具有科学性和合理性,符合工程实际情况,又要求索赔人员通晓法律与合同知识,使得提出的索赔具有法律依据和事实证据,并且还要求在索赔文件的准备、编制和谈判等方面具有一定的艺术性,使索赔的最终解决表现出一定程度的伸缩性和灵活性。这就对索赔人员的素质提出了很高的要求,他们的个人品格和才能对索赔成功与否的影响很大。索赔人员应当是头脑冷静、思维敏捷、处事公正、性格刚毅且有耐心,并具有以上多种才能的综合人才。

**二、索赔管理的任务**

索赔管理的基本目标是,从工程整体效益的角度出发,尽量减少索赔事件的发生,降低损失,公平合理地解决索赔问题。具体地说,索赔管理的具体任务包括以下几个方面:

1. 预测和分析导致索赔的原因和可能性

在承包合同的形成和实施过程中,项目经理为业主承担大量的具体的技术、组织和管理工作。如果在这些工作中产生疏漏,给承包商的工程施工造成干扰,则产生了索赔。承包商的合同管理人员常常在寻找着这些疏漏,寻找索赔机会。项目经理在工作中应能预测到自己行为的后果,堵塞漏洞,不留下把柄;在起草文件、下达指令、作出决定、答复请示时都应注意到完备性和严密性;颁发图纸、作计划和实施方案时都考虑其及时性、正确性和周密性。

2. 通过有效的合同管理减少干扰事件的发生,降低干扰事件的损失

项目经理应以积极的态度和主动的精神为发包人管理好工程,为发包人和承包商提供良好的服务。在工程中,项目经理作为双方的纽带,应做好协调、缓冲工作,为双方建立一个良好的合作气氛。通常,双方合作得越好,合同实施就越顺利,索赔事件就越少,也越易于解决。

项目经理应对合同实施进行有力的控制,这是其主要工作。通过合同监督和跟踪,不仅可以及早发现干扰事件,及早采取措施降低干扰事件的影响,减少双方损失,还可以及早了解情况,为合理地解决索赔提供条件。

3. 公正地处理和解决发包人与承包商之间的索赔事件

索赔的合理解决不仅要符合项目经理的工作目标,使承包商按合同得到支付,而且还要符合工程总目标。索赔的合理解决是指:使承包商得到按合同规定的合理的补偿,而发包人又不多支付,合同双方都心悦诚服,对解决结果满意,仍然保持友好的合作关系。

**三、索赔管理的原则**

要使索赔得到公正合理的解决,项目经理在工作中必须遵守如下基本原则:

1. 公正行事原则

项目经理作为施工合同的第三者、中间人,必须公正地行事,以没有偏见的方式解释和履行合同,独立地作出判断,行使自己的权力。由于承包合同双方的利益和立场存在不一致、矛盾甚至冲突,项目经理起着缓冲和协调作用。其立场的公正性主要体现在如下几个方面:

(1)必须从工程整体效益、工程总目标的角度出发作出判断,或采取行动,使合同风险分配、干扰事件责任分担、索赔的处理和解决不损害工程整体效益和不违背工程总目标。在这个

基本点上,合同双方常常是一致的,例如使工程顺利实施,尽早使工程竣工,投入生产,保证工程质量,按合同施工等。

(2)按照法律(合同)精神行事。合同是工程过程中的最高行为准则,作为项目经理更应按合同办事,准确理解并正确执行合同。在索赔的处理和解决中应贯彻合同精神。

(3)从事实出发,实事求是。按照工程的实际实施过程、干扰事件的实情、承包商的实际损失和所提供的证据独立作出判断。

项目经理只有公正地行事,双方才能心服口服,才能解决问题,使双方都满意。

2. 诚实守信原则

项目经理有很大的工程管理权力,对工程的整体效益有关键性作用。发包人依赖项目经理,将工程管理的任务完全交给项目经理,承包商期望项目经理公正行事。但项目经理的经济责任较小,缺少对项目经理的制约机制,所以项目经理的工作在很大程度上靠项目经理自身的工作积极性、责任心、诚实、信用以及职业道德来维持。

项目经理必须以实事求是的态度对待工程问题,不能欺诈,公平合理地对待双方的要求。不仅要取得发包人和承包商的信任,而且要在发包人和承包商之间营造信任的氛围。

3. 及时迅速地履行职责原则

在工程施工中,项目经理必须及时地(有的合同规定具体的时间,或"在合理的时间内")行使权力,如作出决定,下达通知、指令,表示认可或满意等。这有如下重要作用:

(1)可以减少承包商的索赔机会。因为如果项目经理不能迅速及时地行事,造成承包商的损失,必须给予工期和费用的补偿。

(2)制止干扰事件影响的扩大。若不及时行事会造成承包商停工等待指令,或承包商继续施工,造成更大范围的影响和损失。所以在工程过程中,项目经理对于一个已发生的干扰事件并不是首先分析责任、确定赔偿问题,而是首先关心工程质量和进度,防止风险损失的扩大,指令采取措施,保证工程顺利施工。

(3)在收到承包商的索赔意向通知后应迅速作出反应,认真研究,密切注意干扰事件的发展。一方面可以及时采取措施降低损失;另一方面可以掌握干扰事件发生和发展过程,掌握第一手资料,为分析、评价、反驳承包商的索赔要求作准备。项目经理应鼓励并要求承包商及时向其通报情况,及时提出索赔要求。

(4)不及时解决索赔问题会加深双方的不理解、不一致和矛盾。由于不能及时解决索赔问题,承包商资金周转困难,积极性受到影响,进度放慢,对项目经理和发包人缺乏信任感;而发包人则会抱怨承包商拖延工程,不积极履约。这可能会导致双方激烈的冲突。

(5)不及时行事会造成索赔解决的困难。单个索赔集中起来,索赔额积累起来,不仅给分析、评价带来困难,而且会带来新的问题,使解决复杂化。

4. 与发包人和承包商协商一致原则

项目经理在处理和解决索赔问题时应及时地与发包人和承包商沟通,保持经常联系,再作出决定,特别是调整价格、决定工期和费用补偿时,应与合同双方充分协商,最好达成一致,取得共识,这是避免索赔争执的最有效的办法。项目经理应充分认识到,如果调解不成功,使索赔争执升级,则对合同双方都是损失,将会造成双方关系紧张,严重干扰工程施工过程,影响工程项目的整体效益。

在工程中,项目经理切不可凭借自己的地位和权力武断行事,特别对承包商不能随便以合同处罚相威胁,或盛气凌人。项目经理应支持并鼓励承包商反映情况,诉说工程中的困难和问题,积极沟通。这样不仅可以掌握情况,及时采取补救措施,而且可解决承包商心理上的障碍。

从总体上,项目经理对承包商的索赔要求应采取认真负责、积极而又慎重、公平合理的态度。

在索赔处理中,由于双方立场,对合同的理解、策略不同,致使双方索赔要求有很大的差异。项目经理要做艰苦的说明工作,向双方施加影响,减少差距,加深理解。一方面向发包人作解释,分析并说明承包商的困难和索赔要求的合理性;同时又要对承包商提出合理批评,指出索赔要求的不实之处,最终使双方妥协、接近、达成一致。

**四、索赔管理工作的主要内容**

与承包商的索赔管理相对应,项目经理也必须从起草招标文件开始,直到工程的保修责任结束,发包人和承包商结清全部债权、债务,承包合同结束为止,实施有力的索赔管理。项目经理索赔管理工作的内容主要包括如下几个方面:

1. 起草周密完备的招标文件

招标文件是承包商作工程预算和报价的依据,是"合同状态"的构成因素之一。如果招标文件(特别是合同条件和技术文件)中有不完善的地方,如矛盾、漏洞,很可能会造成干扰事件,给承包商带来索赔机会。招标文件有如下基本要求:

(1)资料齐全。按照诚信原则,项目经理(发包人)应提供尽可能完备、详细的技术文件、水文地质勘探资料和各种环境资料,为承包商快速并可靠地作出实施方案和报价提供条件。

(2)合同条件的内容详细、条款齐全,对各种问题的规定比较具体。

(3)合同条款和技术文件准确、说明清楚,没有矛盾、错误、二义性。对技术设计的修改、设计错误、合同责任不明确、有的工作没有作定义等都可能是承包商的索赔机会。技术设计应建立在科学的基础上,一经确定,发包人不应随便指令修改。发包人随便改变主意,不仅打乱工程计划,而且会产生大量索赔。

(4)公平合理地分配工作、责任和风险。要在一个确定的环境内完成一个确定范围的工程,其总的工作任务和责任是一定的。作为项目经理,不仅要预测这些工作、责任、风险的范围,通过招标文件给予准确的定义,而且要在合同的双方之间公平地分配。这对工程整体效益有利,对合同双方都有好处;承包商可以比较准确地投标报价,准确、周密地计划,干扰少,合同实施顺利;发包人能获得低而合理的报价。这样常常会减少索赔的争执。项目经理应使用(或向发包人推荐)标准的合同文本,或按照标准文本起草合同。

在许多工程中,许多发包人希望在合同中增加对承包商的单方面约束性条款和责权利不平衡条款,增加对自己行为(失误)的免责条款来消除索赔,对此项目经理应予以劝说和制止。这样做实质上对发包人、对工程实施不利。一方面,发包人已经"赔"了报价中的不可预见的风险费;另一方面,这样并不能减少索赔事件,反而会影响双方的合作气氛,影响承包商履约的积极性。

2. 为承包商确定"合同状态"提供帮助

承包商在获取招标文件后,即进行招标文件分析,作环境调查,确定实施计划,作工程报价。按照诚信原则,项目经理应让承包商充分了解工程环境、发包人要求,以编制合理、可靠的投标书。双方应通过各种渠道进行积极的沟通。项目经理应鼓励承包商提出问题,对承包商理解的错误应作出指正、解释,同时对招标文件中出现的问题、错误及时发出指令予以纠正。在合同签订前,双方沟通越充分,了解越深入,则索赔越少。

但在投标前的各种接触中(例如标前会议),项目经理又应谨慎行事,认真研究各类问题,使作出的答复、指令都符合招标文件精神,符合发包人的要求。在签订合同前承包商常常就已经在寻找索赔机会,如果项目经理的解释出现漏洞,或违背招标文件精神,就会引起索赔。

3. 协助发包人选择好承包商

承包商的信誉、诚实、工程经验、履约能力、报价的合理性都会影响工程索赔的数量。信誉不好、不诚实的承包商常常会采用各种手段搞索赔,不惜在合同、在工程过程中设置埋伏,或扩大干扰事件影响,扩大索赔值,加价索赔。

履约能力不强而报价又低的承包商也只有通过索赔弥补损失。甚至如果发包人不认可他的索赔要求(有时是不合理的),则以中止工程相威胁,逼迫发包人。

尽管选择承包商是发包人的权力,但项目经理应当好参谋,做好评标工作。通过全面审查、综合分析,提出自己的评标报告,向发包人提出自己的授标意见、建议甚至警告,使发包人的授标决策建立在科学、可靠的基础上,而不受最低标、私人关系和其他不正常因素的诱惑。如果承包商报价偏低,项目经理可要求其作出解释。如果得不到满意的解释,则不能轻易接受。国际工程实践证明,报价越低,工程中索赔频率越高,索赔值越大,合同争执越大。

为了防止工程中的索赔事件和争执,项目经理应认真评标,对标书中的问题、错误、不清楚的地方请承包商解释、说明;注意承包商的投标策略;对标书中的附加说明、承包商的保留意见、建议应作认真研究,请示发包人,作出明确的处理。

4. 加强合同管理

项目经理在合同管理过程中履行自己职责的时候必须做到:

(1)正确按合同规定行使自己的权力,不会引起索赔。在工程中,项目经理工作中的任何失误、不严密的地方都可能是承包商的索赔机会,这要求项目经理必须严格按合同行事。

1)项目经理作出的任何指令、调解、决定、同意等都不能违背合同精神。项目经理的合同意识应非常强,同时又不能有逻辑上甚至文字上的漏洞。

2)及时地完成自己的合同责任,及时颁发图纸、指令,作出决定,同时敦促并协助发包人及时完成合同责任,如及时交付场地、提供施工条件等,避免造成工程干扰。在工程中认真做好合同监督,及时作出各种检查验收,尽量不要提出苛刻的超过合同范围的检查,避免进行一些事后的破坏性检查。因为这种检查,无论结果如何都会造成合同一方的损失,最终损害工程整体效益。

3)正确地履行职责,避免设计图纸、计划、指令、协调方案中的错误。

4)做好发包人的各承包商、材料和设备供应商、设计承包商之间的协调工作,这是项目经理的重要职责。

(2)加强对干扰事件的控制。在工程施工中,许多干扰事件也不是项目经理所能避免的,但项目经理可以对它实施有力的控制。

1)预测干扰事件的发生可能、发生规律和一经发生其影响和损失的大小。在特定的外界环境和合同背景中,进行一项特定的工程的施工,其干扰事件的发生有一定的规律性,作为一个有经验的项目经理,常常是可以预测的。作为一个管理项目经理,同样要有索赔意识,对干扰事件应有敏锐的感觉。

对可能发生的干扰事件应考虑一定的对策措施予以防范。例如完善合同条文,堵塞漏洞;做好周密的计划,准备多套方案;更慎重、严密地工作等。

2)干扰事件一经发生,项目经理应迅速作出反应,及时作出处理指令,控制干扰事件的影响范围,作好新的计划,或调整、协调好各方关系。

(3)项目经理应注意到自己的职权范围和行使权力所应承担的责任后果。例如:

1)不要随便改变承包商的进度计划、施工次序和施工方案等。通常如果合同中未明确规定,它们一般属承包商的责任,同时又是其权力。如果项目经理指令改变,容易产生索赔。

2)承包商的施工方案要经过项目经理"同意"才能实施或修改。这里应注意:

①如果项目经理没有有力的证据证明承包商采用这种施工方案无法履行其合同责任,则不能不"同意",否则容易导致工程变更。

②由于承包商自身原因(包括承包商应承担的风险)导致施工方案的变更,也要项目经理"同意"才能实施。项目经理签字同意时,应特别说明费用不予补偿,以免引起不必要的争执。

③项目经理在签字同意承包商修改实施方案时,应考虑到它对相应计划的影响,特别是发包人配套工作的调整和相关的其他承包商、供应商工作的调整。这些属于发包人责任。因为项目经理一经签字同意承包商修改方案,则这个新方案对双方都有约束力。如果发包人无法提供相应的配合,使承包商受到干扰,承包商就有权索赔。

5.处理索赔事务,解决双方争执

对承包商已提出的索赔要求,项目经理应争取公平合理地解决:

(1)对承包商的索赔报告进行分析、反驳,确定其合理的部分,并使承包商得到相应的合理支付。

(2)劝说、敦促发包人认可承包商合理的索赔要求,同时使发包人不多支付。

(3)以极大的耐心劝说双方,使双方要求趋于一致,以和平方式解决争执。

### 五、索赔的处理程序

(1)承包商应按合同的有关规定定期向监理项目经理提交一份尽可能详细的索赔清单,对没有列入清单的索赔一般不予以考虑。

(2)监理项目经理依据索赔清单,建立索赔档案。

(3)对索赔项目进行监督,特别是对提出索赔项目的施工方法、劳务和设备的使用情况进行详细的了解并作好记录,以便核查。

(4)承包商提交正式的索赔文件,内容包括:索赔的基本事实和合同依据,索赔费用或时间的计算方法及依据、结果,以及附件(包括监理项目经理指令、来往函件、记录、进度计划、进度的延误和所受的干扰以及照片等)。

(5)监理项目经理审核索赔文件。

(6)如果需要,可要求承包商进一步提交更详尽的资料。

(7)监理项目经理提出索赔的初步审核意见。

(8)与承包商谈判,澄清事实和解决索赔。

(9)如果监理项目经理与承包商取得一致意见,则形成最终的处理意见。如果有分歧,则监理项目经理可单方面提出最终的处理意见。若承包商对监理项目经理的决定不服,可提出上诉,监理项目经理就应准备应诉材料。

(10)根据业主授权,对于重大索赔经业主审批同意后,向承包商下达变更指令;对于一般索赔,监理项目经理直接签发变更指令。

## 六、索赔审查

项目经理对索赔的审查工作主要包括：审查索赔证据、审查工期顺延要求、审查费用索赔要求。

### 1.审查索赔证据

项目经理对索赔报告审查时，首先判断承包人的索赔要求是否有理、有据。所谓有理，是指索赔要求与合同条款或有关法规一致，受到的损失应属于非承包人责任原因所造成。有据，是指提供的证据能证明索赔要求成立。承包人可以提供的证据包括下列证明材料：

(1)合同文件中的条款约定。

(2)经项目经理认可的施工进度计划。

(3)合同履行过程中的来往函件。

(4)施工现场记录。

(5)施工会议记录。

(6)工程照片。

(7)项目经理发布的各种书面指令。

(8)中期支付工程进度款的单证。

(9)检查和试验记录。

(10)汇率变化表。

(11)各类财务凭证。

(12)其他有关资料。

### 2.审查工期顺延要求

对索赔报告中要求顺延的工期，在审核中应注意以下几点：

(1)划清施工进度拖延的责任。因承包人的原因造成施工进度滞后，属于不可原谅的延期；只有承包人不应承担任何责任的延误，才是可原谅的延期。有时工期延期的原因中可能包含有双方责任，此时项目经理应进行详细分析，分清责任比例，只有可原谅的延期部分才能批准顺延合同工期。可原谅延期，又可细分为可原谅并给予补偿费用的延期和可原谅但不给予补偿费用的延期。后者是指非承包人责任的影响并未导致施工成本的额外支出，大多属于发包人应承担风险责任事件的影响，如异常恶劣的气候条件造成的停工等。

(2)被延误的工作应是处于施工进度计划关键线路上的施工内容。只有位于关键线路上工作的滞后，才会影响到竣工日期。但有时也应注意，既要看被延误的工作是否在批准进度计划的关键路线上，又要详细分析这一延误对后续工作的可能影响。因为若对非关键路线工作的影响时间较长，超过了该工作可用于自由支配的时间，也会导致进度计划中非关键路线转化为关键路线，其滞后将导致总工期的拖延。此时，应充分考虑该工作的自由时间，给予相应的工期顺延，并要求承包人修改施工进度计划。

(3)无权要求承包人缩短合同工期。项目经理有审核、批准承包人顺延工期的权力，但他不可以扣减合同工期。也就是说，项目经理有权指示承包人删减掉某些合同内规定的工作内容，但不能要求他相应缩短合同工期。如果要求提前竣工的话，这项工作属于合同的变更。

### 3.审查费用索赔要求

费用索赔的原因，可能是与工期索赔相同的内容，即属于可原谅并应予以费用补偿的索赔，也可能是与工期索赔无关的理由。项目经理在审核索赔的过程中，除了划清合同责任以外,还应注意索赔计算的取费合理性和计算的正确性。

(1)审核索赔取费的合理性。费用索赔涉及的款项较多、内容庞杂。承包人都是从维护自身利益的角度解释合同条款,进而申请索赔额。项目经理应公平地审核索赔报告申请,挑出不合理的取费项目或费率。

(2)审核索赔计算的正确性。

1)所采用的费率是否合理、适度。主要注意的问题包括:

①工程量表中的单价是综合单价,不仅含有直接费,还包括间接费、风险费、辅助施工机械费、公司管理费和利润等项目的摊销成本。在索赔计算中不应有重复取费。

②停工损失中,不应以计日工费计算。不应计算闲置人员在此期间的奖金、福利等报酬,通常采取人工单价乘以折算系数计算;停驶的机械费补偿,应按机械折旧费或设备租赁费计算,不应包括运转操作费用。

2)正确区分停工损失与因项目经理临时改变工作内容或作业方法的功效降低损失的区别。凡可改做其他工作的,不应按停工损失计算,但可以适当补偿降低损失。

### 七、反索赔

在接到对方索赔报告后,就应着手进行分析、反驳。反索赔与索赔有相似的处理过程,但也有其特殊性。通常对方提出的索赔的反驳处理过程如图2-2所示。

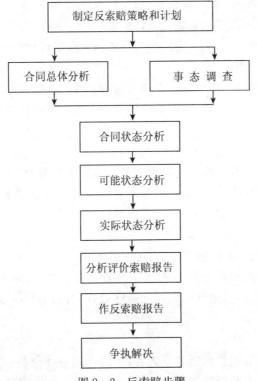

图2-2 反索赔步骤

1.合同总体分析

反索赔同样是以合同作为法律依据,作为反驳的理由和根据。合同分析的目的是分析、评价对方索赔要求的理由和依据。在合同中找出对对方不利、对自方有利的合同条文,以构成对对方索赔要求否定的理由。合同总体分析的重点是,与对方索赔报告中提出的问题有关的合同条款,通常有:合同的法律基础;合同的组成及合同变更情况;合同规定的工程范围和承包商责任;工程变更的补偿条件、范围和方法;合同价格,工期的调整条件、范围和方法,以及对方应承担的风险;违约责任;争执的解决方法等。

2. 事态调查与分析

反索赔仍然基于事实基础之上,以事实为根据。这个事实必须有己方对合同实施过程跟踪和监督的结果,即各种实际工程资料作为证据,用以对照索赔报告所描述的事情经过和所附证据。通过调查可以确定干扰事件的起因、事件经过、持续时间、影响范围等真实的详细的情况。

在此应收集整理所有与反索赔相关的工程资料。

在事态调查和收集、整理工程资料的基础上进行合同状态、可能状态、实际状态分析。通过三种状态的分析可以达到:

(1)全面地评价合同、合同实际状况,评价双方合同责任的完成情况。

(2)对对方有理由提出索赔的部分进行总概括。分析出对方有理由提出索赔的干扰事件有哪些,以及索赔的大约值或最高值。

(3)对对方的失误和风险范围进行具体指认,这样在谈判中有攻击点。

(4)针对对方的失误作进一步分析,以准备向对方提出索赔,这样可以在反索赔中同时使用索赔手段。国外的承包商和发包人在进行反索赔时,特别注意寻找向对方索赔的机会。

3. 对索赔报告进行全面分析与评价

分析评价索赔报告,可以通过索赔分析评价表进行。其中,分别列出对方索赔报告中的干扰事件、索赔理由、索赔要求,提出己方的反驳理由、证据、处理意见或对策等。

4. 起草并向对方提出索赔

反索赔报告也是正规的法律文件。在调解或仲裁中,对方的索赔报告和己方的反索赔报告应一起递交调解人或仲裁人。反索赔报告的基本要求与索赔报告相似。通常反索赔报告的主要内容有:

(1)合同总体分析简述。

(2)合同实施情况简述和评价。这里重点针对对方索赔报告中的问题和干扰事件,叙述事实情况,应包括前述三种状态的分析结果,对双方合同责任完成情况和工程施工情况作评价。目标是推卸自己对对方索赔报告中提出的干扰事件的合同责任。

(3)反驳对方索赔要求。按具体的干扰事件,逐条反驳对方的索赔要求,详细叙述自己的反索赔理由和证据,全部或部分地否定对方的索赔要求。

(4)提出索赔。对经合同分析和三种状态分析得出的对方违约责任,提出己方的索赔要求。对此,有不同的处理方法,通常可以在反索赔报告中提出索赔,也可另外出具己方的索赔报告。

5. 反驳索赔报告

对反索赔作全面总结,通常包括如下内容:①对合同总体分析作简要概括;②对合同实施情况作简要概括;③对对方索赔报告作总评价;④对己方提出的索赔作概括;⑤双方要求,即索赔和反索赔最终分析结果比较;⑥提出解决意见;⑦附各种证据,即本反索赔报告中所述的事件经过、理由、计算基础、计算过程和计算结果等证明材料。

对于索赔报告的反驳,通常可从以下几个方面着手:

(1) 索赔事件的真实性

对于对方提出的索赔事件,应从两方面核实其真实性:一是对方的证据。如果对方提出的证据不充分,可要求其补充证据,或否定这一索赔事件;二是己方的记录。如果索赔报告中的论述与己方关于工程记录不符,可向其提出质疑,或否定索赔报告。

(2) 索赔事件责任分析

认真分析索赔事件的起因,澄清责任。以下五种情况可构成对索赔报告的反驳:

1) 索赔事件是由索赔方责任造成的,如管理不善、疏忽大意、未正确理解合同文件内容等。

2) 此事件应视作合同风险,且合同中未规定此风险由己方承担。

3) 此事件责任在第三方,不应由己方负责赔偿。

4) 双方都有责任,应按责任大小分摊损失。

5) 索赔事件发生以后,一对方未采取积极有效的措施以降低损失。

(3) 索赔依据分析

对于合同内索赔,可以指出对方所引用的条款不适用于此索赔事件,或者找出可为己方开脱责任的条款,以驳倒对方的索赔依据。对于合同外索赔,可以指出对方索赔依据不足,或者错解了合同文件的原意,或者按合同条件的某些内容,不应由己方负责此类事件的赔偿。

另外,可以根据相关法律法规,利用其中对自己有利的条文,来反驳对方的索赔。

(4) 索赔事件的影响分析

分析索赔事件对工期和费用是否产生影响以及影响的程度,这直接决定着索赔值的计算。对于工期的影响,可分析网络计划图,通过每一工作的时差分析来确定是否存在工期索赔。通过分析施工状态,可以得出索赔事件对费用的影响。例如业主未按时交付图纸,造成工程拖期,而承包商并未按合同规定的时间安排人员和机械,因此工期应予顺延,但不存在相应的各种闲置费。

(5) 索赔证据分析

索赔证据不足、不当或片面,都可以导致索赔不成立。如索赔事件的证据不足,对索赔事件的成立可提出质疑。对索赔事件产生的影响证据不足,则不能计入相应部分的索赔值。仅出示对自己有利的片面的证据,将构成对索赔的全部或部分的否定。

(6) 索赔值审核

索赔值的审核工作量大,涉及的资料和证据多,需要花费许多时间和精力。审核的重点在于:

1) 数据的准确性。对索赔报告中的各种计算基础数据均须进行核对,如工程量增加的实际量方、人员出勤情况、机械台班使用量、各种价格指数等。

2) 计算方法的合理性。不同的计算方法得出的结果会有很大出入。应尽可能选择最科学、最精确的计算方法。对某些重大索赔事件的计算,其方法往往需双方协商确定。

3) 是否有重复计算。索赔的重复计算可能存在于单项索赔与一揽子索赔之间,相关的索赔报告之间,以及各费用项目的计算中。索赔的重复计算包括工期和费用两方面,应认真比较核对,剔除重复索赔。

## 第六节　合同终止与评价

### 一、合同终止

合同条款评价项目合同终止是指在工程建设过程中,承包商按照施工承包合同约定的责任范围完成了施工任务,圆满地通过竣工验收,并与业主办理竣工结算手续,将所施工的工程移交给业主使用,业主按照合同约定完成工程款支付工作后,合同效力及作用的结束。

铁路工程项目合同终止的条件,通常有以下几种:

(1)满足合同竣工验收条件。

(2)已完成竣工结算。

(3)工程款全部回收到位。

(4)按合同约定签订保修合同并扣留相应工程尾款。

### 二、铁路工程项目合同评价

合同评价是指在合同实施结束后,将合同签订和执行过程中的利弊得失、经验教训总结出来,提出分析报告,作为以后工程合同管理的借鉴。

铁路工程项目合同管理工作比较偏重于经验,只有不断总结经验,才能不断提高管理水平,才能通过工程不断培养出高水平的合同管理者。

#### 1. 合同签订情况评价

项目在正式签订合同前,所进行的工作都属于签约管理,签约管理质量直接制约着合同的执行过程,因此,签约管理是合同管理的重中之重。评价铁路工程项目合同签订情况时,主要参照以下几方面:

(1)招标前,对发包人和建设项目是否进行了调查和分析,是否清楚、准确。例如:施工所需的资金是否已经落实,工程的资金状况直接影响后期工程款的回收;施工条件是否已经具备、初步设计及概算是否已经批准,直接影响后期工程施工进度等。

(2)投标时,是否依据公司整体实力及实际市场状况进行报价,对项目的成本控制及利润收益有明确的目标,心中有数,不至于中标后难以控制费用支出,为避免亏本而左右为难。

(3)中标后,即使使用标准合同文本,也需逐条与发包人进行谈判,既要通过有效的谈判技巧争取较为宽松的合同条件,又要避免合同条款不明确,造成施工过程中的争议,使索赔工作难以实现。

(4)做好资料管理工作。签约过程中的所有资料都应经过严格的审阅、分类、归档,因为前期资料既是后期施工的依据,也是后期索赔工作的重要依据。

#### 2. 合同执行情况评价

在铁路工程项目合同实施过程中,应当严格按照施工合同的规定,履行自己的职责,通过一定有序的施工管理工作对合同进行控制管理。评价控制管理工作的优劣主要是评价施工过程中工期目标、质量目标、成本目标完成的情况和特点。

(1)工期目标评价。主要评价合同工期履约情况和各单位(单项)工程进度计划执行情况;核实单项工程实际开、竣工日期;计算合同建设工期和实际建设工期的变化率;分析施工进度提前或拖后的原因。

(2)质量目标评价。主要评价单位工程的合格率、优良率和综合质量情况。

(3)成本目标评价。主要评价物资消耗、工时定额、设备折旧、管理费等计划与实际支出的情况,评价项目成本控制方法是否科学合理,分析实际成本高于或低于目标成本的原因。

3. 合同管理工作评价

合同管理工作评价是对合同管理本身,如工作职能、程序、工作成果的评价,主要内容包括:

(1)合同管理工作对工程项目的总体贡献或影响。

(2)合同分析的准确程度。

(3)在投标报价和工程实施中,合同管理子系统与其他职能的协调中的问题以及需要改进的地方。

(4)索赔处理和纠纷处理的经验教训等。

4. 合同条款评价

合同条款评价是对本项目有重大影响的合同条款进行评价,主要内容包括:

(1)本合同的具体条款,特别对本工程有重大影响的合同条款的表达和执行利弊得失。

(2)本合同签订和执行过程中所遇到的特殊问题的分析结果。

(3)对具体的合同条款如何表达更为有利等。

# 第三章 工程项目采购管理

在现代项目管理的理论中,采购被赋予了更加广泛的内容,即货物、工程与咨询服务的采购。采购模式直接影响项目管理模式。

## 第一节 概 述

### 一、项目采购的定义

项目采购的含义不同于一般概念上的商品购买,它包含着以不同的方式通过努力从系统外部获得货物、铁路工程和服务的整个采办过程。因此,世界银行贷款中的采购不仅包括采购货物,而且还包括雇佣承包商来实施铁路工程和聘用咨询专家来从事咨询服务。

### 二、项目采购的类型

1. 按采购内容划分

(1)土建工程采购。土建工程采购也是有形采购,是指通过招标或其他商定的方式选择工程承包单位,即选定合格的承包商承担项目工程施工任务。

(2)货物采购。货物采购属于有形采购,是指购买项目建设所需的投入物,如建筑材料(钢材、水泥、木材等),并包括与之相关的服务,如运输、保险、安装、调试、培训、初期维修等。

此外,还有大宗货物,如包装材料、机械设备、文体用品、计算机等专项合同采购,它们采用不同的标准合同文本,可归入上述采购种类之中。

(3)咨询服务采购。咨询服务采购不同于一般的货物采购或工程采购,它属于无形采购。咨询服务的范围很广,大致可分为以下四类:

1)项目投资前期准备工作的咨询服务,如项目的可行性研究、项目现场勘查、设计等业务。

2)工程设计和招标文件编制服务。

3)项目管理、施工监理等执行性服务。

4)技术援助和培训等服务。

2. 按采购方式划分

(1)招标采购主要包括国际竞争性招标、有限国际招标和国内竞争性招标。

(2)非招标采购主要包括国际、国内询价采购(或称"货比三家"),直接采购,自营工程等。

一般采购的业务范围包括:

1)确定所要采购的货物或土建工程,或咨询服务的规模、种类、规格、性能、数量和合同或标段的划分等。

2)市场供求现状的调查分析。

3)确定招标采购的方式——国际/国内竞争性招标或其他采购方式。

4)组织进行招标、评标、合同谈判和签订合同。

5）合同的实施和监督。
6）合同执行中对存在的问题采取的必要行动或措施。
7）合同支付。
8）合同纠纷的处理等。

### 三、项目采购的程序

采购工作开始于项目选定阶段，并贯穿于整个项目周期。项目采购与项目周期需要相互协调。在实际执行时，项目采购与项目周期两者之间的进度配合并不一定都能按理想的情况完全协调一致，为了尽量保持项目采购与项目周期两者之间的协调一致，在项目准备与预评估阶段尽快确定采购方式、合同标段划分等，尽早编制资格预审文件、进行资格预审、编制招标文件等，做到在项目评估结束、贷款生效之前，完成招标、评标工作。项目周期与采购程序之间的关系如图3-1所示。

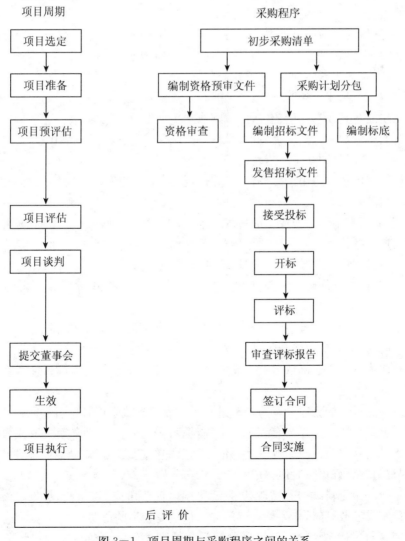

图3-1 项目周期与采购程序之间的关系

# 第二节 项目采购计划

## 一、项目采购调查

（1）采购调查组织。一个企业可以按以下三种方法之一组织采购调查。

1）指定专职工作人员负责此工作。

2）组织正式的采购及管理人员兼职进行采购调查。

3）让对调查过程具有广泛知识的跨职能的信息团队进行调查。

（2）商品调查。在制定项目采购计划之前，有必要进行实地的商品调查。因为商品调查有助于对一个主要的采购商品未来长期及短期的采购环境作出预测。这些信息构成了制定正确决策及现有采购管理方法的基础，并且为最高管理部门提供了有关这些货物未来供应与价格的相对完整的信息。

通常来说，商品调查的焦点集中在那些需要大宗采购的货物上。但也运用于那些被认为严重供应短缺的小笔采购货物中。主要的原材料，例如钢筋、水泥及混凝土浇灌设备，通常也是调查的对象，另外一些产品，如木材或装修装饰材料，也可能是调查对象。

（3）所购材料、产品或服务的调查。所购材料、产品或服务的调查，即价值分析，是将所购货物所体现的功能与其成本相比较，从而找到成本更低的替代品的过程。

价值分析的第一步是选择一种零件、原材料或服务进行分析，然后组织一个跨职能的价值分析小组，最后一个动宾词组定义货物或服务的功能。

价值分析技术同样也适用于服务。价值分析技术与处理信息及通信的电子方法相结合，形成了流程再造的基础。

因此，价值分析是削减采购成本的一种有效方法。项目采购部门可能根据需采购货物各方面的详细信息在替代品之间作出明智的选择，从而更有效地利用采购资金。

（4）采购系统调查。尽管对所购货物及可能的供应商有足够的了解对在采购活动中获取最大的价值很重要，但不能确保采购会以最有效的方式进行。采购系统调查主要包括以下 11 个方面：

1）总订单。通过调查采购合同、分析采购杠杆作用和减少管理费用的方式，并利用长期协议作为手段，确保持续供应可能会特别有效。

2）货物总体成本。用于确认涉及采购成本、管理成本和占有成本等每件货物成本的所有方面的一套系统和方法。

3）付款或现金折扣的程序。调查和改进向供应商付款或采用现金折扣的系统。

4）供应商追踪系统。建立一套程序化系统，项目采购部门可以定期获取或收集来自供应商控制的关于材料状况或订单完成进度的信息。这些信息能够对供应商的业务完成情况进行追踪，从而保证订单更好更及时地完成。

5）收货系统。出于付款的需要，收货系统可用以证明供应商交货的数量。该系统可以在货物或材料确定没有收到时，作为领料部门通知供应商装运的证明。

6）少量或紧急采购系统。是项目采购部门为处理少量和紧急订单而设计的一种新颖方法，以便以最低的管理成本实现采购需要。

7）系统合约。为满足建筑公司每年对特定货物的需求，调查单一供应商或一组供应商并与之签订维护、修理及辅助用料合约。供应商甚至可以按采购方的要求储备货物。

8) 与供应商的数据共享。确定供应商和采购商材料信息交换的领域,例如用途、需求预测、生产率、时间安排、报价及存货,这样对双方都有利。通常是建立采购方—供应商计算机信息交换系统,以便定期交换信息。

9) 评价采购人员绩效的方法。建立衡量采购人员工作绩效的系统。

10) 评价采购部门绩效的方法。建立将采购部门共同努力的实际绩效与先前确定的标准相比较的系统,在此评价的基础上,可以采取一些行动去纠正不足。

11) 评价供应商绩效的方法。建立一个系统来评价供应商是否履行了它们的责任,最终的数据对于重新制定采购决策很关键,并可据此将需改进的方面反馈给供应商。

## 二、项目采购的需求分析

确定项目采购需求是整个采购动作的第一步,也是进行其他采购工作的基础。因此,采购需求分析的目的就是要弄清楚需要采购什么、采购多少的问题。采购管理人员应当分析需求的变化规律,根据需求变化规律,主动地满足施工工地需要。即不需施工队长自己申报,项目采购管理部门就能知道施工什么时候需要什么品种、需要多少,因而可以主动地制定采购计划。

作为采购工作第一步的需求分析是制定订货计划的基础和前提,只要企业知道所需的物资数量,就可能适时适量地进行物资供应。

对于在单次、单一品种需求的情况下需求分析是很简单的,需要什么、需要多少、什么时候需要的问题,非常明确,不需要进行复杂的需求分析。通常说的采购活动,有很多是属于这样的情况。在项目采购中,采购员通常都是接到一个已经做好了的采购单,上面都写好了要采购什么、采购多少、什么时候采购,采购员中要拿着单子去办就行了,根本就不需要进行需求分析。但是,那张已经做好了的采购单是怎么来的?实际上是别人进行需求分析后替他们做出来的。因此,项目采购人员要了解要求,分析要求。

需求分析,涉及全厂各个部门、各道工序、各种材料、设备和工具以及办公用品等各种物资。其中最重要的是生产所需的原材料,因为它的需求量最大,而且持续性、时间性很强,直接影响生产的正常进行。

项目采购管理部门至少作一次彻底的需求分析。因为光靠底下部门的报表,不免相互之间有遗漏,而且不一定符合采购部门要求。

需求分析要具备全面知识。项目采购人员首先要有生产技术方面的知识,包括生产产品和加工工艺的知识,会看图纸,会根据生产计划以及生产加工图纸推算出物料需求量。还要有数理、统计方面的知识,会进行物料性质、质量的分析,会进行大量的统计分析。还要有管理方面的知识,因为,需求分析是一项非常重要且比较复杂的工作,是搞采购工作必须具备的基本条件。只有做好了需求分析工作,才能保证采购管理能够主动科学地进行。

## 三、采购计划的编制

市场的瞬息万变、采购过程的繁杂,使得采购部门要制定一份合理、完善、有效指导采购管理工作的采购计划并不容易。采购计划好比采购管理这盘棋上的一颗重要棋子,采购计划做好了,采购管理就十有八九会成功。但如果这一颗棋子走错了,可能导致满盘皆输。因此,采购部门应对采购计划工作给予高度的重视,它不仅要拥有一批经验丰富、具有战略眼光的采购计划人员,还必须抓住关键的两点:知己知彼,群策群力。

(1)广开言路,群策群力。许多采购单位在制定采购计划时,常常仅由采购经理来制定,没有相关部门和基层采购人员的智慧支持,而且缺乏采购人员的普遍共识,致使采购计划因不够完善而影响采购动作的顺利进行。因此,在编制采购计划时,不应把采购计划作为一家的事情,应当广泛听取各部门的意见,吸收采纳其合理和正确的意见和建议。在计划草拟成文之后,还需要反复征询各方意见,以使采购计划真正切入企业的实际,适应市场变化的脉搏。

(2)认真分析企业自身情况。在作采购计划之前,必须要充分分析企业自身实际情况,如企业在行业中的地位、供应商的情况、生产能力等,尤其要把握企业长远发展计划和发展战略。企业发展战略反映着企业的发展方向和宏观目标,采购计划如果没有贯彻、落实企业的发展战略,可能导致采购管理与企业的发展战略不相协调甚至冲突,造成企业发展中的"南辕北辙",而且脱离企业发展战略的采购计划,就如同无根浮萍,既缺少根据,又可能使采购部门丧失方向感。因此,只有充分了解了企业自身的情况,制定出的采购计划才最可能是切实可行的。

(3)进行充分的市场调查,收集翔实的信息。在制定采购计划时,应对企业所面临的市场进行认真的调研,调研的内容应包括经济发展形势、与采购有关的政策法规、行业发展状况、竞争对手的采购策略以及供应商的情况等。否则,制定的计划无论理论上多合理,都可能经不起市场的考验,要么过于保守造成市场机会的丧失和企业可利用资源的巨大浪费,要么过于激进导致计划不切实际、无法实现,而成为一纸空文。

(4)在制定采购计划时,要把货物、工程和咨询服务分开。编制采购计划时应注意以下问题:

1)采购设备、工程或服务的规模和数量,以及具体的技术规范与规格,使用性能要求。

2)采购时分几个阶段或步骤,哪些安排在前面,哪些安排在后面,要有先后顺序,且要对每批货物中工程从准备到交货或竣工需要多长时间作出安排。一般应以重要的控制日期作为里程碑式的横道图或类似图表,如开标日、签约日、开工日、交货日、竣工日等,并应定期予以修订。

3)货物和工程采购中的衔接。

4)如何进行分包/分段,分几个包/合同段,每个包/合同段中含哪些具体工程或货物品目。

5)采购工作如何进行组织协调等。采购工作时间长、敏感性强、支付量大、涉及面广,比如工程采购中业主的征地拆迁工作,配套资金的到位等都与各级政府部门关系密切;与设计部门、监理部门的协调工作,合同管理工作,也占很大比重。组织协调工作的好坏,对项目的实施有很大影响。

**四、发出采购订单**

(1)确认项目质量需要标准。订单人员日常与供应商的接触有时大大多于认证人员,如供应商实力发生变化,决定前一订单的质量标准是否需要调整时,订单操作作为认证环节的监督部门应发挥应有的作用,即实行项目采购质量需求标准确认。

(2)确认项目的需求量。订单计划的需求量应等于或小于采购环境订单容量。例如,经验丰富的订单人员即使不查询系统也能知道,如果大于则提醒认证人员扩展采购环境容量。另外,对计划人员的错误操作,订单人员应及时提出自己的修改意见,以保证订单计划的需求量与采购环境订单容量相匹配。

(3)价格确认。项目采购人员在提出"查订单"及"估价单"时,为了决定价格,应汇总出"决定价格的资料"。同时,为了了解订购经过,采购人员也应制作单行簿。决定价格之后,应填列订购单、订购单兼收据、人货单、验收单及接受检查单、货单等。这些单据应记载的事项包括交货期限、订购号码、交易对象号码(用电脑处理的号码)、交易对象名称、单位、数量、单价、合计金额、资材号码(资材的区分号码)、品名、图面及设计书号码、交货日期、发行日期、需要来源(要写采购部门的名称)、制造号码、交货地点、摘要(图面、设计书简要的补充说明)。

(4)查询采购环境。订单人员在完成订单准备之后,要查询采购环境信息系统,以寻找适应本次项目采购的供应商群体。认证环节结束后会形成公司物料项目的采购环境,其中,对小规模的采购,采购环境可能记录在认证报告文档上;对于大规模的采购,采购环境则使用信息系统来管理。一般来说,一项项目采购有3家以上的供应商,特殊情况下也会出现一家供应商,即独家供应商。

(5)制订订单说明书。订单说明书主要内容包括说明书,即项目名称、确认的价格、确认的质量标准、确认的需求量、是否需要扩展采购环境容量等方面,另附有必要的图纸、技术规范、检验标准等。

(6)与供应商确认订单。在实际采购过程中,采购人员从主观上对供应商的了解需要得到供应商的确认,供应商组织结构的调整、设备的变化、厂房的扩建等都影响供应商的订单。项目采购人员有时需要进行实地考察,尤其注意谎报订单容量的供应商。

(7)发放订单说明书。即然确定了项目采购供应商,就应该向他们发放相关技术资料。一般来说,采购环境中的供应商应具备已通过认证的物料生产工艺文件,因此,订单说明书就不要包括额外的技术资料。供应商在接到技术资料并分析后,即向订单人员作出"接单"还是"不接单"的答复。

(8)制作合同。拥有采购信息管理系统的建筑企业,项目采购订单人员就可以直接在信息系统中生成订单,在其他情况下,需要订单制作者自行编排排印。

订购单内容特别侧重交易条件、交货日期、运输方式、单价、付款方式等。根据用途不同,订购单的第一联为厂商联,作为厂商交货时之凭证;第二联是回执联,由厂商答认后寄回;第三联为物料联,作为控制存量及验收的参考;第四联是请款联,可取代请购单第二联或验收单;第五联是承办联,制发订购单的单位自存。

## 第三节 项目采购控制

**一、项目采购作业控制**

(1)选用有经验、处理问题能力强、活动能力强、身体好的人担任此项工作。这项工作要处理各种各样的问题,项目采购人员要接触各种各样的人,要熟悉运输部门的业务和各种规章制度,没有一定能力的人,难以胜任此项工作。

(2)事前,要进行周密策划和计划,对各种可能出现的情况制定应对措施,要制定切实可行的物料进度控制表,对整个过程实行任务控制。

(3)做好供应商的按期交货、货物检验工作。这是项目采购部门与供应商的最后的物资交接,是物资所有权的完全性转移。交接完毕,供应商就算完全交清了货物,项目采购部门就已经完全接受了货物。所以这次交接验收一定要严格地在数量上、质量上把好关,做好数量准确、质量合格。要有验收记录,并且准确无误,要留下原始凭证,例如磅码单、计量记录等。验收完毕，双方签字盖章。

(4)发货。接受的货物，要妥善包装，每箱要有装箱清单，装箱单应该一式两份，箱内1份，货主留1份。在有此情况下还要在箱外贴物流条码，安全搬运上车，每个都要合理堆码、固紧、活塞填充物，防止运输途中发生碰撞、倾覆而导致货物受损。车厢装满以后，还要填写运单，办好发运手续，并且在物料进度控制表中填写记录，作好商业记录，督促运输商按时发车。

(5)运输途中控制。可能的话，最好跟车押运。如果不能跟车，也要和运输部门取得联系，跟踪货物运行情况。无论跟车或不跟车，都要随时掌握物料运输进度，并且记录物料进度控制表，作好记录。

(6)货物中转。运输途中，可能会因运输工具改变、运输路段改变而需要中转。中转有不同情况，有的是整车重新编组以后再发运，有的是要卸车、暂存仓库一段时间后再装车发运。中转点最容易发生问题，例如，整车漏挂、错挂、卸车损坏、错存、错装、少装、延时装车、延时发运等，所以，最好亲自前往监督，并填写好物料控制进度表，作好商业记录。

(7)购买方与运输方的交接。货物运到家门口，购买方要从运输方手中接受货物，这时要作好运输验收。这个验收主要是看有没有包装箱受损、开箱、缺少、货物散失等。如果包装箱完好无损，数量不少，就可以接受。如果包装箱受损、遗失，或货物散失，就要弄清受损或遗失的数量，并且作好商业记录，双方认证签字，凭此向运输方索赔。

(8)进货责任人与仓库保管员的交接，即入库。这是采购中最实质性的一环，它是采购物资的实际接受关。验收入库完毕，货物就完全成为企业的财产，这次采购任务也基本结束。因此要严格做好入库验收工作。数量上要认真清点，质量上要认真检查，按实际质量标准登记入账。验收完毕，双方在验收单签字盖章。进货管理人员要填写物料进度控制表，作好商业记录。

至此，项目采购进货管理工作宣告结束。进货管理人员的物料控制进度表和商业记录应当存档，以备工作总结、取证查询之用。

## 二、项目采购进料验收

(1)待收料：物料管理收料人员于接到项目采购部门转来已核准的"订购单"时，按供应商、物料交货日期分别依序排列存档，并于交货前安排存放的库位，以方便收料作业。

(2)收料。

1)内购收料：材料进入施工现场后，收料人员必须依"订购单"的内容，并核对供应商送来的物料名称、规格、数量和送货单及发标并清查数量无误后，将到货日期及实收数量填记于"请购单"办理收料。如发觉所送来的材料与"订购单"上所核准的内容不符时，应及时通知项目采购部门处理，原则上非"订购单"上所核准的材料不予授受，如采购部门要收下该材料时，收料人员应告知主管，并于单据上注明实际收料状况，并会签采购部门。

2)外购收料：材料进入施工现场后，物料管理收料人员即会同检验单位依"装箱单"及"订购单"开柜(箱)核对材料名称、规格并清点数量，并将到货日期及实收数量填入"订购单"。开柜(箱)后，如发觉所载的材料与"装箱单"或"订购单"所记载的内容不同时，通知办理进货人员及采购部门处理。当发觉所装载的物料有异常时，经初步计算损失将超过5000元以上者(含5000元)，收料人员即时通知采购人员联络公证处前来公证或通知代理商前来处理，并尽可能维持其状态以利公证作业；如未超过5000元者，则依实际的数量接受收料，并于"采购单"上注明损失数量及情况；对于由公证或代理商确认，物料管理收料人员开立"索赔处理单"呈主管核实后,送会计部门及采购部门督促办理。

(3)材料待验:进入施工现场待验的材料,必须于物品的外包装上贴材料标签并详细注明料号、品名规格、数量及进入施工现场日期,具与已检验者分开储存,并规划"待验区"作为分区。收料后,收料人员应将每日所收料品汇总填入"进货日报表",作为入账清单的依据。

(4)超交处理:匀货数量超过"订购量"部分应于退回,但属买卖惯例,以重量或长度计算的材料,基超交量的3%以下,由物料管理部门于收料时,在备注栏注明超交数量,经请购部门主管同意后,始得收料,并通知采购人员。

(5)短交处理:交货数量未达订购数量时,以补足为原则,但经请购部门主管同意者,可免补交,短交如需补足时,物料管理部门应通知项目采购部门联络供应商处理。

(6)急用收料:紧急材料于厂商交货时,若货仓部门尚未收到"请购单"时,收料人员应选洽询项目采购部门,确认无误后,依收料作业办理。

(7)材料验收规范:为利于材料检验收料的作业,品质管理部门就材料重要性特性等,适时召集使用部门及其他有关部门,依所需的材料品质研究制定"材料验收规范",作为项目采购及验收的依据。

(8)材料检验结果的处理:

1)检验合格的材料,检验人员于外包装上贴合格标签,以示区别,物料管理人员再将合格品入库定位。

2)不合验收标准的材料,检验人员于物品包装贴不合格的标签,并于"材料检验报告表"上注明不良原因,经主管核实处理对策并转项目采购部门处理及通知请购单位,再送回物料管理,凭此办理退货,如果是特殊采购则办理收料。

(9)退货作业:对于检验不合格的材料退货时,应开立"材料交运单"并检附有关的"材料检验报告表"呈主管签认后,凭此异常材料出厂。

# 第四章　工程现场技术管理

## 第一节　技术管理基本知识

技术管理是对生产过程中的各种技术工作进行科学组织和管理的总称。

### 一、技术管理的目的与作用

1. 技术管理的目的

进行技术管理的目的是按照科学技术工作的规律性,建立科学合理的工作程序,有计划地利用企业的资源和技术力量,把最新的科学施工技术成果转化为现实生产力,以推动科学施工技术的发展,更好地进行铁路施工。实现技术管理必须做到以下事项:

(1)正确贯彻执行国家各项技术政策和法令,认真执行国家和有关主管部门制定的技术标准、规范和规定。

(2)科学地组织技术工作,建立施工项目正常的施工生产技术秩序。

(3)积极采用"四新"(即新技术、新工艺、新材料、新设备)科技成果,努力实现铁路施工技术现代化,依靠技术进步提高施工项目的经济效益。

(4)加强技术教育、技术培训,不断提高技术人员和工人的技术素质,以保证施工项目的"优质、高速、低耗、安全"。

2. 技术管理的作用

(1)保证施工过程符合技术规范的要求,保证施工按正常秩序进行。

(2)通过技术管理,不断提高技术管理水平和职工的技术素质,能预见性地发现问题,最终达到高质量完成施工任务。

(3)充分发挥施工中人员及材料、设备的潜力,针对工程特点和技术难题,开展合理化建议和技术攻关活动,在保证工程质量和生产计划的前提下,降低工程成本,提高经济效益。

(4)通过技术管理,积极开发与推广新技术、新工艺、新材料,促进施工技术现代化,提高竞争能力。

### 二、技术管理的内容

工程项目技术管理包括技术管理基础工作和技术管理基本工作,如图4-1所示。其中,技术管理基本工作包括施工技术准备工作、施工过程技术工作和技术开发工作等,其内容主要包括以下两个方面:

1. 开发性的技术管理工作

(1)组织各类技术培训工作。

(2)根据项目的需要制定新的技术措施和技术标准。

(3)进行技术改造和技术创新。

(4)开发新技术、新结构、新材料、新工艺等。

2. 经常性的技术管理工作

(1)施工图样的熟悉、审查和会审。

(2)编制施工管理规划。

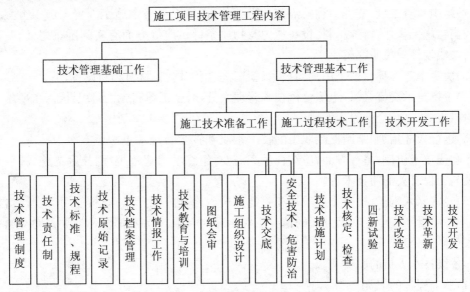

图 4-1  项目技术管理工作内容

(3)组织技术交底。

(4)工程变更和变更洽谈。

(5)制定技术措施和技术标准。

(6)建立技术岗位责任制。

(7)进行技术检验、材料和半成品的试验与检测。

(8)贯彻技术规范和规程。

(9)技术情报、技术交流、技术档案的管理工作。

(10)监督与控制技术措施的执行,处理技术问题等。

### 三、技术管理责任制

技术管理系统应对各级技术人员建立明确的职责和范围,以达到各负其责,各司其职,充分调动各级技术人员的积极性和创造性。技术岗位责任制的建立,对于搞好项目基础技术工作,对于认真贯彻国家技术政策,搞好技术管理,对促进生产技术的发展和保证工程质量,都有极为重要的作用。

1. 技术管理机构的职责

(1)组织贯彻执行国家有关技术政策和上级颁发的技术标准、规定、规程和各项技术管理制度,按各级技术人员的职责范围,分工负责,做好经常性的技术业务工作。

(2)负责收集和提供技术情报、技术资料、技术建议和技术措施,进行有关技术咨询。

(3)深入实际,调查研究,进行全过程的质量管理,总结和推广先进经验,开发新技术,负责技术改造和技术革新的推广府用。

**2. 项目经理的职责**

为了确保项目施工的顺利进行,杜绝技术问题和质量事故的发生,保证工程质量,提高经济效益,项目经理应抓好以下技术工作:

(1)贯彻各级技术责任制,明确各级人员组织和职责分工。

(2)组织审查图纸,掌握工程特点与关键部位,以便全面考虑施工部署与施工方案。还应着重找出在施工操作、特殊材料、设备能力及物质条件供应等方面有实际困难之处,并及早与建设单位或设计单位研究解决。

(3)决定本工程项目拟采用的新技术、新工艺、新结构、新材料和新设备。

(4)主持技术交流会议,组织全体技术管理人员,对施工图和施工组织设计、重要施工方法和技术措施等,进行全面深入的讨论。

(5)进行人才培训,不断提高职工的技术素质和技术管理水平。一方面为提高业务能力,组织专题或技术讲座;另一方面,应结合生产需要,组织学习规范规程、技术措施、施工组织设计以及与工程有关的新技术等。

(6)经常深入现场,检查重点项目和关键部位。检查施工操作、原料使用、检验报告、工序搭接、施工质量和安全生产等方面的情况。对出现的问题、难点、薄弱环节,要及时交给有关部门和人员研究处理。

**3. 各级技术人员的职责**

**(1)总工程师的职责**

总工程师是施工项目的技术负责人,对重大技术问题中的技术疑难问题,有权作出决策。其主要职责如下:

1)贯彻执行国家的技术政策、技术标准、技术规程、验收规范和技术管理制度等,全面负责技术工作和技术管理工作;

2)参加重点和大型工程三结合设计方案的讨论,组织编制和审批施工组织设计和重大施工方案,组织技术交底和参加竣工验收;

3)领导开展技术革新活动,审定重大的技术革新、技术改造和合理化建议,组织编制和实施科技发展规划、技术革新计划和技术措施计划;

4)主持技术会议,审定签发技术规定、技术文件,处理重大施工技术问题,组织编制技术措施纲要及技术工作总结;

5)领导技术培训工作,审批技术培训计划,参加引进项目的考察和谈判。

**(2)专业工程师的职责**

1)主持编制施工组织设计和施工方案,主持图样会审和工程技术交底,审批单位工程的施工方案;

2)组织制定保证工程质量和安全的技术措施,主持对主要工程的质量检查,处理施工质量和施工技术问题;

3)负责技术总结,汇总竣工资料及原始技术凭证;

4)组织技术人员学习和贯彻执行各项技术政策、技术规程、规范、标准和各项技术管理制度,编制专业的技术革新计划,负责专业的科技情报、技术革新、技术改造和合理化建议,对专业的科技成果组织鉴定。

**(3)技术负责人的职责**

1)主要负责单位工程图样审查及技术交流,参加单位工程施工组织设计的编制,并努力贯彻执行；

2) 全面负责施工现场的技术工作及技术管理工作，贯彻执行各项专业技术标准；

3) 负责单位工程的材料检验工作，参加整理技术档案的原始资料，并对施工技术进行总结；

4) 负责施工技术的复核工作，如对轴线、标高及坐标等的复核；

5) 参加工程质量检查和竣工验收，严格执行验收规范和质量鉴定标准，绘制竣工图。

## 第二节　工程项目的施工管理

### 一、施工图纸会审与变更

1. 图纸会审

(1) 图纸会审制度

为了熟悉和掌握图纸的内容和要求，解决各工种之间的矛盾和协作，发现并更正图纸中的差错和遗漏，提出不便于施工的设计内容及进行洽商和更正，特制定本制度。

1) 由总工程师主持图纸会审。

2) 会审前有关人员要认真熟悉和学习施工图，有关专业要进行翻样。结合施工能力和设备、装备情况找出图纸问题，对现场有关的情况要进行调查研究。

3) 图纸审查的步骤可分为以下三个阶段：

① 学习阶段。学习图纸主要是摸清建设规模和工艺流程、结构形式和构造特点、主要材料和特殊材料、技术标准和质量要求，以及坐标和标高等。

② 初审阶段。掌握工程的基本情况以后，分工种详细核对各工种的详图，核查有无错、碰、漏等问题，并对有关影响铁路安全、使用、经济等问题，提出初步修改意见。

③ 会审阶段。括各专业间对施工图的审查。在初审的基础上，各专业之间核对图纸是否相符，有无矛盾，消除差错。对图纸中有关影响铁路安全、使用、经济等问题，提出修改意见。同时应研究设计中提出的新结构、新技术、新材料实现的可能性和应采取的必要措施。

4) 图纸会审要抓住以下几个重点：

① 设计是否符合国家有关现行政策和本地区的实际情况。

② 工程的结构是否符合安全、消防、可靠性、经济合理的原则，有哪些合理的改进意见。

③ 本单位的技术特长和机械装备能力，施工现场条件是否满足安全施工要求。

④ 图纸各部位尺寸、标高是否统一，图纸说明是否一致，设计的深度是否满足施工要求。

⑤ 工程的建筑、结构、设备安装、管线工程等各专业图纸之间是否有矛盾，钢筋细部节点与水电和其他的预埋节点是否符合施工要求。

⑥ 各种管道的走向是否合格，是否与地上(下)建筑物、构筑物相交叉。

⑦ 大型构件和设备吊装是否满足施工的要求。

5) 会审记录是施工文件的组成部分，与施工图具有同等效力，要由建设单位、设计单位和施工单位签字，并及时上报公司技术部门和经营部门。

(2) 图纸会审的目的

1) 通过图纸会审，使设计图纸100%符合有关规范要求。

2) 通过图纸会审，使建筑规划、结构、水电煤配套等设计做到经济合理、安全可靠。

3)通过图纸会审，做到图纸表达清楚、正确无误，确保工程施工按期按质完成。

（3）图纸会审的程序

1)设计部收到设计院图纸并审阅后在移交单上签署审阅意见后移交工程部文件管理员（包括图纸清单）。

2)工程部文件管理员将图纸分发给施工、监理单位及工程部有关专业工程师。

3)工程部专业工程师负责监督施工单位对设计图纸进行阅读。

4)工程部项目主办工程师及各专业工程师也须对设计图纸进行审阅并记录于工作日记中。

5)在业主、施工、监理等单位均对图纸熟悉之后，工程部组织设计院、施工单位、监理单位及设计部等进行图纸会审。

6)图纸会审及工程施工过程中，如遇技术难点问题，工程部邀请有关专家作专题咨询。

7)工程部主办工程师负责将专题咨询结果汇总形成《专家咨询会议报告》，并分发给施工、监理等有关单位执行。

8)图纸会审记录由设计院负责，并发放工程部、设计部、监理、施工单位。

2.图纸变更

图纸变更应按以下方法处理：

（1）在施工过程中，无论建设单位还是施工单位提出的设计变更都要填写设计变更联系单，经设计单位和监理（建设）单位签字同意后方可进行。

（2）如果设计变更的内容对建设规模、投资等方面影响较大，必须由公司审批后报送相关主管部门。

（3）在施工图纸上，根据设计变更逐条修改，在修改的地方加盖变更图章，并注明设计变更号，若变更较大时，需附变更图纸，或请设计单位另出图。

（4）若设计变更与原设计差距甚大，直接影响施工工艺和施工工期，超过施工合同的范围，施工单位应及时与建设单位和设计单位联系与洽商。

（5）所有设计变更资料，包括设计变更联系单、修改图纸，均需文字记录，纳入工程档案。

**二、工程现场准备工作**

铁路工程现场施工准备主要包括：

（1）施工现场及其周围环境情况的调查；

（2）施工现场内单位和居民的搬迁；

（3）施工现场地上地下障碍物的调查与处理；

（4）施工现场的平整与道路的修筑；

（5）施工用水、用电的接通；

（6）电话等通讯设施的设置；

（7）必要及可能条件下热力管线及煤气管线的接通；

（8）现场临时设施的搭建。

对现场施工准备工作必须予以充分重视，扎扎实实地做好。因为现场施工准备中的任何一项内容完成的好坏，都将对工程项目能否顺利进行，能否高质量、高速度、低消耗的完成，有着重要影响。

### 三、施工技术准备与技术交底

1. 施工技术准备

(1)熟悉、审核图纸和有关资料

此项工作主要审核图纸有无错、漏的地方,有无不明确的地方,作好记录,以便与设计单位洽商。

(2)进行现场调查

现场调查的目的是收集现场的各种资料,为编制面向现场的施工组织设计提供真实的资料。调查的内容包括自然条件、技术经济条件的情况,要特别注意调查施工现场周围环境、现有单位对施工的制约。

(3)编制施工组织设计

施工组织设计是指导工作项目,进行施工准备和组织施工的重要文件,是工程项目施工组织管理的首要条件。施工组织总设计一般由主持工程的总包单位为主编制;单位工程施工组织设计一般由施工现场管理班子或施工项目经理部编制;分部(分项)施工方案用以指导分项工程施工,它是以施工难度较大或技术复杂的分项工程为对象编制,一般由施工队编制和实施。

(4)编制施工预算

施工预算是编制施工作业计划的依据,是施工项目经理部向班组签发任务单和限额领料的依据,是包工、包料的依据,是实行按劳分配的依据,也是施工项目经理部开展施工成本控制、进行施工图预算和施工预算对比的依据。它一般由施工项目经理部编制。

2. 技术交底

(1)技术交底的主要内容

1)项目工程质量计划交底:要向全体施工人员交清项目工程质量管理体系情况,各类人员岗位责任制、质量体系基本运作程序、项目质量目标、各项质量管理措施。

2)施工组织设计交底:将施工组织设计的全部内容向施工人员进行交底,包括工程特点、施工部署、任务划分、进度要求、各工种的配合要求、施工方法、主要机械设备。

3)图纸交底:目的是使施工人员了解设计意图、工程和机构的主要特点、重要部位的构造和主要要求,以便掌握设计关键,做到按图施工。

4)设计变更交底:将设计变更的部位及变更原因向施工人员交代清楚,以免施工时遗漏,造成差错。

5)专项施工方案技术交底:

①应结合工程的特点和实际情况,对设计要求、现场情况、工程难点、施工部位及工期要求、劳动组织及责任分工、施工准备、主要施工方法、质量标准及措施,以及施工安全防护、消防、临时用电、环保注意事项等进行交底。

②季节性施工方案的技术交底还应重点明确季节性施工特殊组织和管理、设备及料具准备计划、分项工程施工方法及技术措施、消防安全措施等内容。

③由项目部专业技术负责人,根据专项施工方案,对专业生产管理人员进行交底。

6)分项工程技术交底:

①由专业技术人员对施工班组长进行交底,质量检查员、生产管理人员检查实施。

②分项工程施工前,各专业技术管理人员应按部位和操作项目,向专业生产管理人员或班

组长进行施工技术交底,交底的内容应针对工程实际情况,做到突出重点、技术先进、可操作性强,既满足标准要求,又经济合理。

③主要内容包括:施工准备、材料要求、操作工艺、质量标准、安全文明施工措施以及需要交底的其他事项。

④项目施工的各级专业生产管理人员必须详细了解工程各工序、各专业施工中的衔接和配合问题,及时作好工序、专业工程的穿插,以便施工顺利进行。

7)"四新"技术交底:凡采用新技术、新工艺、新材料、新产品的工程,在正式使用或施工前,项目总工程师应组织编写新技术、新工艺、新材料、新产品施工工艺标准、质量验收标准以及注意事项,并分别对项目管理人员和施工班组进行交底。

(2)技术交底的实施程序

1)施工组织设计的交底由项目生产副经理主持,项目主任工程师向各分段技术负责人、分项技术负责人、各分段组长、经理部有关职能部门进行技术交底。

2)分部分项工程施工方案由各分段技术负责人组织,各分段技术负责人及各分包专业技术负责人向工长交底。

3)各分段技术负责人、分项技术负责人在施工前应根据工程施工进度,按部位和操作项目,向工长进行技术交底,填写技术交底记录。

技术交底后必须办理技术交接手续。

## 四、施工生产调度管理

铁路工程施工生产调度管理是对铁路工程项目施工全过程的人力、物力、财力进行有计划、有步骤、高效率的规划、组织、指导和控制,协调内上关系,从而使工程项目在合理的工期内,以较低的造价,高质量地完成任务。

1.生产调度的组织机构

(1)项目经理班子的组成成员。

1)经营核算人员:负责工程的结算、进度控制和费用控制工作;

2)工程技术人员:负责编制施工组织设计、施工技术、质量控制、设计修改洽商等工作;

3)生产管理人员:负责施工现场的生产调度,协调关系,处理纠纷,检视规程,督查质量和安全生产、文明施工等工作;

4)物资设备管理人员:负责工程所需要的设备、材料的采购、催货、储运、保管、收发等工作;

5)监测管理人员:负责工程质量的检验、控制,料具的计量测试,文档的收集整理。

(2)生产人员的组织。生产人员的组织工作主要是:工人的调整,班组的组织形式及人数,特殊人员的培训,上岗前的思想、业务教育和纪律教育。

2.生产调度管理的内容

(1)施工作业计划的贯彻和检查。

1)施工作业计划的贯彻执行。施工作业计划,是根据各方面力量和条件,经过基本平衡后提出的。计划的编制仅仅是计划的开始,更重要的是计划的贯彻执行。

贯彻执行计划时,要求做到各项计划任务具体落实到施工班组或施工人员,要使施工人员明确计划目标要求,调动生产积极性,将完成任务与物质利益结合起来;要加强计划贯彻执行中的检查监督,对施工进度、质量、成本、消耗、安全等方面的实际情况,进行检查、比较、分析、预测,及时发现问题,采取措施去调整解决,对计划执行的成果进行统计和考核,总结经验,以利再战。

2)施工检查。施工检查既要专业检查,也要发动群众加强自检与互相检查。项目经理部应检查每旬的施工任务完成情况,部重点是检查、考核施工形象进度的完成、质量与安全情况、完成定额的程度和工人出勤率等。检查的方法有工地直接检查、会议检查、统计报表检查、各项原始记录检查。

3)施工任务书。施工任务书不仅是贯彻执行和完成任务的重要手段,而且是工程成本、工资等结算的依据。

4)平衡调度工作。平衡调度的主要任务是:

①检查计划和工程合同执行情况,掌握和控制施工进度,及时进行人力、物力平衡,调配人力,督促材料、设备物资的供应,保证施工的顺利进行。

②及时解决施工现场上发现的矛盾,协调各施工协作单位和各部门之间的协作配合。

③监督工程质量和安全施工;检查后续工序的施工准备情况。

④要定期组织平衡调度会,落实平衡调度会的各项规定。

⑤及时预报天气变化及可能发生的灾情,做好预防工作。

5)统计工作。铁路工程统计的主要内容包括:

①产品统计。包括工程形象进度统计、实物工程量完成统计、铁路工作量统计等。

②质量与安全统计。包括工程质量优良品率、合格率、全优工程、质量事故统计;工伤事故、死亡事故等统计。

③劳动工资统计。包括全体职工人数、劳动力人数、各类职工人数及比例、出勤率等,劳动生产率以及各项工资统计等。

④材料物资统计。包括各种材料的供应、消耗、储存、品种、数量以及机械数量、技术情况、使用情况等统计。

⑤财务成本统计。包括固定资产、流动资金、工程成本、财务成果、利润等经济指标统计及分析。

6)施工日志。施工日志是单位工程从开工之日直到竣工验收结束全部施工过程中以技术为主所作的每天记录。

## 第三节 工程项目的技术管理

工程项目技术管理是对所承包的工程各项技术活动和构成施工技术的各项要素进行计划、组织、指挥、协调和控制的总称。施工技术管理必须为企业经营管理服务,因此施工技术管理的一切活动都要符合企业生产经营的总目标,这就要求技术管理人员从生产型转向生产经营型,要既懂技术又懂管理,要关心生产要素的优化配置和动态管理的效果,做到技术经济统一。

### 一、技术管理的组织系统

按照建立管理组织系统的任务、目标和精干、高效的原则,铁路工程项目管理的技术组织系统的建立,既要与企业的机构设置相协调,又要视工程任务的大小和施工的难易程度区别对待。

(1)一般小型工程,在项目经理的领导下,设置技术管理人员和若干专业工长负责技术工作,他们接受企业各级技术负责人和职能部门的业务领导,这与传统的技术组织系统的设置没有区别。

(2)大中型施工项目的组织结构形式以矩阵式为宜,其技术组织系统的设置亦应服从于矩阵制,即在项目管理组织中,设置总工程师(或主任工程师),受企业总工程师领导。在项目总工程师下设项目技术部(组),同时受企业技术部(科)的领导。在项目技术部(组)内,设若干专业工程技术人员,分别掌握不同的技术业务。在项目技术部(组)领导下,在现场设置2号主管及专业工长指挥现场施工。这种技术管理系统的结构可用图4—2表示。

(3)某些大型项目实行工程指挥部管理方式,在指挥部内设立技术管理系统。该系统由总工程师(或项目技术经理)负责,接受项目经理领导。下设技术管理部门,负责项目建设全部技术管理工作,业务上指导有关承包单位的技术部门。在这种情况下,工程指挥部是总承包单位,其他承包单位为分承包单位,这时施工单位技术组织系统的设置仍按前述两种情况处理。

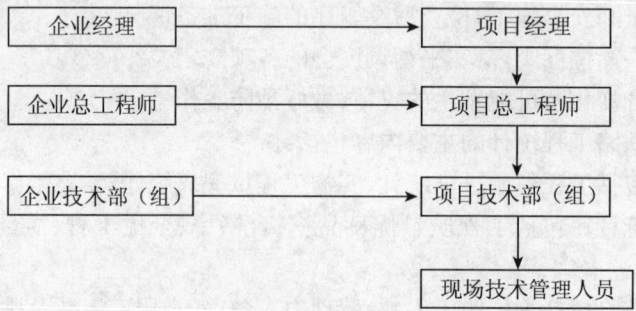

图4—2 大中型项目施工技术管理系统图

## 二、技术管理的原则

(1)进行技术管理工作,必须按科学技术规律办事,一切要经过科学试验。

(2)进行技术管理工作,要坚持技术与经济统一,讲究技术工作的经济效益和社会效益的结合。

(3)进行技术管理工作,还应依法办事。

## 三、技术管理措施

1. 技术措施计划

施工技术措施是为了克服生产中的薄弱环节,挖掘生产潜力,保证完成生产任务,获得良好的经济效益,在提高技术水平方面采取的各种手段或办法。

(1)施工技术措施计划的主要内容:

1)加快施工进度方面的技术措施;

2)保证和提高工程质量的技术措施;

3)节约劳动力、原材料、动力、燃料的措施;

4)推广新技术、新工艺、新结构、新材料的措施;

5)提高机械化水平、改进机械设备的管理以提高完好率和利用率的措施;

6)改进施工工艺和操作技术以提高劳动生产率的措施;

7)保证安全施工的措施。

(2)施工技术措施计划的编制:
1)按年、季、月分级编制,并以生产计划要求的进度与指标为依据;
2)以项目的施工组织设计和施工方案为依据;
3)编制施工技术措施计划应结合实际,一般企业编制年、季计划,项目经理部编制月施工技术措施计划;
4)项目经理部编制的技术措施计划是作业性的,既要贯彻公司的技术措施计划,又要充分发动项目技术管理人员、班组长及工人提出合理化建议,使之有充分的群众基础;
5)编制施工技术措施计划应计算其经济效果。
(3)施工技术措施计划的贯彻执行:
1)施工技术措施计划应下达到栋号长(单位工程负责人或称综合工长)、工长(专业工长)及有关班组;
2)对施工技术措施计划要认真检查执行情况,发现问题查明原因及时处理;
3)每月底由施工项目技术负责人汇报当月的技术措施计划执行情况,填表上报、总结,公布成果。

2. 安全技术及环保措施

(1)安全技术措施。施工企业在编制施工组织设计时,应当根据工程的特点制定相应的安全技术措施;对专业性较强的工程项目,应当编制专项安全施工组织设计,并采取安全技术措施。

编制安全施工组织设计或施工方案时必须掌握工程概况、施工方法、场地环境和设施设备等第一手材料,并熟悉安全生产的有关法律、法规、规程、条例和标准,编制有针对性的安全技术措施。

(2)环保措施。环境保护是指保护和改善施工现场及其周围环境。把环境保护作为施工项目技术管理中的一个方面,制定保证施工环境不被污染的技术措施。

**四、项目经理在施工期间的主要技术工作**

为了保证铁路工程项目的顺利进行,在施工期间,项目经理应抓好以下方面的技术工作。

1. 熟悉审查图纸

根据施工进度,分阶段熟悉、审查图纸,同时要有一个"提前量",以便全面考虑部署与施工方法。此时,要着重考虑施工技术措施、工序搭接配合、重点及关键部位项目以及可能会发生的技术质量问题等。对于所发现的施工操作、材料设备有困难或图纸本身有问题的地方,及时与建设单位及设计部门进行研究,洽商变更。

2. 坚持技术学习制度

最好能保持每周都有学习时间。学习内容应分两部分:一部分为提高业务能力而选定的专题或技术讲座;另一部分为结合施工需要而学习的有关内容,包括熟悉图纸,学习规范、规程、上级颁发的技术文件,施工组织设计的贯彻和学习,以及与工程有关的新技术、新工艺等。

3. 主持开好生产技术碰头会

通过每日(或隔日)召开碰头会,起到弄清情况,协调工序间的技术矛盾,解决技术难题,布置任务的作用。碰头会可采取集中碰头和工长个别与项目经理碰头的形式。

4. 分阶段进行技术交底

采取书面与口头交底相结合的形式,在分项(或分部)工程施工前,及时进行技术交底。

5.经常巡视现场,重点项目现场"把关"

平时经常巡视现场,检查各工序的施工操作、原材料使用、工序搭接、施工质量以及安全生产等各方面的情况。工程与关键部位,要亲临现场指挥与把关。

6.注意并督促技术档案资料的积累

按时进行材料及成品、半成品的试验检验工作,及时审阅各种试验、检验报告及检验数据,并作出明确表态。

**五、技术管理计划、控制与考核**

1.技术管理计划

铁路工程技术管理计划应包括技术开发计划、设计技术计划和工艺技术计划。

(1)技术开发计划。技术开发的依据有:国家的技术政策,包括科学技术的专利政策、技术成果有偿转让;产品生产发展的需要,是指未来对建筑产品的种类、规模、质量以及功能等需要;组织的实际情况,指企业的人力、物力、财力以及外部协作条件等。

(2)设计技术计划。设计计划主要是涉及技术方案的确立、设计文件的形成以及有关指导意见和措施的计划。

(3)工艺技术计划。施工工艺上存在客观规律和相互制约关系,一般是不能违背的。

2.技术管理控制

铁路工程技术管理控制应包括技术开发管理、新产品、新材料、新工艺的应用管理、施工组织设计管理、技术档案管理、测试仪器管理等。

(1)技术开发管理。

1)确立技术开发方向和方式。根据我国国情,根据企业自身特点和建筑技术发展趋势确定技术开发方向,走与科研机构、大专院校联合开发的道路。但从长远来看,企业应有自己的研发机构,强化自己的技术优势,在技术上形成一定的垄断,走技术密集型道路。

2)加大技术开发的投入。应制定短中长期的研究投入费用及其占营业额的比例,逐步提高科技投入量,监督实施,并建立规范化的评价、审查和激励机制;加强研发力量,重视科研人才,增添先进的设备和设施,保证技术开发具有先进手段。

3)加大科技推广和转化力度。

4)增大技术装备投入。增大技术装备投入才能提高劳动生产率。考虑投入规模,至少应当是承包商当年收益的 2%～3%,并逐年增长。

5)强化应用计算机和网络技术。利用软件进行招投标、工程设计和概预算工作,利用网络收集施工技术等情报信息,通过电子商务采购降低采购成本。

6)加强科技开发信息的管理。建立强有力的情报信息中心,利于快速决策。

(2)新产品、新材料、新工艺的应用管理。应有权威的技术检验部门关于其技术性能的鉴定书,制定出质量标准以及操作规程后,才能在工程上使用,加大推广力度。

(3)施工组织设计管理。施工组织设计是企业实现科学管理、提高施工水平和保证工程质量的主要手段,也是贯穿设计、规范、规程等技术标准组织施工,纠正施工盲目性的有力措施。要进行充分调查研究,广泛发动技术人员、管理人员制定措施,使施工组织设计符合实际,切实可行。

(4)技术档案管理。技术档案是按照一定的原则、要求,经过移交、归档后整理,保管起来的技术文件材料。它既记录了各铁路工程的真实历史,更是技术人员、管理人员和操作人员智慧的结晶。技术档案实行统一领导、分专业管理。资料收集做到及时、准确、完整，分类正确，传递及时，符合地方法规要求，无遗留问题。

(5)测试仪器管理。组织建立计量、测量工作管理制度。由项目技术负责人明确责任人，制定管理制度，经批准后实施。管理制度要明确职责范围，仪表、器具使用、运输、保管有明确要求，建立台账定期检测，确保所有仪表、器具精度、检测周期和使用状态符合要求。记录和成果符合规定，确保成果、记录、台账、设备安全、有效、完整。

3. 技术管理考核

工程项目技术管理考核应包括对技术管理工作计划的执行，技术方案的实施，技术措施的实施，技术问题的处置，技术资料收集、整理和归档以及技术开发，新技术和新工艺应用等情况进行分析和评价。

# 第五章　工程施工质量管理

## 第一节　质量管理基本知识

质量管理是指在质量方面指挥和控制组织的协调的活动。在质量方面的指挥和控制活动,通常包括制定质量方针、质量目标、质量策划、质量控制、质量保证和质量改进等工作。

全面质量管理是 20 世纪 60 年代在工业发达国家迅速发展形成的一门现代管理科学,简称"TQC",是英文 Total(全面)、Quality(质量)和 Control(管理)的缩写。全面质量管理是企业质量管理工作的现代化先进理论和方法。随着我国社会主义市场经济的发展,质量第一,以质量求生存、以质量求发展,向管理要质量,已成为企业界的共识。

铁路工程现场质量管理是贯彻国家和铁道部的质量法规、规定和企业的质量方针,实践投标书的质量承诺,满足铁路工程技术标准和业主的要求。

### 一、质量与质量管理

1. 质量的概念

质量指的是产品或服务满足明确或隐含需要的特征和特性的总和,即产品或服务能够满足用户需要的那些特征、特性。传统习惯所说的质量,一般是指产品质量。全面质量与此不同,其含义除包括产品质量外,还包含工序质量和工作质量等。

质量具有广义性、时效性和相对性。

(1)质量的广义性。在质量管理体系所涉及的范畴内,组织的相关方对组织的产品、过程或体系都可能提出要求,而产品、过程和体系又都具有固有特性,因此,质量不仅指产品质量,也可指过程和体系的质量。

(2)质量的时效性。组织的顾客和其他相关方对组织和产品、过程和体系的需求和期望是不断变化的,因此,组织应不断地调整对质量的要求。

(3)质量的相对性。组织的顾客和其他相关方可能对同一产品的功能提出不同的要求,也可能对同一产品的同一功能提出不同的需求,需求不同,质量要求也就不同,只有满足需求的产品才会被认为是质量好的产品。

质量的优劣是满足要求程度的一种体现。它须在同一等级基础上作比较,不能与等级混淆。等级是指对功能用途相同但质量要求不同的产品、过程或体系所作的分类或升级。

2. 质量管理

(1)质量管理的概念

1)质量管理是通过建立质量方针和质量目标,并为实现规定的质量目标进行质量策划,实施质量控制和质量保证,开展质量改进等活动予以实现的。

2)组织在整个生产和经营过程中,需要对诸如质量、计划、劳动、人事、设备、财务和环境等各个方面进行有序的管理。

3)质量管理涉及到组织的各个方面,是否有效地实施质量管理关系到组织的兴衰。组织的最高管理者应正式发布本组织的质量方针,在确立质量目标的基础上,按照质量管理的基本原则,运用管理的系统方法来建立质量管理体系,为实现质量方针和质量目标配备必要的人员和物质资源,开展各项相关的质量活动。所以,组织应采取激励措施激发全体员工积极参与,造就人人争做贡献的工作环境,确保质量策划、质量控制、质量保证和质量改进活动顺利地进行。

(2)质量管理经历的几个阶段

质量管理是随着现代工业生产的发展以及科学技术的进步而逐渐发展、完善起来的。从工业发达的国家来看,质量管理大致经历了三个发展阶段,质量检验阶段、统计质量管理阶段和全面质量管理阶段。

3. 全面质量管理

(1)全面质量管理的概念

1)全面质量管理的思想,是以全面质量为中心,全员参与为基础,通过对组织活动全过程的管理,追求组织的持久成功。即使顾客、本组织所有者、员工、供方、合作伙伴或社会等相关方持续满意和受益。

2)全面质量管理是对一个组织进行管理的途径。对一个组织来说,就是组织管理的一种途径。除了这种途径之外,组织管理还可以有其他的途径。

3)正是由于全面质量管理讲的是对组织的管理,因此,将"质量"概念扩充为全部管理目录,即"全面质量",可包括提高组织的产品的质量、缩短周期(如生产周期、物资储备周期)、降低生产成本等。

(2)全面质量管理的形成

从20世纪60年代初期至今,称为全面质量管理阶段。为解决统计质量管理阶段所存在的问题,日本的一些管理学家通过长期的摸索实践,将数理统计方法进行了简化,整理出了一套简单、形象、图表化的统计方法,并把它和组织管理、技术工作结合起来用于企业的管理,成效惊人。

1961年,美国人费根鲍姆(A. V. Feigenbaunl)出版了他的著作《全面质量管理》,首先提出了全面质量管理的名称和概念。将质量管理理论扩展到产品生产全过程的各个环节,形成了全面质量管理方法。此后,全面质量管理理论在不断的推行中,得到了逐步完善和发展,已形成一门新的、比较完整的管理学科。

全面质量管理的理论和方法,必将随着科学技术和现代化生产的进一步发展,而不断取得新的进展。

(3)全面质量管理质量责任制

质量责任制是对企业职工在质量工作中的任务、责任和权益的具体规定。它强调产品质量在形成和实现过程中,各环节、各岗位工作人员的工作质量,明确规定每个岗位对每件产品(或工序)的质量应负的责任、拥有的权限以及相应的奖惩,以此增强职工的责任感,激发职工的工作积极性和创造精神,形成一个完整、严密的质量管理工作系统。质量责任制是岗位责任制的一个重要组成部分,是推行全面质量管理、实现产品质量过程控制的一项重要工作。

(4)全面质量管理的基本工作方法

全面质量管理的基本工作方法是PDCA循环。PDCA循环又称管理循环,它由美国质量管理专家戴明(W. E. Deming)首先提出,并应用到质量管理工作中的。所以,也称为戴明循环。

PDCA 循环是指全面质量管理工作按照计划→实施→检查→处理四个阶段不断循环的工作过程,PDCA 是英文 Plan Do Check Action 的缩写。它和我们处理问题的常规方法基本是一致的。不同之处在于,PDCA 循环有着一套完整严密的科学工作程序和方法。

(5)搞好全面质量管理的主要途径

实践证明,要把全面质量管理真正推广开,抓得好,全面提高,必须做到以下几点:

1)加强领导。全面质量管理搞得好不好,关键在领导,特别是主要领导。如果领导不重视、不支持,全面质量管理就推广不开、搞不好。因此,主要领导必须亲自动手抓。其要害在于企业领导班子牢固树立"质量第一、信誉第一、用户第一"的经营指导思想。

2)搞好职工的培训。必须使每个职工从思想上认识到保证产品质量和工作质量对国家、企业和个人的重要意义,真正树立起"质量第一"的思想。但同时也必须使他们提高工作能力和技术水平,拥有不断提高产品质量和工作质量的基本手段。因此,必须办好各种类型的业务技术训练班,开展岗位练兵;新工人进场要进行培训;徒工转正、工人升级必须进行技术考核;从事关键工序操作和重要设备安装的工人,达不到技术要求的,不得在岗位操作。企业的各级领导也必须学习业务技术,同时要为广大干部钻研业务、提高技术创造必要的条件。

3)要培养一批技术骨干,使之成为推进全面质量管理的中坚力量。要充分认识到技术骨干在全面质量管理中的推动和促进作用,使他们能充分地发挥自己的聪明才智,为全面质量管理工作的提高献计献策。

4)广泛开展群众性的质量管理小组活动。开展质量管理小组活动,对提高质量、降低消耗、提高企业素质有很重要的作用。质量管理小组活动,是我国多年来开展的群众参加管理的经验同国外先进的科学管理方法相结合的产物,是搞好全面质量管理的群众基础。

5)搞好质量管理,要有明确的方针、目标、计划。搞好全面质量管理,要结合现场存的问题选择课题,确定方针、目标、计划,不搞形式主义。

6)全面质量管理工作要同职工的奖罚条例相结合,建立健全质量保证体系。明确各职能部门、各环节以至每个职工在质量上的责任、权限、分工,并和考核奖惩、个人物质利益结合起来,要使质量高的单位和职工得到更多的奖励,对质量差的单位和职工则要进行相应的处罚;各级要建立健全质量管理专职机构,充实得力精干的人员;加强检验、化验和标准化机构。

## 二、质量检验阶段

### 1. 形成

从 20 世纪初到 20 世纪 40 年代初,称为质量检验阶段,也叫事后检验阶段。在此之前。由于生产规模小,产品结构简单,生产无一定的工艺和规程要求,生产完全靠生产者个人凭自己的技术和经验进行,产品的质量检验无专人负责,工人既是直接生产者,又是产品质量的检验者。

20 世纪初,随着生产力的发展,生产规模逐渐扩大,产品的生产结构、工艺和规程有了一定的要求,而且愈来愈复杂。为了适应企业发展的需要,美国科学家泰勒(F. W. Taylor)提出了把计划职能与执行职能分开,并增加检验环节,把产品质量的检验作为一项独立的工作,形成计划、生产、检验三个独立体系,各有专人负责。检验人员在厂长领导下专职负责检验产品质量,判明是否符合工艺及规程要求,通过剔除产品中的废品,来保证产品质量。这样,质量管理就进入了检验员的质量管理阶段。专业检验有力地促进了企业工作效率及产品质量的提高,为企业获取了很大的经济收益。

2. 存在的问题

(1)质量检验是在产品生产出来之后进行的,这时的废品与次品已经产生,已无法挽回原材料、能源、工时以及其他费用的损失,造成了生产成本的加大。而且,这种事后检验,不能及时反映生产中的异常因素,导致废、次品的继续产生,在预防和控制废、次品产生方面缺乏作用。在生产规模扩大、产量大幅度增长的情况下,废、次品漏检机会增多,混入合格品中出厂,难免造成质量事故。铁路施工质量的漏检,不仅会出现次品,造成浪费,还有可能危及行车安全,发生事故。

(2)没有科学的检测方法。产品检验是通过全数逐个检查的方法来剔除废、次品,花费了大量的人力、物力和财力,限制了劳动生产率的提高。尤其对于必须进行破坏性检查才能了解其质量的产品,无法判别其质量,例如,燃料、弹药等,显然不能逐个进行破坏性检验。

### 三、统计质量管理阶段

1. 形成

从 20 世纪 40 年代到 60 年代初是统计质量管理阶段。这个阶段的特点是将概率论与数理统计方法引进到产品质量管理中,对产品质量进行有效的检验与控制,解决了检验质量管理阶段存在的主要问题。1924 年,美国工程师休哈特(W, A. Shewhan)创造了控制图,首先运用数理统计的方法来控制生产质量,预防废品的产生。他还同道奇(H. F. Dodge)等人运用概率论的原理提出科学的抽样检验方法。但是,由于当时资本主义国家所面临的经济危机等其他一些原因,这些方法未能普遍推行。

2. 存在的问题

(1)这一阶段的管理只是在制造、检验部门进行,忽视了产品生产中其他环节对产品质量的影响,如设计、安装、售后服务等。因而,使得质量管理工作具有很大的局限性。

(2)过分强调了数理统计方法,而忽视了质量管理中的一个重要因素——人的作用。

(3)由于数理统计方法理论性太强,计算又复杂,需要专家的参与才能够进行,因而,在企业中的推广受到了限制。

### 四、质量保证体系的建立

质量保证体系就是质量管理体系,又称质量管理网。它是以保证和提高产品质量为目标,运用系统的概念和方法,从企业的具体情况出发,设置统一协调的组织机构,把各部门、各环节的质量管理职能严密地组织起来,形成一个有明确任务、职责、权限,互相协调,互相促进的有机整体。建立和健全质量保证体系是实行全面质量管理的主要标志,其主要措施有:

(1)有明确的质量方针、质量目标和质量计划。

(2)有严密、协调的组织机构和职责分工。

(3)设立专职的质量管理机构(或人员),负责组织、协调、督促、检查质量管理工作,作为质量保证体系的组织保证。

(4)开展群众性质量教育和 QC 小组活动。

(5)制定技术标准和管理标准。

(6)建立质量信息反馈系统。质量信息来源包括企业外部和企业内部。

质量管理的基础工作主要有五个内容:质量教育和技术培训工作、质量责任制、标准化工作、计量工作和质量信息工作。

全面质量管理是对广义质量的管理,是全员参加的管理。因此,为使全体职工以本身优良的工作质量来保证产品质量,就必须加强企业职工的教育和培训工作,提高企业职工队伍的素质。质量教育和技术培训工作主要有:

(1)思想政治教育。思想政治工作是推行全面质量管理的先导,必须使全体职工从思想观念上认识到推行科学管理是时代的需要,是"四化"建设的需要,每个职工应该主动积极地去适应和参与。

(2)全面质量管理业务知识教育。全面质量管理是一门科学,必须对它的理论、思想、方法、体系熟悉和掌握,才能在生产实践中更好地运用。因此,必须对企业职工进行全面质量管理业务知识教育,使每个职工能结合自己的岗位、业务加以运用,达到管理生产、控制生产的目的。

(3)技术培训。对企业全体职工进行技术业务培训,是提高职工素质、顺应科学技术飞速发展的一项战略性工作。技术业务培训有岗前培训、系统培训、应急培训、专业培训、学历培训等几个方面。

# 第二节 质量管理数理统计

## 一、数理统计的基本概念

### 1. 数理统计的含义

在质量管理中掌握量的数量界限,是进行数理统计的一个重要的问题。

质量管理的数理统计分析方法,就是利用数理的统计方法,对产品质量数据进行科学的加工、整理,找出质量变化的规律性,进而采取措施,保证和提高产品质量。

全面质量管理的一个基本原则是一切用数据说话。因此,在对"三种质量"进行分析判断时,就必须借助全面质量管理的常用工具对大量的数据进行整理、分析。

### 2. 数理统计的内容

(1)总体

总体又称母体,是统计分析中所要研究对象的全体。而组成总体的每个单元称为个体,例如,在沥青混合料拌和工地上需要确定某公司运来的一批沥青是否合格,则这批沥青就是总体。再如,制造桥梁混凝土工艺,如果把一组 15cm×15cm×15cm 混凝土试件强度作为个体,则组成该单位工程的若干组试件强度即是一个总体。样本容量越大,越能反映总体的性质。需要指出的是,研究样本不是目的,目的是通过样本的研究去推断总体情况。样本和总体的关系如图 5-1 所示。

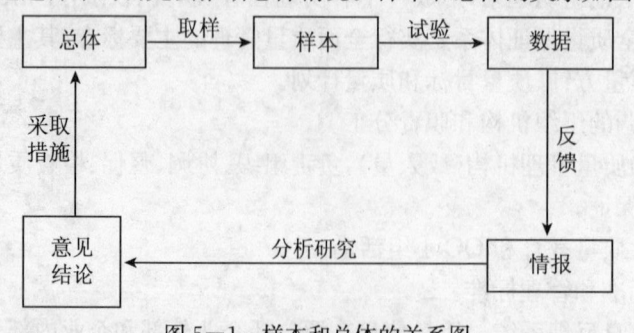

图 5-1 样本和总体的关系图

总体分为有限总体和无限总体。如果是一批产品,由于其数量有限,所以称其为有限总体;如果是一道工序,由于工序源源不断地生产出产品,有时是一个连续的整体,这样的总体称为无限总体。

(2)样本

从总体中抽取一部分个体就是样本(又称子样)。例如,从每一桶沥青中取2个试样,一批沥青有100桶,抽查了200个试样作试验,则这200个试样就是样本。而组成样本的每一个个体,即为样品。例如,上述200个试样中的某一个,就是该样本中的一个样品。

样本容量(有时也称样本数)是样本中所含样品的数量,通常用$n$表示。上例中样本容量$n=200$。样本容量的大小直接关系到判断结果的可靠性。一般来说,样本容量愈大,可靠性愈好,但检测所耗费的工作量亦愈大,成本也就愈高。样本容量与总体中所含个体的量相等时,是一种极限情况,因此,全数检验是抽样检验的极限。

3. 数理统计的特性

(1)差异性

差异性是由于产品质量和工程质量本身都存在各种不同程度的差异所决定的。因为,任何产品和工程质量的特征,都是通过数值表现出来,而这些数值始终处于变动之中。我们知道,不管用怎样精密的机器设备和多么谨慎操作,生产出的产品质量总不会完全相同、完全一样,总会存在着不同程度的差别。

在客观事物中,没有差异、完全一致是不符合客观规律的结果。在质量管理中,把这种客观必然存在的差别,也就是产品本身存在的不均匀性和不整齐的情况,叫作质量散差。这种散差是用数据大小来表现的。表示各种散差的数据集合在一起,就是质量特征值。

产生质量散差的原因,主要是由于在产品生产和工程施工过程中,有许多不可预见的偶然性因素存在,这是不可避免的现象。当然,除了这种不可预见的因素之外,也会有诸如技术条件和管理方法不善所造成的散差。

(2)规律性

在任何时候和任何条件下,测得一组产品质量和工程质量的数据都必然会存在散差。但是,这种散差并不是漫无边际、相差悬殊的,而是具有一定的规律性,也就是在一定范围内变化。对于这种规律性的变化,在数学上称为分布状态。一般常见的分布状态有正态分布、二项式分布等。

表现在产品质量和工程质量上的散差分布大体上可分为两类:一类是数据值集中在中间位置,同时向两端分散,形成一个中间大两头小、以中心为轴向左右两个方向对称发展的分布状态。这种分布状态在工程质量中经常出现,如混凝土的强度值分布、各种构件尺寸分布以及焊接质量分布等;另一类是数据值向着一端集中,向着另一端分散,形成一种偏向分布状态。这种分布多表现在产品疵点和产品缺陷上,在工程施工中有许多工序操作会出现这种分布状态。但是,这种分布状态也不是一成不变的,由于在产品生产和工程施工中某种原因的存在,也会导致本来在正常情况下应该是对称型的分布,而在实际表现中却成了非对称的、偏态的分布,遇到这种情况就要进行具体分析。

在质量管理中,应用数理统计,就是要从反映质量特征值的差异性中去寻求其规律性,从而预测和控制产品的质量。

需要指出的是,用数理统计进行质量管理的方法,从表面上看,各个数据都是从已经生产出来的产品搜集来的,这同"事后检验"方法似乎没有什么区别。其实,它与过去那种"全数检验,个个过关"的方法存在着本质的不同。

数理统计质量管理方法中进行统计分析的目的,不是那些被观测到的数据本身,而是通过这些已被观测到的数据去推测判断那些尚未观测的数据,也就是用少量的产品质量去估测判断批量产品的质量状况。

(3)运用数理统计方法的目的

数理统计方法是全面质量管理的哨兵,是一种提出问题、分析问题、研究问题的良好手段。运用统计方法进行质量管理的主要目的是掌握质量状态,分析工程质量存在的问题,掌握影响工程质量的主要因素,了解影响质量各种因素的相互关系,从而用明确切的数据、科学的计量反映工程质量的真实情况,使工程质量不断提高,成本不断下降,工期不断缩短。

统计方法可以为质量管理提供大量的数据,使管理者、操作者做到心中有数。但是提出什么样的措施,采用什么办法解决工程质量问题,统计方法就无能为力了,这就需要采用专业技术去加以研究解决。因此,对运用统计方法必须有一个正确理解,它只是一种认识问题的工具,不是包医百病的灵丹妙药。如果把统计方法同全面的、有组织的管理和专业技术结合起来,就会促进管理,成为一套比较完善的质量管理方法。反之,把统计方法强调到不适当的程度,就会出现偏差。

4. 质量统计方法的作用

(1)描述产品质量形成过程。用于这方面的统计方法有流程图法等。应当指出,统计方法在质量改进中起到的是归纳、分析问题,显示事物的客观规律性等作用。通过利用这些方法,分析产生质量问题的原因,探索产品质量的症结所在。但要解决产品质量问题,还需要依靠专业技术和组织管理措施。

(2)提供表示事物特征的数据。在质量改进活动中收集到的数据大都表观为杂乱无章的,这就需要运用统计方法计算其特征值,以显示出事物的规律性。如平均值、中位数、标准偏差、方差、级差等。

(3)分析影响事物变化的因素。为了对症下药,有效地解决质量问题,在质量改进活动中可以应用各种方法,分析影响事物变化的各种原因。如因果图、调查表、散市图、排列图、分层法、树图、方差分析等。

(4)研究取样和试验方法,确定合理的试验方案。用于这方面的方法有:抽样方法、抽样检验、实验设计、可靠性实验等。

(5)比较两事物的差异。在质量改进活动中,应用新材料、新工艺,均需要判断所取得的结果同改进的状态有无差异,这就需要用到假设检验、显著性检验、方差分析和水平对比法等。

(6)分析事物之间的相互关系。在质量改进活动过程中,常常遇到两个甚至两个以上的变量,虽然它们之间没有确定的函数关系,但往往存在一定的相关关系。运用统计方法确定这种关系的性质和程度,对于质量改进活动的有效性十分重要。这里就可以运用散布图、实验设计法、排列图、树图和头脑风暴法等。

5. 质量数据的分类

(1)计量值数据

计量值数据是用量具或仪器测量出来的、可以连续取值的数据,表现形式是连续型的。如长度、重量、厚度、直径、强度、温度、湿度、化学成分等质量特征,一般都可以用检测工具或仪器等测量(或试验)。类似这些质量特征的测量数据,一般都带有小数,如长度为 1.15m、1.18m等。

在工程质量检验中得出的原始检验数据大部分是计量值数据。

### (2)计数值数据

有些反映质量状况的数据是不能用测量器来度量的,而是以个数或件数计算的非连续数据。为了反映或描述属于这种类型内容的质量状况,而又必须用数据来表示时,便采用计数办法,即1,2,3,……连续地数出个数或次数,凡属于这样性质的数据即为计数值数据。计数值数据的特点是不连续,并只能出现0,1,2,……等非负的整数,不可能有小数。如不合格品数、不合格的构件数、缺陷的点数等。一般来说,以判定方法得出的数据和以感觉性检验方法得出的数据大多属于计数值数据。

计数值数据有两种表示方法:一种是直接用计数出来的次数、点数来表示(称 $P_n$ 数据);一种是把它们($P_n$ 数据)与总检查次(点)相比,用百分数表示(称 $P$ 数据)。$P$ 数据在工程检验中是经常使用的,如某分项工程的质量合格率为60%,即表示经检查为合格的点(次)数与总检查点(次)数的比值为90%。不是所有的用百分数表示的数据都是计数值数据,因为当分子为计量值数据时,则计算出来的百分数也应是计量值数据。一般可以这样说,在用百分数表示数据时,当分子、分母为计量值数据时,分数值为计量值数据;当分子、分母为计数值数据时,分数值为计数值数据。

### 二、排列图方法

#### 1. 排列图方法的原理

排列图法又叫主次因素分析图法,也叫帕累托图法。它是将影响产品质量的因素或项目,按其影响程度大小顺序排列起来,以分清影响产品质量的主次因素。排列图形式如图5-2所示。

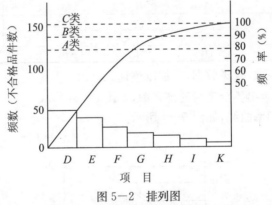

图5-2 排列图

排列图由两个纵坐标、一个横坐标、若干个连起来的直方形和一条曲线组成。其中左侧坐标表示产品频数,即不合格品件数,右侧纵坐标表示累计频率,即不合格品累计百分数。图中横坐标表示影响产品质量的各个因素或项目,按影响质量程度的大小从左到右依次排列。每个直方形的高度表示该因素影响的大小程度,按大小由左到右排列。图中曲线称为帕累托曲线,表示各影响因素大小的累计百分数。

在排列图上,通常把曲线的累计百分数分为三级,与此相对应的因素分为三类:A类因素对应于频率0~80%,是影响产品质量的主要因素;B类因素对应于频率80%~90%,为次要因素;与频率90%~100%相对应的为C类因素,属一般影响因素。主要因素不能太多,一般1~2个为好,太多就失去主要因素的意义,运用排列图,可以帮助我们抓住主要矛盾。

## 2. 排列图的绘制步骤

(1)选择要进行质量分析的项目,确定调查对象,收集相关数据,并加以整理。

(2)选择用于质量分析的度量单位,如出现的频数等。

(3)选择进行质量分析的数据的时间间隔。

(4)画横坐标。按度量单位量值递减的顺序自左至右庄横坐标上列出项目,将量值最小的一个或几个项目归并成"其他"项,把它画在最右端。

(5)画纵坐标。在横坐标的两端画两个纵坐标,左边的纵坐标按度量单位规定,其高度必须与所画项目的量值和相等,右边的纵坐标应与左边纵坐标等高,并从0~100%标定。

(6)画频数直方形。以频数为高画出每个项目的直方形,其高度表示该项目度量单位的量值,直方形显示出每个项目的作用大小。

(7)画累计频率曲线。从横坐标左端点开始向右累加每一项目的量值(以%表示),并画出累计频数曲线,用来表示各项目的累计作用。

(8)利用排列图确定对质量改进最为重要的项目。记录必要的事项,如标题、收集数据的方法和时间等。

## 3. 排列图法数据统计应用实例

某既有线上一个养路工区,对管内线路进行质量动态检查,不良扣分如表5-1所示。

表5-1 线路质量不良因素扣分表

| 项目 | 频数(分) | 频率(%) | 累计(%) |
|---|---|---|---|
| 三角坑 | 676 | 61 | 61 |
| 高低 | 168 | 15 | 76 |
| 方向 | 156 | 14 | 90 |
| 振动 | 74 | 7 | 97 |
| 水平 | 22 | 2 | 99 |
| 轨距 | 10 | 1 | 100 |
| 合计 | 1106 | 100 | |

第一步:确定调查对象,收集数据,并加以整理。

第二步:建立坐标,画出各个项目的排列图,如图5-3所示。

第三步:画出累计频率曲线,如图5-4所示。

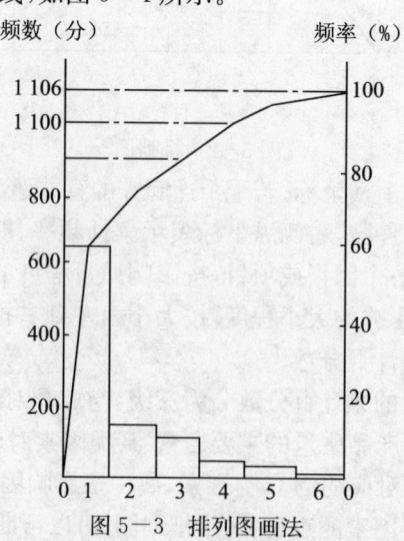

图5-3 排列图画法

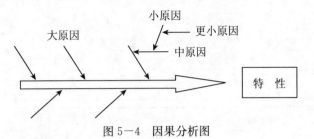

图 5—4 因果分析图

通过排列图可以看出哪一项是最主要的问题,找出重点改进的项目,即 A 类因素,以便集中力量加以解决。通过排列图可以看出三角坑和高低是 A 类因素,以上两项是影响线路质量的主要因素。另外,线路方向为 B 类因素,也会对线路质量产生一定影响。

### 三、因果分析图法

1. 因果分析图法的原理及画法

因果分析图又叫特性要因图、鱼刺图、树枝图,它主要由质量特性(即质量结果,指某个质量问题)、要因(产生质量问题的主要原因)、枝干(指一系列箭线表示不同层次的原因)、主干(指较粗的直接指向质量结果的箭线)等组成。它是用来表示产品质量特性与影响质量的有关因素之间的关系,以及寻找某种质量问题产生原因的有效工具。运用因果分析图有利于找到问题的症结所在,然后对症下药,解决质量问题。通常采用质量分析会的方式集思广益,列出影响质量的因素,使复杂的因素条理化、系统化,形象地描述它们之间的因果关系,如图 5—4 所示。

2. 画因果分析图的基本步骤

(1)决定特性。首先明确质量特性结果,画出质量特性主干线,特性就是需要解决的质量问题,或者是生产中出现的结果,放在主干箭头的前面。

(2)确定影响质量特性的大枝,即可能发生的原因的主要类别。在工程施工中,影响质量的因素大致是:数据和信息、人、材料、工艺、方法、机器设备、测量、环境等,

(3)把"结果"画在右边的矩形框内,然后把各类主要原因放在它的左边,作为"结果"框的输入,并继续一层层展开下去。

(4)寻找所有下一层次的原因,进一步画出中、小、细枝,即找出中、小原因,直至分解的原因可以采取具体措施加以解决为止。

(5)从最高层项目的原因中选取和识别少量看起来对结果有最大影响的原因(一般称重要因素,简称要因),并对它们作进一步的研究,如收集资料、论证、试验、控制等。

(6)检查图中所列原因是否齐全,可以对初步分析结果广泛征求意见,并作必要的补充及修改。

(7)把所有影响质量的原因理出头绪,分清层次,从中找出主要原因,在图上画上框线表示。

因果分析图常用排列图、对策表联合起来应用,被称为"两图一表"。

3. 因果分析图法应用实例

某工务段管辖线路开通后,经过两年时间运营,发现线路几何尺寸有问题,列车运行不平稳,主要是线路存在三角坑。针对这个问题,进行了全面、具体的调查分析,作出了如图 5—5 所示的因果图。

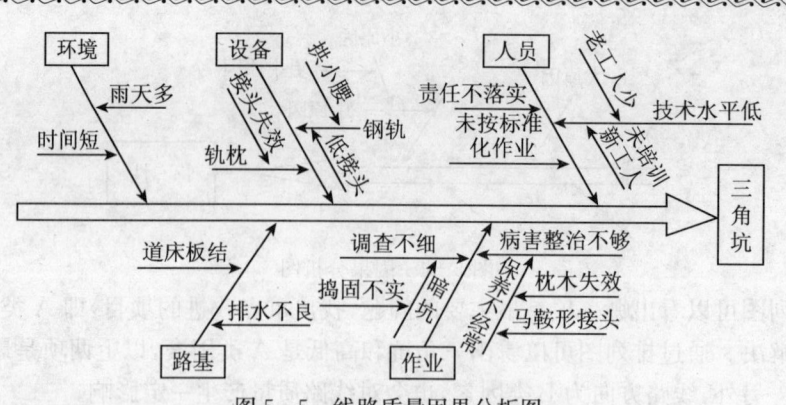

图 5-5 线路质量因果分析图

通过因果图可以看出,线路存在三角坑是由以下具体原因造成的:

(1)职工责任心不强,责任制不落实,未按标准化作业。

(2)新工人多,缺乏技术培训。

(3)道床板结。

(4)接头轨枕失效。

(5)作业保养不经常。

(6)路基不稳定,排水不良。

## 四、对 策 表

### 1.对策表的概念与内容

对策表是根据排列图和因果分析图找出产生质量不良的原因后,将影响质量不良的重点原因逐一落实,确定对策,制定出表格,由专人负责,限期改正。

对策表的内容有:存在的问题、采取的措施、完成时间和负责人等栏。表 5-2 为根据图 5-5 因果分析图找出的原因进一步分析得出的整治三角坑措施。

表 5-2 对策表

| 存在问题 | 采取措施 |
| --- | --- |
| 技术水平低,责任不落实 | 加强对轨检车检查要领的学习,请老工人讲课,组织技术练兵,由车间主任指导落实岗位责任制 |
| 对重点病害的整治不够 | 在计划中安排一定劳力,进行重点病害整治 |
| 道床板结,排水不良 | 清筛道床,加深侧沟,引出道床积水 |
| 枕木失效 | 更换接头及前后 3 根以上的枕木 |
| 马鞍形磨耗 | 打磨接头 |
| 接头错牙及低接头 | 弯直夹板,整治接头 |
| 调查不细 | 加强暗坑检查观测和作业回检,车间主任重点检查 |
| 捣固不实 | 捣固均匀、坚实,按要求进行作业 |
| 保养不经常 | 保重点,不忘次要;建立经常保养制度;作业一段;保养一段;下沉地段,经常保养 |
| 未按标准化作业 | 严格标准化作业,坚持工区自检,严格三级验收制度,加强作业回检 |

### 2.分层方法

分层就是把收集到的数据按照不同的目的进行分组或归类,把性质相同、条件相同的数据归纳在一起。通常一个质量问题的产生,有着错综复杂的原因。如果不进行分层,就难以理出头绪。比如,对于一个质量问题,在运用排列图找出主要因素后,还不能提出解决问题的具体措施,此时需要进一步采取分层法并结合运用排列图,再深入分析,直至找出能采取具体措施的因素为止。

为了揭示质量特征数据的规律及内在联系,常用的分层方法有以下几种:

(1)按时间分。如按年、季、月、旬、日或班次的不同分类。

(2)按部门分。如按领工区、室所、工区、班组等的不同分类。

(3)按操作人员分。如按年龄、性别、技术等级等的不同分类。

(4)按使用设备分。如按型号、新旧的不同等分类。

(5)按操作方法分。如按作业方法、作业过程的不同分类。

(6)按原材料分。如按原材料的成分、供货单位、进料时间的不同分类。

## 五、直方图

1. 原理

直方图又称质量分布图、矩形图、柱状图、频数分布直方图。它是用一系列宽度相等、高度不等的长方形表示数据的图形,是将产品质量频率分布状态用直方形表示的图表。它主要对大量计量值数据进行整理加工,找出其统计规律的方法,即分析数据分布的形态,以便对总体的分布特征进行推断。其图形为直角坐标系中顺序排列的若干矩形,其宽度表示数据范围的间隔,高度表示给定间隔内的数据数。借助对直方图的观察,可探索质量分布规律,分析判断整个生产过程是否正常。

2. 直方图的用途

(1)显示质量波动的状态。

(2)较直观地传递有关过程质量状况的信息。

(3)当人们研究了质量数据波动状况之后,就能掌握过程的状况,从而确定在什么地方进行质量改进工作。

3. 直方图应用实例

以某工地使用的大模板边长尺寸误差的测定为例,说明直方图的做法。实测数据见表5—3。

表5—3 大模板边长尺寸误差表

| 大模板型号 | 各次实测的边长误差(mm) | | | | | | | |
|---|---|---|---|---|---|---|---|---|
| | 1 | 2 | 3 | 4 | 5 | 6 | 7 | 8 |
| $W_1$ | −2 | −3 | −3 | −4 | −3 | 0 | −1 | −2 |
| $W_2$ | −2 | −2 | −3 | −1 | +1 | −2 | −2 | −1 |
| $W_3$ | −2 | −1 | 0 | −1 | −2 | −3 | −1 | +4 |
| $W_4$ | 0 | 0 | −1 | −3 | 0 | +2 | −5 | −2 |
| $W_5$ | −1 | +3 | 0 | 0 | −3 | −2 | −5 | −1 |
| $S_1$ | 0 | −2 | −4 | −3 | −4 | −1 | +1 | +1 |
| $S_2$ | −2 | −4 | −6 | −1 | −2 | +2 | −1 | 2 |
| $S_3$ | −2 | −1 | −3 | −1 | −3 | −1 | −1 | 0 |
| $S_4$ | −2 | −3 | 0 | −2 | −2 | 0 | −3 | −1 |

(1)收集数据。为了准确表示出质量特性值的分布状态,所取数据一般不少于50个。理论上,数据越多越好,但因收集数据要耗用时间、人力和费用,不可能收集到很多,因而收集的数据个数有限。

(2)找出上列数据中的最大值、最小值和极差,得出误差范围为−6~+4mm。

(3)决定组距和组数,本例以1mm为组距,可得11个组。

(4)确定分组的边界值。为了避免数据正好落在边界值上,通常要使各组的边界值比原测定精度高半个最小测量单位。本例边界值的划分和得出的频数见表 5—4。

表 5—4 频数分布表

| 边界值 | 频数记录 | 频数 | 频率 |
|---|---|---|---|
| −6.5～−5.5 | 一 | 1 | 0.014 |
| −5.5～−4.5 | 一 | 1 | 0.014 |
| −4.5～−3.5 | 正 | 4 | 0.056 |
| −3.5～−2.5 | 正正下 | 13 | 0.182 |
| −2.5～−1.5 | 正正正丁 | 17 | 0.236 |
| −1.5～−0.5 | 正正正丁 | 17 | 0.236 |
| −0.5～0.5 | 正正丁 | 12 | 0.166 |
| 0.5～1.5 | 下 | 3 | 0.041 |
| 1.5～2.5 | 丁 | 2 | 0.028 |
| 2.5～3.5 | 一 | 1 | 0.014 |
| 3.5～4.5 | 一 | 1 | 0.014 |
| 合计 |  | 72 | 1 |

(5)计算各组中心值。

(6)编制频数分布表。根据收集到的每一个数据,用"正"字法计算落入每一组的频数。

(7)按数据比例画横坐标。

(8)按数据比例画纵坐标。

(9)绘制直方图。直方图是一张横坐标表示分组的边界值、纵坐标表示各个组间数据发生的频数的若干个直方矩形图构成的图形。

## 六、控 制 图

### 1.原理

控制图又称管理图,是以正态分布曲线的特点为理论依据,进行生产控制的一种全面质量管理常用工具。它是通过对收集到的质量数据,进行必要的加工整理,在控制图上打点,连线,即可从图形上观察质量波动的情况,以便从中及早发现、排除不利因素与苗头,从而控制工序质量的一种重要管理工具。因此,控制图常被称为监控工序质量的有效"报警器"。

### 2.图形格式

控制图由横、纵两个坐标轴以及平行手横轴的五条水平线所构成,如图 5—6 所示。

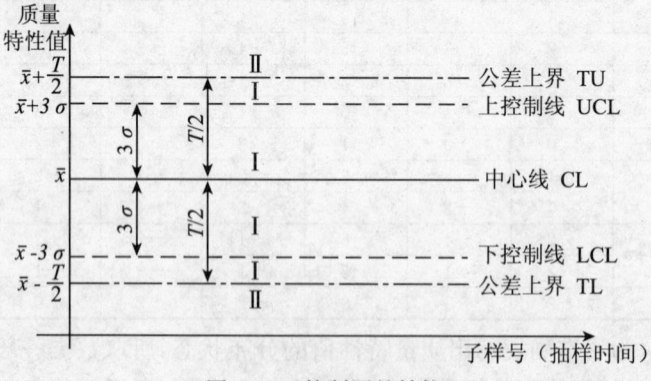

图 5—6 控制图的结构

图 5—6 中,CL 是中心线,即质量特性数据平均值($\bar{x}$)所处的位置;UCL 是上控制线,即 $\bar{x}$ +3σ;LCL 是下控制线,即 $\bar{x}$−3σ;TU 为公差上界,TL 为公差下界。这五条水平控制线将图形分为三个区域:正常区(Ⅰ区)、报警区(Ⅱ区)、废品区(Ⅲ区)。

**3. 控制图的绘制步骤**

现以 $\bar{x}-R$ 图为例,说明控制图的绘制步骤。

$\bar{x}-R$ 图由 $\bar{x}$ 图与 $R$ 图两个图组成。$\bar{x}$ 图反映了平均值的变化情况,$R$ 图反映了极差的变化情况。由于极差的计算非常简便,又能间接地反映标准偏差情况,因而 $\bar{x}-R$ 图就成为一种被广泛应用的控制图,既可以控制平均值,又可间接控制标准偏差。

(1)收集质量数据。应尽可能地收集能够反映今后工序状态的近期数据。收集数据个数($N$)最好在 100 个以上,并按顺序分成小组,小组内的数据个数用 $n$ 表示。

(2)计算各组数据的平均值($\bar{x}_i$)。计算公式为:

$$\bar{x}_i = \frac{\sum_{i=1}^{n} x_{ij}}{n}$$

式中  $x_{ij}$——第 $i$ 组的第 $j$ 个数据。

(3)计算各组极差($R_i$)。极差 $R_i$ 的计算公式为:

$$R_i = x_{i\max} - x_{i\min} \quad (i=1,2,\cdots,N/n)$$

式中  $x_{i\max}$——$i$ 组中的最大值,$x_{i\min}$ 表示 $i$ 组中的最小值。

(4)计算数据总平均值($\bar{\bar{x}}$)及各组极差的平均值,即 $\bar{x}_i$ 的平均值及 $R_i$ 的平均值。

$$\bar{\bar{x}} = \frac{\sum_{i=1}^{K} \bar{x}_i}{K}; \quad \bar{R} = \frac{\sum_{i=1}^{K} \bar{R}_i}{K}$$

式中  $K$——组数,即 $K=N/n$。

(4)计算控制限界值。

$\bar{x}$ 图控制限界值的确定方法为,

$$CL = \bar{\bar{x}}$$
$$UCL = \bar{\bar{x}} + A_2 \bar{R}$$
$$LCL = \bar{\bar{x}} - A_2 \bar{R}$$

$R$ 图控制限界值的确定方法为:

$$CL = \bar{R}, \quad UCL = D_4 \bar{R}, \quad LCL = D_3 \bar{R}$$

其中,$A_2$、$D_3$、$D_4$ 等系数数值可从表 5—5 中查得。

表 5—5  $A_2$、$D_3$、$D_4$ 系数表

| 系数 \ $n$ | 3 | 4 | 5 | 6 | 7 | 8 | 9 | 10 | 11 | 12 |
|---|---|---|---|---|---|---|---|---|---|---|
| $A_2$ | 1.032 | 0.729 | 0.577 | 0.483 | 0.419 | 0.373 | 0.337 | 0.308 | 0.285 | 0.266 |
| $D_3$ | 0 | 0 | 0 | 0 | 0.076 | 0.136 | 0.184 | 0.223 | 0.256 | 0.284 |
| $D_4$ | 2.574 | 2.282 | 2.114 | 2.004 | 1.924 | 1.864 | 1.816 | 1.777 | 1.744 | 1.717 |

(6)绘制结构图。首先画一条横轴,标上组号;再画出纵轴,在纵轴标出 $\bar{x}$ 值的刻度。在纵轴的 $\bar{\bar{x}}$ 刻度处,画一条水平线为中心线,在纵轴的相应处,再画两条水平虚线为上、下控制线,两条水平实线为上、下公差线,这样 $\bar{x}$ 图就画好了。$R$ 图的画法同上,只是将 $\bar{x}$ 改为 $R$,$\bar{\bar{x}}$ 改为 $\bar{R}$ 即可。

绘图时,要注意横、纵轴的比例要适当。$\bar{x}$ 图与 $R$ 图横轴上的刻度及组数号应保持一致。$\bar{x}-R$ 图的下方为记事栏,记录有关重要数据及事项。

(7)打点、连线。首先将每组的平均值与极差,分别点在 $\bar{x}$ 图与 $R$ 图的相应位置上,然后按顺序将点连接起来。打点时,在控制限界内的打实心点"·";在控制限界外的以"⊙"表示,引起重视。

## 七、管 理 图

### 1. 管理图的概念

管理图又称质量控制图。它是根据数理统计原理,在直角坐标系中画有控制界限,描述生产过程中产品质量波动状态,分析和判断工序是否处于稳定状态所使用的、带有控制界限的一种质量管理图表,是用来区分由异常原因引起的波动,或是由过程固有的随机原因引起的偶然波动的一种工具。偶然波动一般在预计的界限内随机重复,而异常或特殊原因引起的波动则表明需要对其影响因素加以判别、调查,并使之处于受控状态。

### 2. 管理图的原理

管理图原理就是在一定的生产技术条件下,利用统计的方法,计算出上、下控制界限,严格控制影响产品质量的异常原因的产生,将产品质量特性控制在正常质量波动范围之内。一旦有异常原因引起质量波动,通过管理图就可以看出,以便采取相应的措施,进行质量控制,发现、防止、消除异常原因,保证生产在正常稳定状态下进行。

当不存在系统误差时,产品处于稳定状态,该工序的产品质量特性服从正态分布。如果将质量的正态曲线转过 $90°$,以纵轴代表质量特性值,横轴代表时间(或工序号),以理论的平均值为中心线,$\pm 3\sigma$ 为上下管理线,按时间(或工序号)将产品质量的测定值点在图上,就成了管理图,这一原理称为"三倍均方差"原理。

### 3. 管理图的作用

(1)过程分析,即分析生产过程是否稳定。为此,应随机连续收集数据,绘制管理图,观察数据点分布情况并判定生产过程状态。

(2)过程控制,即控制生产过程质量状态。为此,要定时抽样取得数据,将其变为点描在图上,发现并及时消除生产过程中的失调现象,预防不合格品的产生。

(3)从质量诊断上讲,可以用来度量过程的稳定性,即工程是否处于统计状态。

(4)从质量控制上讲,可以用来确定什么时候需要对过程加以调整,什么时候需要使过程保持相应的稳定状态。

(5)从质量改进上讲,可以用来确认某过程是否得到了改进。

前面所述的排列图、直方图法是质量控制的静态分析法,反映的是质量在某一段时间里的静止状态。然而产品都是在动态的生产过程中形成的,因此,在质量控制中单用静态分析法显然是不够的,还必须有动态分析法。只有动态分析法,才能随时了解生产过程中质量的变化情况,适时采取措施,使生产处于稳定状态,起到预防出现不合格品的作用。管理图就是典型的动态分析法。

### 4. 管理图的基本格式

管理图的基本格式如图5—7所示,横坐标为样本序号或取样时间,纵坐标为所要控制的质量特性值。图上的三条水平线为上、下控制界限线和中心线。其中,中心线 CL 用实线表示,上控制界限 UCL 与下控制界限 LCL 用虚线表示。它们是根据统计方法计算出来的,是对生产过程进行控制和判断的依据。

(1)收集数据。从管理的角度出发,收集 100 个左右的数据(可按时间顺序定期抽样)。3～5个数据为一组,每组是一个样本。

(2)计算中心线和控制界限。

(3)按时间顺序或样本序号将测得的数据用点描在图上。

(4)根据点所落的位置判断工序状况。

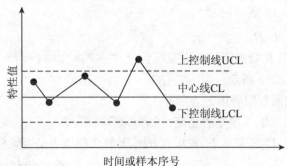

图 5－7　全面质量管理的基本要求

**5. $\bar{x}-R$ 管理图**

$\bar{x}$ 管理图是利用样本的平均值($\bar{x}$)来分析和控制工序平均值的管理图，$R$ 管理图是用样本的极差来控制散差变化的管理图。$\bar{x}$ 管理图与 $R$ 管理图联合使用，就能全面控制质量的波动状态。

$\bar{x}-R$ 管理图的绘图步骤如下：

(1)收集数据。从管理的角度出发，选取近期 50～200 个数据。数据过少影响精度，过多又太烦琐，通常取 100 个左右。

(2)数据分组。分组原则：一是在大致相同的条件下收集的产品数据可为一组；二是可按时间或测量顺序分组。

(3)计算样本的平均值 $\bar{x}_i = \dfrac{\sum\limits_{i=1}^{n} x_i}{n}$。

(4)计算样本极差 $R_i = x_{i\max} - x_{i\min}$。

(5)计算总平均值 $\bar{\bar{x}} = \dfrac{\sum \bar{x}}{K}$，其中，$K$ 为样本总数。

(6)计算极差平均值 $\bar{R} = \dfrac{\sum R}{K}$。

(7)计算控制界限。

$\bar{x}$ 管理图控制界限：

中心线 $CL = \bar{\bar{x}}$；

上控制界限 $UCL = \bar{\bar{x}} + A_2 \bar{R}$；

下控制界限 $LCL = \bar{\bar{x}} - A_2 \bar{R}$。

上式中 $A_2$ 是 $\bar{x}$ 管理图系数，见表 5－6。

表 5－6　管理系数表

| N | $A_2$ | $m_3 A_2$ | $D_3$ | $D_4$ | $E_2$ | $d_3$ |
| --- | --- | --- | --- | --- | --- | --- |
| 2 | 1.880 | 1.880 | — | 3.267 | 2.660 | 0.8533 |
| 3 | 1.023 | 1.187 | — | 2.575 | 1.772 | 0.888 |
| 4 | 0.729 | 0.796 | — | 2.282 | 1.457 | 0.880 |
| 5 | 0.577 | 0.691 | — | 2.115 | 1.290 | 0.864 |
| 6 | 0.483 | 0.549 | — | 2.004 | 1.184 | 0.848 |
| 7 | 0.419 | 0.509 | 0.076 | 1.924 | 1.109 | 0.833 |
| 8 | 0.373 | 0.432 | 0.136 | 1.864 | 1.054 | 0.820 |
| 9 | 0.337 | 0.412 | 0.184 | 1.816 | 1.010 | 0.808 |
| 10 | 0.308 | 0.363 | 0.223 | 1.727 | 0.975 | 0.797 |

$R$ 管理图控制界限：

中心线 $CL = \bar{R}$；

上控制界限 $UCL = D_4\overline{R}$；

下控制界限 $LCL = D_3\overline{R}$。

上式中 $D_3$、$D_4$ 均为 $R$ 管理图控制界限系数。

$\overline{x} - R$ 管理图如图 5-8 所示。

$\overline{x}$ 管理图上逸出控制界限者用 ⊙ 表示。

(8)根据所作的图,判断工序是否稳定。如为异常状态,则应追查原因,采取措施,然后按上述步骤重新作管理图。如为正常状态,则作直方图,计算工序能力是否满足质量规范的要求。

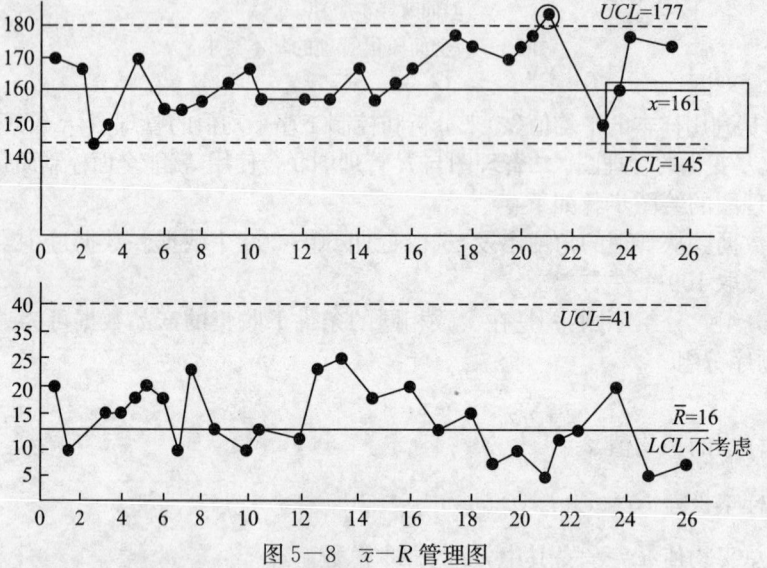

图 5-8 $\overline{x} - R$ 管理图

6. 各种管理图的控制界限计算公式及特征

各种管理图的控制界限计算公式见表 5-7,表中有关系数见表 5-6。

表 5-7 控制界限计算公式

| 分类 | 图 名 | 中心线 | 控制界限 | 管理特征 |
|---|---|---|---|---|
| 计量值管理图 | $\overline{x}$ 图 | $\overline{x}$ | $\overline{x} \pm A_2\overline{R}$ | $\overline{x}$ 图主要用于观察分析平均值的变化 |
| | $R$ 图 | $\overline{R}$ | $D_4\overline{R}$ (UCL)<br>$D_3\overline{R}$ (LCL) | $R$ 图是用于观察分析分布的宽度和分散变化的情况 |
| | $\overline{x}$ 图 | $\overline{x}$ | $\overline{x} \pm m_3 A_2\overline{R}$ | $\overline{x}$ 图代替 $\overline{x}$ 图,可以不计算平均值 |
| | $x$ 图 | $\overline{x}$ | $\overline{x} \pm E_2\overline{R}_s$<br>$\overline{x} \pm E_2\overline{R}_s$ | 观察分析单个产品质量特征的变化 |
| | $R_s$ 图 | $\overline{R}_s$ | $D_4\overline{R}_s$ | 同 $R$ 图,主要适用于不能同时取得若干数据的工序。在一个单元时间内无法得出极差,只能用于前后两个单元时间的数据之差作为极差时用 |
| 计数值管理图 | 计件管理图 P 图 | $\overline{p}$ | $\overline{p} \pm \sqrt[3]{\dfrac{\overline{p}(1-\overline{p})}{n}}$ | 用不良品率来管理工序 |
| | 计件管理图 $P_n$ 图 | $\overline{p}_n$ | $p_n \pm \sqrt[3]{p_n(1-\overline{p})}$ | 用不良品数来管理工序 |
| | 计点管理图 $c$ 图 | $\overline{c}$ | $\overline{c} \pm \sqrt[3]{\overline{c}}$ | 对一个样本的缺陷进行管理 |
| | 计点管理图 $u$ 图 | $\overline{u}$ | $\overline{u} \pm \sqrt[3]{\dfrac{\overline{u}}{n}}$ | 对每一给定单位产品中的缺陷数进行控制 |

## 八、相关图

### 1. 相关图的概念

在质量问题的分析中,常会遇到各个质量因素之间的关系。这些变量之间的关系,有些属于确定性关系,即可以用函数关系来表达的变量关系,如轨温与轨缝、无缝线路的温度和温度力之间的关系。而另一些变量之间虽然有着密切的关系,但不能由一个或几个变量的数值准确地求出另一个变更的值,称为非确定性关系,如混凝土强度的增长速度与温度之间的关系就属于非确定性关系,这种关系称为相关关系。质量数据之间的关系多属相关关系。相关关系一般有三种类型:一是质量特性和影响因素之间的关系;二是质量特性和质量特性之间的关系;三是影响因素和影响因素之间的关系。

相关图又叫散布图,就是将两个非确定性关系变量的数据对应列出,用点画在坐标图上,如图5-9所示,用来发现、显示和确认两组相关数据之间的相关关系,进而用相关系数表示它们之间的相关程度,并用回归直线进行定量分析。

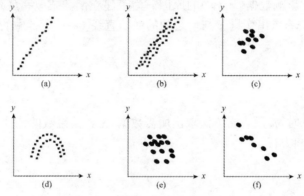

图 5-9 散布图上点的分布状态

### 2. 对照典型图例法

对照典型图例法对照典型图例法最简单的方法,它是把实际画出的散布点与典型图例对照,得到两个变量之间是否相关及属于哪一种相关的结论。

(1)当 $r \approx 1$ 时为强正相关。散布点基本形成由左至右向上变化的一条直线带,即随着 $x$ 的增加,$y$ 值也相应增加,说明 $x$ 与 $y$ 有较强的制约关系。此时可通过对 $x$ 的控制而有效控制 $y$ 的变化,如图5-9(a)所示。

(2)$r \approx -1$ 时为强负相关。散布点形成由左向右向下的一条直线带,说明 $x$ 对 $y$ 的影响与正相关恰恰相反,如图5-9(b)所示。

(3)如果 $r$ 介于 -1 与 +1 之间,在 $x$ 增加 $y$ 也增加时,$r>0$,为弱正相关,散布点形成向上比较分散的直线带,随着 $x$ 值的增加,$y$ 值也有增加趋势。但 $x$ 与 $y$ 的关系不像正相关那么明确,说明 $y$ 除受 $x$ 影响外,还受其他更重要的因素影响,需要进一步利用因果分析图法分析其他的影响因素,如图5-9(c)所示。

(4)在 $x$ 增加 $y$ 减少时,$r<0$,为弱负相关,散布点形成由左至右向下分布的较分散的直线带,说明 $x$ 与 $y$ 的相关关系较弱,且变化趋势相反,应考虑寻找影响 $y$ 的其他更重要的因素,如图5-9(d)所示。

(5)如果 $r$ 近于零,可以认为 $x$ 和 $y$ 没有线性关系。这时有两种情况:要么两者没有相关关系,散布点形成一团或平行于 $x$ 轴的直线带,说明 $x$ 变化不会引起 $y$ 的变化或其变化无规律,分析质量原因时可排除 $x$ 因素,如图 5-9(e)所示;要么两者有非线性关系,此时散布点呈一曲线带,即在一定范围内 $x$ 增加 $y$ 也增加,超过这个范围 $x$ 增加 $y$ 则有下降趋势,或改变变动的斜率呈曲线形态,如图 5-9(f)所示。

### 3. 简单象限法

在图上画一条与 $y$ 轴平行的 $P$ 线,使 $P$ 线的左右两侧的点数大致相等,然后在图上再画一条与 $x$ 轴平行 $Q$ 线,使 $Q$ 线上、下两侧的点数相等或大致相等,$P$、$Q$ 两线把图形分成四个象限区域,分别计数各象限区域内的点数(线上的点不计),最后计算对角象限区域内的点数 $n_1 + n_3$ 和 $n_2 + n_4$。当 $n_1 + n_3 > n_2 + n_4$ 时,为正相关;当 $n_1 + n_3 < n_2 + n_4$ 时,为负相关。

应当说明的是,用打点作图的方法进行相关分析,是最简单的方法,但由于分析较为粗糙,难以在生产实践中应用。当需要进行课题研究时,必须应用计算的方法,比较精确地计算出相关关系,还可以进一步找出变量之间的内在联系,并确认其预期关系,即回归分析法。

### 4. 回归分析法

(1)由图 5-9 可知,这 5 个点大致接近于一条直线,但大部分的点都与某直线有一定的偏离,这是因为随机误差影响数据 $(x_i, y_i)$ 的原因。为了建立函数式 $y = f(x)$,根据最小二乘法原理,由试验数据 $(x_i, y_i)$ 求出变量 $x$ 与 $y$ 之间的回归直线 $y = a + bx$ 中的两个参数 $a$ 和 $b$,计算公式为:

$$b = \frac{I_{xy}}{I_{xx}}$$

$$a = \overline{y} - b\,\overline{x}$$

(2)用上两式计算时,常用表格方法求出所需数据,见相关系数的计算。当求出 $a$、$b$ 值后,则可确定一元线性回归方程。

## 九、检查表法

检查表法又称调查表法,是利用表格进行数据收集和统计的一种方法。表格形式可以根据需要自行设计,常用的如不合格品检查表、成品质量检查表、产品缺陷位置检查表、工序质量持性分析调查表等。表格设计时应考虑便于统计、分析。

以某工程队对某月施工的混凝土路面 152 处质量进行的调查为例,说明检查表的形式(见表 5-8)。

表 5-8 检查表

工程名称:××工程　　　　　　　　　　　　　　　　　　　　　　　　施工日期:××年×月
工序:混凝土路面　　　　　　　　　　　　　　　　　　　　　　　　　施工班组:××小组
检查数量:152 处　　　　　　　　　　　　　　　　　　　　　　　　　质量检查员:××××

| 不合格种类 | 检查结果 | 小计 |
|---|---|---|
| 表面起砂 | 正正正正正丅 | 27 |
| 表面开裂 | 正丅 | 7 |
| 空鼓 | 丅 | 2 |
| 不平整 | 正正正正一 | 21 |
| 其他 | 丅 | 2 |
| 合计 | | 59 |

表 5-8 虽然反映了不合格种类的比率,但不反映时间的因素。例如,某不合格种类多集中在开夜工时发生,或者一旦发生不合格情况都集中在某段时间内,则不容易从检查表中发现。但若把几张检查表按时间顺序排列起来,就可大体上掌握不合格品内容是如何随时间变化的。

工序质量特性分布统计分析表是为了掌握某工序产品质量分布情况而使用的,可以直接把测出的每个质量特性值填在预定预先制好的频数分布空白表格上。每测出一个数据,就在相应值栏内记上一个"/"记号,记测完毕,频数分布也就显示出来了,如表5-8所示。此法较简单,但填写统计分析表时若出现差错,事后就无法发现。因此一般都先记录数据,然后用直方图法进行统计分析。

## 第三节 工程质量控制

**一、质量控制的概念与特点**

1. 质量控制的概念

质量控制是指为达到质量要求所采取的作业技术和活动。质量控制贯穿于质量形成的全过程、各环节,要排除这些环节的技术及活动偏离有关规范的现象,使其恢复正常,达到控制的目的。

质量控制的内容是"采取的作业技术和活动"。这些活动包括:确定控制对象,例如一道工序、设计过程、制造过程等;规定控制标准,即详细说明控制对象应达到的质量要求;制定具体的控制方法,例如工艺规程;明确所采用的检验方法,包括检验手段;实际进行检验;说明实际与标准之间有差异的原因;为解决差异而采取的行动。

质量控制的任务就是通过对施工投入、施工过程、产出品进行全过程控制以及对参加各施工班组(分包队伍)和人员的资质、材料和设备、施工机具和机械、施工方案和方法、施工环境实施全面控制,以期达到预定的工程质量等级和标准。

2. 质量控制的特点

质量控制的特点是由工程项目的特点决定的。工程项目的特点:一是具有单项性;二是具有一定性与寿命的长期性;三是具有高投入性;四是具有生产管理方式的特殊性;五是具有风险性。

正是由于工程项目的特点形成了工程质量本身的特点,即影响因素多、质量波动大、质量变异大、质量隐蔽性、终检局限大,所以,对工程质量更应重视事前控制、事中严格监督,防患于未然,将质量事故消灭于萌芽之中。

工程建设的不同阶段,对工程项目质量的形成起着不同的作用和影响。尤其是在施工阶段,根据设计文件和图纸的要求,通过施工形成工程实体,它将直接影响工程的最终质量。因此,施工阶段是工程质量控制的关键环节,工程质量很大程度上取决于施工阶段质量控制。其中心任务是要通过建立健全有效的质量监督工作体系来确保工程质量达到合同规定的标准和等级要求。根据工程质量形成的时间段,施工阶段的质量控制又可分为质量的事前控制、事中控制和事后控制。其中,工作的重点应是质量的事前控制。

**二、工程材料、机械设备质量控制**

1. 工程材料质量控制

(1)工程材料订货前质量控制

1)掌握材料质量、价格、供货能力的信息,选择好供货厂家,就可获得质量好、价格低的材料资源,从而就可确保工程质量,降低工程造价。为此,对主要材料、设备及构配件,订货前必须进行内部论证并经讨论同意后,方可订货。

2)对主要材料及配件,应在订货前要求厂家提供样品或看样订货;主要设备订货时,要审核设备清单,看其是否符合设计要求。

3)必须合理地、科学地组织材料采购、加工、储备、运输,建立严密的计划、调度、管理体系,加快材料的周转,减少材料的占用量,按质、按量、如期满足建设需要。

(2)工程材料进货后质量控制

1)对用于工程的主要材料,进场时必须具备正式的出厂合格证和材质化验单。如不具备或对检验证明有怀疑时,应补作检验,所有材料检验合格证均须经监理工程师验证并同意,否则一律不准用于工程上。

2)工程中所有构件都必须具有厂家批号和出厂合格证,钢筋混凝土或预应力钢筋混凝土构件,均应按规定的方法进行抽样检验。由于运输、安装等原因出现的构件质量问题,应经分析研究,采取措施处理并由监理工程师鉴定后方能使用。

3)凡标志不清或认为质量有问题的材料,对质量保证资料有怀疑或与合同规定不符的一般材料,由工程重要程度决定其应进行一定比例试验的材料,需要进行追踪检验以控制和保证其质量的材料等,均应进行抽检。对于进口的材料设备和重要工程或关键施工部位所用的材料,则应进行全部检验和检查。

4)材料质量抽样和检验的方法应符合《建筑材料质量标准与管理规程》,要能反映该批材料的质量性能。对于重要构件或非匀质的材料,还应酌情增加采样的数量。

5)对进口材料、设备应会同商检局检验。如核对凭证中发现问题,应取得供方和商检人员签署的商务记录,按期提出索赔。

6)对高压电缆及电压绝缘材料,要进行耐压试验。

(3)工程现场配制材料质量控制

在现场配制的材料,如混凝土、砂浆、防水材料、防腐材料、绝缘材料、保温材料的配合比,应先提出试配要求,经试配检验合格后才能使用。在使用过程中,必须严格按照配合比要求进行现场配制,未经试验人员同意,不得任意增减和删改。

(4)工程现场使用材料质量控制

1)对材料性能、质量标准、使用范围、施工要求必须充分了解,以便慎重选择和使用材料。

2)合理地组织材料使用,减少材料的损失,正确按定额计量使用材料,加强运输、仓库保管工作,加强材料限额管理和发放工作,健全现场材料管理制度,避免材料损失、变质,确保材料质量。

3)按规定检查材料的仓储、保管是否合理,特别是对水泥料仓,应检查其通风、防雨、隔潮、堆放位置、堆放高度、存储时间等是否符合要求。若发现有结团、结块、存放期超过规定期限等现象,立即通知材料部门将失效的水泥清出库房另行堆放,原则上不再用于工程中。

4)凡用于重要结构、部位的材料,使用时必须仔细地核对,认证其材料的品种、规格、型号、性能有无错误,是否适合工程特点和满足设计要求。

5)新材料应用前,必须通过试验和鉴定;代用材料必须通过计算和充分的论证,并要符合结构构造的要求。

6)要针对工程特点,根据材料的性能、质量标准、适用范围、施工要求等方面进行综合考虑,慎重选择和使用材料。

2.工程机械设备质量控制

(1)做好机械选型工作

1)机械设备的选择,应本着因地制宜、因工程制宜,按照技术上先进、经济上合理、生产上适用、性能上可靠、使用上安全、操作和维修上方便等原则,贯彻执行机械化、半机械化与改良工具相结合的方针,突出机械与施工相结合的特色,使其具有工程的适用性,具有保证工程质量的可靠性,具有使用操作的方便性和安全性。

2)机械设备的主要性能参数要能满足施工需要和保证质量的要求。如从适用性出发,正铲挖土机只适用于挖掘停机面以上的土层,反铲挖土机则适用于挖掘停机面以下的土层,而抓铲挖土机则最适宜水中挖土。又如预应力张拉设备,根据锚具的形式,从适用性出发,拉杆式千斤顶只适用张拉单根粗钢筋的螺丝端杆锚具、张拉钢丝束的锥形螺杆锚具或DM5A型镦头锚具,锥锚式千斤顶则适用于张拉预应力和钢绞线束的KT-Z型锚具或张拉钢丝束的锥型锚具。

3)从保证质量和可靠地施加预应力出发,则必须使千斤顶的张拉力大于张拉程序中所需的最大张拉值,且对千斤顶和油表一定要定期配套校正、配套使用。在使用中,若千斤顶漏油严重、油表指针不能回到零、发生连续断筋、更换新油表时,均应重新校正。

4)对于高空张拉,从操作方便及安全出发,则宜选用体积小、重量轻的手提式千斤顶。

(2)实行以管好、用好、维修好机械设备为内容的质量管理责任制

1)合理使用机械设备,正确进行操作,是保证项目施工质量的重要环节。应贯彻"人机固定"原则,实行定机、定人、定岗位责任的"三定"制度,做到专人专机。

2)操作人员必须认真执行规章制度,严格遵守操作规程,执行保养规定,做好机械设备的清洁、润滑、防腐等维护工作,认真执行交接班制度,及时填写机械设备运转记录,防止出现安全质量事故。例如,对于起重机械,应保证安全装置(行程、高度、变幅、超负荷限位装置及其他保险装置等)齐全可靠,并经常检查、保养、维修,使其运转灵活;操作时,不准机械带"病"工作,不准超载运行,不准负荷行驶,不准猛旋转、开快车,不准斜牵重物等。

3)面对吊装的结构和构件,还应事先进行吊装验算,合理选择吊点,正确绑扎,使构件在吊装过程中保持平衡,不致因吊装受力太大而使结构遭到损害。又如,用插入式振捣器振捣混凝土时,就应按"直上直下、快插慢拔、插点均布、切勿漏插、上下抽动、层层扣搭、时间掌握好、密实度最佳"的操作要点进行操作,否则将造成质量事故。

(3)做好机械设备的检修工作

1)机械设备是由各种零件(部件)组合而成的,这些零件(部件)所承受的荷载、温度、转速和相对摩擦各不相同,均有一定的使用期限和允许磨损限度。如超过规定的限度,机械设备就不能保证使用性能和安全生产,严重者将会产生人身安全事故和机械设备事故。

2)按不同的规定运转或使用周期,限期作好保养和修理,贯彻执行计划维修制度,不能拖延保养期。

3)在安排机械设备使用时,要留有余地,保证机械设备能够及时进行维修保养。

(4)严格做好机械设备的质量检查鉴定工作

1)机械设备的大、中、小修,都要按各自不同的质量标准定期进行技术鉴定和检查验收。

2)对不符合标准的机械设备,不准出厂,不予验收,不准使用。

3)新出厂或大修后的机械设备要遵照试运转规定进行试运转,以确保机械设备正常运行。

(5)做好现场在用机械设备的巡回检查工作

1)经常性的巡回检查,可以及时发现问题、排除隐患,使现场在用机械设备经常处于完好状态。

2)对于企业在用机械设备,要准确及时地作好机械设备统计报告,真实反映机械设备使用运转情况和管理工作质量。

3)统计报告应包括机械设备运转记录、机械设备完好或非完好台日分析报表、保修计划完成情况报表等。

4)凡属企业自行制造和改制、改装的机械设备,必须做到结构合理、性能稳定、使用安全可靠,并经过必要的符合程序的质量鉴定及验收后,才能使用。

(6)做好机务人员的培训和考核工作

1)实行全面质量管理,要始于教育,终于教育。做好机械设备的质量管理工作,要抓好机务人员的教育培训工作。

2)通过教育培训,使机务工作人员具备较全面的机务管理知识,能在实际工作中正确地解决计划、调配、维修等管理问题,还应具备一定的基础理论知识和实际操作能力,在组织机械设备维修、鉴定、改制、改装、革新等方面工作中具有解决实际问题的能力。

3)机械设备操作人员应了解其所操作机械设备的性能、构造原理、操作规程,熟练地掌握安全操作。

4)机械设备保修人员应具备机械设备维修技术和检验、组装、调试、鉴定知识,达到遵章操作。

### 三、施工各阶段质量控制

1. 施工准备阶段质量控制

(1)对照图纸目录,清点新绘图纸的张数及利用标准图的册数。

(2)地基处理与基础设计有无矛盾。

(3)各项工程设计图纸的地形、地貌、地质(包括工程地质与水文地质)条件是否与实际相符,使用的设计规范、抗震烈度的确定是否与实际相符。

(4)各项工程的设计标高、里程、数量、尺寸是否相符,有无错误和遗漏。

(5)各项设计采用的标准图(定型图)是否齐全、相符。

(6)各项专业图纸相互之间有无矛盾,专业图内各图之间、图与统计表之间的规格、强度等级、材质、坐标等重要数据是否一致。

(7)砂石料源、质量、开采规模、运输方法、施工用水等有无问题。

(8)线路图中平面图的里程、曲线半径、始终点位置、夹直线长度是否正确,与线路设计规范及主要技术条件是否相符,纵断面与平面图的里程、曲线资料、长短链和工程位置是否一致,标高计算是否正确,线路标高与最高洪水位是否满足设计规范要求,路标高是否与线路纵断面标高一致。

(9)施工总平面图及施工布置是否合理,施工方法是否可行,质量保证措施是否可靠并具有针对性。

(10)实现新技术项目、特殊工程、复杂设备的技术可能性和必要性,是否有保证工程质量的技术措施。

(11)工期安排上是否满足施工合同工期要求,混凝土的龄期是否考虑。

图纸会审后,应将会审中提出的问题以及解决办法详细记录,写成正式文件,列入工程档案。

(12)从实际需要出发,进行质量保证体系文件的编制。结合《实施性施工组织设计》及《工程创优规划》,编制《实施性质量监控措施》。《实施性施工组织设计》是控制工期和确保工程质量的重要文件;《工程创优规划》是保证工程质量的指导性文件。

(13)开工报告的签发。开工报告签发前必须检查各项准备工作是否就绪,具体包括设计文件、施工图纸的审核,施工测量及复测工作的进行以及施工桩橛是否完备;实施性施工组织设计是否编制完毕;组织体系特别是质量管理体系是否健全;技术交底及配合比工作是否完成;主要的施工组织技术措施针对性、有效性如何;施工现场"三通一平"工作是否满足开工需要;征地、拆迁工作是否满是开工要求;施工现场总体布置是否合理,是否有利于保证施工的正常、顺利进行,是否有利于保证质量;工程的创优规划是否制订;工程材料、设备、施工机具、劳力情况是否已进场并满足开工需要等。

(14)对各关键工序操作员工上岗证进行审查,对各工序的员工上岗要求是上岗必须持证、持证才能上岗。上岗证的检查主要涉及到操作岗位是否与资格证明相符合;姓名、照片是否与本人一致;持证人员是否一直在从事该项工作;其间如有间断,间断时间有多长,是否需要继续培训方可从事相关工作;是否在有效期时间内等内容。

(15)审查分包单位(包括民工队)的资质等级。对施工人员的素质要进行全面了解,做到心中有数,有的须事先培训,坚持持证上岗。尤其是分包单位,更要进行全面的摸底。所谓分包单位是指在执行工程承包合同时,由于自身力量或者某一工种不足以完成全部任务,需要将其中的一部分工程发包给一个或几个分包的施工单位。在施工过程中,他们必须接受监督检查。

2. 施工阶段质量控制

(1)施工阶段质量控制的依据

共同性依据,主要是指那些适用于工程施工阶段,与质量控制有关的、通用的、具有普遍意义和必须遵守的基本文件。具体包括以下几个方面:

1)国家及政府有关部门颁布的有关质量管理方面的法律、法规性文件。

2)工程承包合同文件及技术规程。

3)根据合同文件规定编制的设计文件、图纸和技术要求及规定。

4)合同规定采用的有关施工规范、操作规程、安装规程和验收规程等工程项目质量检验标准。

5)有关工程材料、半成品和构配件质量控制方面的专门技术法规性依据。

6)凡采用新工艺、新技术、新方法的工程,事先应进行试验,并应有权威性的技术部门的技术鉴定书及有关的质量数据、指标,在此基础上制定有关的质量标准和施工工艺规程,以此作为判断与控制质量的依据。

7)有关试验取样的技术标准和试验操作规程。

(2)施工阶段质量控制的原则

1)坚持"质量第一、用户至上"

铁路工程作为一种特殊的工程,使用年限较长,直接关系到人民生命财产的安全。所以,工程项目在施工中应自始至终把"质量第一、用户至上"作为质量控制的基本原则。

2)贯彻科学、公正、守法的职业规范

在处理质量问题过程中,各级质量检查员应尊重客观事实,尊重科举,态度谦虚,立场正直、公正,不持偏见,遵纪守法,杜绝不正之风,既要坚持原则,严格要求,秉公办事,又要谦虚谨慎,实事求是,以理服人,热情帮助,做好协调工作,充分沟通、协商,以取得对方的信任和工作中的相互配合。

3)以人为核心

人是质量的创造者,质量控制必须"以人为核心",把人作为控制的动力,调动人的积极性、创造性,增强人的责任感,树立"质量第一"概念,提高人的素质,避免人的失误,以人的工作质量保工序质量、保工程质量。

4)坚持质量标准,严格检查,一切用数据说话

质量标准是评价产品质量的尺度,数据是质量控制的基础和依据。产品质量是否符合质量标准,必须通过严格检查,用数据说话。质量检查员必须按合同和设计图纸的要求,严格执行国家颁发的有关工程项目质量检验评定标准和验收标准,严格检查,同时还要热情帮助,督促施工现场改进工作,健全制度。质量检查员可以参与现场施工方案的制定、质量体系的完善及现场质量管理制度的制定等工作。对于技术难度大、质量要求高的工程或部位,还可以为其提出保证质量的措施等。

5)以预防为主

"以预防为主"就是要从对质量作事后检查把关转向对质量的事前控制、事中控制,从而对产品的质量检查转向对工作质量的检查、对工序质量的检查、对中间产品的质量检查,这是确保施工项目的有效措施。

坚持以预防为主,重点进行事前控制,防患于未然,把施工中的质量问题消灭在萌芽状态之中。

6)结合施工实际,制定实施细则

施工阶段质量控制的工作范围、深度、方式等应根据工程施工实际需要,结合工程特点、本单位的技术力量、管理水平等因素拟订质量控制的检查要求,用以指导施工阶段的质量控制。

(3)施工阶段质量控制的组织形式及制度

施工阶段质量控制工作是在项目总工程师领导下,由现场专职质量检查员或兼职质量检查员具体进行,根据实际工作需要,可配备适当的班组质量检查员。

1)施工阶段质量控制的组织形式

①项目设兼职质量检查员。按单项工程或专业工程配备现场质量检查员。

②项目设专职质量检查员。按综合管理模式(混合形式),既有单项工程,又有专业工程时,现场需配备专职质量检查员。

③对于特别复杂的单项工程、专业工程,可在设专职质量检查员的基础上,再适当增设兼职质量检查工程师,同时发挥班组质量检查员的作用。

2)质量责任制和工作制度

为了作好施工阶段的质量控制,除了有一定的组织形式外,还应相应地建立一套质量责任制和质量管理制度,明确每个岗位人员的职责,使质量管理工作制度化、规范化。

(4)施工阶段质量控制的内容

工程项目是通过投入材料,经过施工和安装逐步建成的,而工程质量是在这个系统过程中逐步形成的,所以施工阶段质量检查员应配合监理对工程质量进行控制,即全过程的控制。质量控制的具体内容详见图5—10。

# 第五章 工程施工质量管理

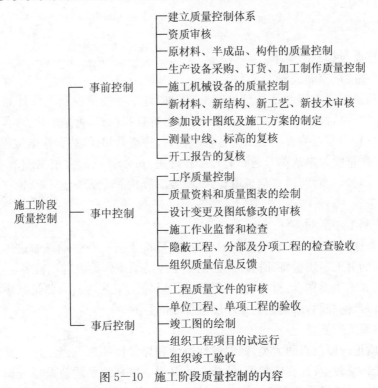

图5—10 施工阶段质量控制的内容

(5)施工阶段质量控制的主要方法

1)审核及技术文件。对技术报告及技术文件的审核是全面控制工程质量的重要手段,因此,质量检查员要对诸如开工报告、材质检验、分项及分部工程质量检验、质量事故处理等方面的报告以及施工组织设计、施工方案、技术措施、技术核定书、技术鉴定书、技术签证等方面的技术文件按一定的施工顺序、施工计划、进度和创优规划及时审核。

2)现场质量监督与检查。质量检查员应经常深入现场执行质量监督与检查。其主要内容有:开工前的检查、工序操作质量的巡视检查、工序交接检查、隐蔽工程的检查验收、工程施工预检、成品保护检查、停工后复工前的检查、分项及分部完工后的检查验收等。

3)信息反馈的检查。现场质量检查员巡视、值班、现场监督的检查和处理信息,除应以日志、检查记录等形式作为工程档案外,还应及时反馈给项目总工程师。对于重大问题及普遍发生的问题,还应以函件通知的方式指令施工现场迅速采取措施加以纠正和补救,并保证以后不再发生类似问题。对现场检测的结果,也应及时反馈到施工生产系统,以督促施工现场及时调整和纠正。

4)例外放行。通常不允许将检验、试验未完成或必要的检验和试验报告未经验证合格而将工作转入下一过程。确因生产急需来不及完成检验和试验或检验和试验报告完成前就要转入下一过程时,需经项目总工程师批准,作出明确标识并作好记录,保证在一旦发现不符合规定要求时能够立即追回或更换。这种做法,通常称为"例外放行"。

3.事后质量控制

事后控制的目的是对工程产品进行验收把关,以避免不合格产品投入使用。对施工过程所形成的产品的质量控制,是围绕工程验收和工程质量评定为中心进行的。

(1)按照铁路工程质量检验评定标准评定分项工程、分部工程和单位工程的质量等级。

(2)办理工程竣工验收手续,填写验收记录。

(3)整理有关的工程项目质量的技术文件,并编目建档。

## 四、施工工序质量控制

### 1. 施工工序质量控制的要求

（1）确定工序质量控制流程

确定工序质量控制流程就是质量检查员事前拟订工序质量控制工作计划。一般的做法是：当每道工序完成后，施工现场要根据规范要求进行自我检查，合格后填报"预检工程检查记录"报质量检查员，由质量检查员组织进行隐蔽检查，检查合格后填写"隐蔽工程检查记录"，必要时还需填报"质量验收申请单"，通知监理工程师进行现场检查，并根据规范要求，利用试验设备、仪器进行检验，同时将检查结果填写到"隐蔽工程检查记录"上并予以签字认可，同意进行下道工序施工。

（2）主动控制工序活动条件

工序活动条件控制是工序质量控制的对象，质量检查员只有主动地通过对工序活动条件的控制，才能达到对工序质量特征指标的控制。工序活动条件的内容比较多，一般是指影响工序质量诸方面，如施工操作者、材料、施工机具、设备、施工工艺等。只要批准影响工序质量的主要因素并加以严格控制，就能达到工序质量控制的目的。

（3）及时检验工序质量

影响工序质量的原因有两大类，即偶然性原因和异常性原因。当工序仅在偶然性原因的作用下，其性能特征数据（计算值数据）的分布基本上是按算术平均值及标准偏差固定不变的正态分布，工序处于这样的状态称之为稳定状态。当工序既有偶然性原因又有异常性原因影响时，则算术平均值及标准偏差将发生无规律的变化，此时称之为异常状态。检验工序质量并对所得数据进行分析，就是判断工序处于何种状态。若分析结果处于异常状态，就必须命令施工现场停止下道工序的施工。

（4）设置工序质量控制点

工序质量控制点是指为了保证工序质量而需要进行控制的重点、关键部位或薄弱环节。

设置质量控制点，是对质量进行预控的有效措施。因此，在拟订质量检查工作规划时，就应根据工程特点，现其重要性、复杂性、精确性、质量标准和要求，全面、合理地确定质量控制点。所设置的质量控制点，事先分析可能造成质量隐患的原因，找出对策，采取措施加以预控。

### 2. 工序质量控制的内容

工程项目的施工过程是由一系列相互关联、相互制约的工序构成的，工序质量是基础，它直接影响工程项目的整体质量。要控制工程项目施工过程的质量，首先必须控制工序质量。工序质量监控内容主要包括两个方面的监控，即对工序活动条件的监控和对工序活动效果的监控，如图 5—11 所示。

从质量控制的角度来看，工序活动条件监控与工序活动效果监控是互为关联的：一方面要控制工序活动条件的质量，即每道工序投入质量（人、材、机、方法及环境）是否符合要求；另一方面要控制工序活动的效果的质量，即每道工序施工完成的产品是否达到有关质量标准。

### 3. 工序活动条件控制的内容

（1）人为因素控制

人是指直接参与工程施工的组织者、指挥者和操作者。人为因素对工序质量的影响主要是参与施工的各类人员的质量意识差、技术水平低、操作不规范、管理不严格等。对工程施工这个劳动密集型作业来说，加强质量意识、质量道德的教育就显的尤为重要。

# 第五章 工程施工质量管理

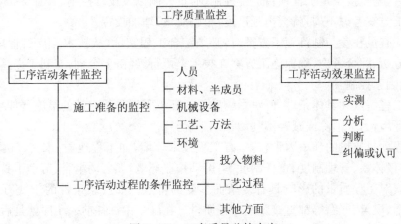

图 5—11 工序质量监控内容

1)领导者的素质。在优选施工企业时,一定要考核领导层领导者的素质,选择组织机构健全、社会信誉高、实践经验丰富、善于协作配合的施工队伍。只有这样,才有利于合同执行,有利于确保质量、投资、进度三大目标的控制。事实证明,领导层的整体素质是提高工作质量和工程质量的关键。

2)人的理论、技术水平。人的理论、技术水平直接影响工程质量水平。技术复杂、难度大、精度高、工艺新的铁路工程工序操作,例如地理环境特殊、地质结构比较复杂等,均应选择既有丰富理论知识,又有丰富实践经验的工程技术人员承担。

3)人的违纪违章。人的违纪违章,指人粗心大意、漫不经心、注意力不集中、不懂装懂、无知而又不虚心、不履行安全措施、安全检查不认真、随意乱扔东西、任意使用规定外的机械装置、不按规定使用防护用品、碰运气、图省事、玩忽职守、有意违章等,都必须严加教育,及时制止。否则,如粗心大意,将计算数据输入错误,就会造成"差之毫厘,失之千里"的危害;在签订合同中,少一字就可能造成赔一万的后果。

另外,应严格禁止无技术资质、无上岗证的人员上岗操作。总之,在使用人的问题上,应从政治素质、思想素质、业务素质和身体素质等方面综合考试,全面控制。

为了避免人的失误,调动人的主观能动性,以达到工作质量保工序质量、提高工程质量的目的,除了加强质量教育、提高其责任心、加强技术培训、提高其技术水平、严格执行各项规程、提高其操作能力等各项要求外,还要采取各种措施,强化人们的质量意识,提高人们对质量的认识程度、重视程度和作用程度。

(2)机械设备控制

施工单位必须搞好检修工作,经常保持机械设备的完好和精度,从而达到保证工程质量的目的。

(3)材料质量控制

1)施工单位必须建立和健全试验机构,充实试验人员,认真做好原材料、成品、半成品、构件和设备的检验工作。

2)凡是没有合格证明、材料或设备性能不清的,一定要严格按照规定进行检验。未经检验的设备不得安装,不合格的材料和半成品、构件不得使用。

(4)施工方案控制

1)施工单位必须建立和健全试验机构,充实试验人员。原材料、成品、半成品、构件施工方案的正确与否,是直接决定工程项目进度控制、质量控制以及投资控制三大目标能否实现的关键。若对施工方案考虑不周,就会拖延进度,影响质量,增加投资。

2)质量检查员在参与制订施工方案时,必须结合工程实际,从技术、组织、管理、经济等方面进行全面分析、综合考虑,确保施工方案在技术上可行、经济上合理,有利于提高工程质量。

(5)环境因素控制

1)根据工程特点和具体条件,应对影响质量的环境因素采取有效的措施严加控制,以创造良好的工程环境,力求消除或减轻不利因素的干扰。

影响工程项目质量的环境因素较多,有工程技术环境,如工程地质、水文、气象等;工程管理环境,如质量体系、管理制度、责任制度等;劳动作业环境,如劳动组合、劳动工具、工作面等。

环境因素对工程质量的影响具有复杂而多变的特点。如气象条件的千变万化,温度、湿度、大风、暴雨、酷暑、严寒等都直接影响工程质量。在施工中往往前一工序就是后一工序的环境,前一分项、分部工程也就是后一分项、分部工程的环境。因此,根据工程特点和具体条件,应对影响质量的环境因素采取有效的措施严加控制,以创造良好的工程环境,力求排除和减轻不利因素的干扰。对环境因素的控制,又与施工方案和技术措施紧密相关。对环境因素的控制,涉及范围较广,在拟定控制方案、措施时必须全面考虑,综合分析,以达到有效控制的目的。

在冬期、雨季、风季、炎热季节施工中,还应针对工程的特点,尤其是对混凝土工程、土方工程、深基础工程、水下工程及高空作业等,必须拟定季节性施工保证质量和安全的有效措施,以免工程质量受到冻害、干裂、冲刷、坍塌的危害。

要不断改善施工现场的环境和作业环境,加强对自然环境和文物的保护,尽可能减少施工所产生的危害对环境的污染,健全施工现场管理制度,合理布置场地,使施工现场秩序化、标准化、规范化,实现文明施工。

2)对环境因素的控制,又与施工方案和技术措施紧密相关。对环境因素的控制,涉及范围较广,在拟定控制方案、措施时必须全面考虑、综合分析,以达到有效控制的目的。

### 五、施工质量控制点的选择原则

质量控制点的选择,应报据工程项目的特点,结合施工工艺的难易程度、施工技术水平等进行全面分析后确定。一般情况下,选择的原则是:

(1)施工过程的关键工序或环节以及隐蔽工程,例如预应力结构的张拉工序、钢筋混凝土结构的钢筋架立。

(2)施工中的薄弱环节或质量不稳定的工序、部位或对象,例如地下防水层施工。

(3)对后续工程施工或后续工序质量或安全有重大影响的工序、部位或对象,例如预应力结构中的预应力钢筋质量(如硫、磷含量)、模板的支撑与固定等。

(4)在采用新技术、新工艺、新材料、新设备的情况下,现场的施工水平对施工质量没有把握的部位或环节。

(5)施工上无足够把握的、施工条件困难的或技术难度大的工序或环节,例如复杂曲线模板的放样等。

(6)施工中质量不稳定或不合格率较高的内容或工序。

## 第四节　工程质量检验评定与验收

正确进行工程项目质量的评定和验收,是保证工程质量的重要手段。质量检查员必须根据合同和设计图纸的要求,严格执行国家颁发的有关工程项目质量检验评定标准和验收标准,及时配合监理工程师、质量监督站等有关人员,进行工程项目质量评定和办理竣工验收交接手续。工程项目质量评定和验收程序按分项工程、分部工程、单位工程依次进行。工程项目质量等级均分为"合格"和"优良"两级,凡不合格的项目均不予验收。质量改进一般包括两方面的内容:一方面是创造保持有利于持续质量改进的环境,一方面是对质量管理活动进行计划、组织、衡量和评审。

**一、铁路工程质量检验评定标准**

《铁路工程质量检验评定标准》是铁路工程施工中施工单位、设计单位、质量监督单位或施工监理单位以及建设单位和主管部门对工程施工质量进行控制、检验评定的依据,同时也是工程竣工验收和交接的依据。凡由国家投资、集资、合资等进行建设的铁路工程项目均应执行该标准。地方铁路工程也应参照执行。

《铁路工程质量检验评定标准》与公路、市政、水利、工业与民用建筑等行业的质量检验评定标准不同,是按专业工程分册制订。其优点是专业性强,利于分专业进行质量评定和贯彻实施;其缺点是难免存在一些重复现象,对同一个工程(如混凝土工程等),对于不同的专业可能有不同的要求,应按不同的标准掌握。

工程质量评定及竣工验收的依据主要有:

(1)设计文件,包括批准的设计任务书、初步设计、技术设计、施工图设计、设备技术说明书等文件。

(2)施工承包合同、协议及洽商记录。

(3)国家(部门)制定的规范、标准及工程质量检验评定标准和行业性强制性条文等。

**二、铁路分项工程质量评定**

1. 分项工程质量评定的内容

分项工程质量评定是通过保证项目、基本项目和允许偏差项目综合评定的。

(1)保证项目

保证项目是必须达到的要求,是保证工程结构安全或主要使用功能的重要检验项目。保证项目是评定合格或优良都必须达到的质量指标,它应全部满足标准规定的要求。因为这个项目是决定分项工程主要性能的,如果提高要求就等于提高性能指标,会增加工程造价,造成浪费;降低要求就相当于降低基本性能指标,会严重影响工程的安全和使用功能,造成更大的浪费。所以合格、优良均应同样遵守。保证项目中包括的主要内容是:

重要材料、成品、半成品及附件的材质,检查出厂证明及试验数据;结构的强度、刚度和稳定性等数据,检查试验报告;工程进行中和完毕后必须进行检测,现场抽查或检查测试记录。

(2)基本项目

基本项目也称检验项目，是保证工程安全或使用性能的基本要求。其指标分为"合格"及"优良"两个等级，并尽可能给出量的规定。基本项目与保证项目相比，虽不像保证项目那样重要，但对结构安全、使用功能、美观都有较大影响。因此，基本项目是评定分项工程优良或合格质量等级的条件之一。基本项目的主要内容有：

1）允许有一定的偏差项目，但又不宜纳入实测项目，因此在检验项目中用数据规定出"合格"和"优良"的标准。

2）对不能确定偏差值而又允许出现一定缺陷的项目，则以缺陷的数量来区分"合格"和"优良"。

3）采用不同影响部位区别对待的方法来划分"合格"和"优良"。

4）用程度来区分项目的"合格"和"优良"，无法定量时就用不同程度的用词来区分合格与优良。

（3）允许偏差项目

允许偏差项目又称实测项目，是分项工程检验项目中规定有允许偏差范围的项目。

允许偏差项目的允许偏差值是结合对结构性能或使用功能、观感质量等的影响程度，根据一般操作水平给出一定的允许偏差范围，但偏差值在规定范围内的工程内容。

允许偏差值大部分在有关施工规范中作了明确规定。允许偏差值一般有以下几种情况。

1）有正、负要求的数值。

2）偏差值无正、负概念的数值，直接注明数字，不标符号。

3）要求大于或小于某一数值。

4）要求在一定范围内的数值。

5）采用相对比例值确定偏差值。

2. 分项工程的质量等级标准

（1）合格

1）保证项目必须全部符合相应质量检验评定标准的规定。

2）基本项目抽检的处（件）应符合相应质量检验评定标准的合格规定。

3）允许偏差项目抽检的点数中，市政工程、公路工程、建筑工程有 70％ 及其以上，铁路工程、建筑设备安装工程有 80％ 及以上的实测值应在相应质量检验标准的允许偏差范围内，其余的实测值也应基本达到相应质量评定标准的规定。

（2）优良

1）保证项目必须符合相应质量检验评定标准的规定。

2）基本项目每项抽检的处（件）应符合相应质量检验评定标准的合格规定，其中建筑工程及设备安装工程有 50％ 及以上、铁路工程有 60％ 及以上、市政工程及公路工程有 85％ 及以上的处（件）符合优良规定，该项即为优良。建筑工程及设备安装工程优良项数应占检验项数的 50％ 及其以上，铁路工程应占检验项数的 60％ 及以上，市政工程、公路工程应占检验项数的 85％ 及以上。

3）允许偏差项目抽检的点数中，有 90％ 及其以上的实测值应在相应的质量检验评定标准的允许偏差范围内，其余的实测值也应基本达到相应质量评定标准的规定。

3. 分项工程达不到合格标准返工处理和质量等级确定

(1)返工重做的分项工程,可重新评定其质量等级。全部或局部返工重做的分项工程,可重新评定其质量等级。重新评定质量等级时,要对该分项工程按规定重新抽样、选点、检查和评定,重新填分项工程质量评定表。质量等级按标准规定可以是合格,也可以是优良。

(2)经加固补强或经法定检测单位鉴定能够达到设计要求的,其质量等级的确定如下。

1)经加固补强能够达到设计要求的:这是指加固补强后,未造成改变外形尺寸或未造成永久性缺陷后果的。

2)经法定检测单位鉴定达到设计要求的:这主要是指当留置的试块失去代表性,或因故缺少试块的情况,以及试块试验报告缺少某项有关主要内容,也包括对试块或试验报告结果有怀疑时,请国家或地方认定批准的检测单位对工程质量进行检验测试,其测试结果证明该分项的工程质量是能够达到设计要求的。

凡出现上述情况,分项工程的质量处理后,都只能评为合格,不能评为优良。其理由是,虽然达到设计要求,但毕竟是发生了严重质量问题,事实上存在着缺陷,评为分项优良是不合适的。但只要引起注意,加强管理,制定有效措施,把这个分部工程中的其他分项工程质量搞好,该分项工程评为合格,不影响分部、单位工程的评优。

(3)经法定检测单位鉴定达不到原设计要求,但经设计单位鉴定认可,能满足结构安全及使用功能要求,可不加固补强的,或经加固补强改变了外形尺寸或造成永久性缺陷的,其质量等级的确定如下。

1)经法定检测单位鉴定,其反映工程质量的数据虽未达到设计要求,但经过设计单位验算尚可满足结构安全和使用功能要求,而勿需加固补强的分项工程。

2)一些出现达不到设计要求的工程,经过验算满足不了结构安全或使用功能,需要进行加固补强,但加固补强后改变了外形尺寸或造成永久性缺陷的。

上述情况,分项工程质量可定为合格,所在分部工程质量不能评为优良。

4.分项工程质量评定的程序和组织

分项工程质量评定是在班组自检的基础上,由项目经理部技术负责人组织有关人员进行评定,由专职质量检查员核定。

班组在施工过程中按照施工规范和操作工艺的要求,边操作边检查,将误差控制在规定的限值内。当分项工程施工到一个阶段或全部完成时,班组按照工程质量检验评定标准要求的检查内容全数进行自检。对不符合规范及标准要求的,及时返工使其达到合格标准,这就是班组的自检。一个分项工程完成后,单位工程负责人组织领工员、班组长、班组质量检查员、专职质量检查员,对分项工程质量进行检验评定,专职质量检查员核定等级。

(1)确定分项工程名称。根据实际情况,参照各专业单位工程、分部工程、分项工程名称表,确定该工程的分项工程名称。

(2)保证项目检查。按照规定的检查数量,对保证项目各项进行质量情况检查。

(3)基本项目检查。按照规定的检查数量,对基本项目各项逐点进行质量情况检查。

(4)允许偏差项目检查。按照规定的检查数量,对允许偏差项目各测点进行实测。

(5)填写分项工程质量检验评定表。将保证项目的质量情况、基本项目的质量情况及允许偏差项目的实测值逐项填入分项工程质量检验评定表内,并评出基本项目各项的质量等级;统计基本项目的优良项,计算其优良率;统计允许偏差项目的合格点数,计算其合格率;综合三个项目的质量检查结果,对应企项工程质量等级标准,评定该分项工程的质量等级。

### 三、铁路分部工程质量评定

**1. 分部工程质量评定标准**

(1)合格。所含分项工程的质量全部合格。

(2)优良。所含分项工程的质量全部合格,其中建筑工程及设备安装工程有50%及以上,铁路工程有60%及以上,公路工程、市政工程有85%及以上为优良(各项工程中,必须含指定的主要分项工程)。

分部工程的质量等级,是由其所包含的分项工程质量等级,通过统计来确定的。

对建筑设备安装工程中的分部工程,除了注意所含分项工程数量之外,还应注意指定的主要分项工程评定的质量等级。标准规定建筑设备安装各分部工程中,常有一个或几个主要分项工程,对其功能质量起关键作用。因而规定该分部工程优良,其所含指定的主要分项工程必须优良。

**2. 分部工程质量评定的程序和组织**

分部工程质量的检验评定,是由相当于施工队一级的技术负责人组织评定,专职质量检查员核定。在分部工程质量检验评定中,地基与基础和主体分部工程是关系建筑工程结构安全的两个分部工程,因此对这两个分部工程的评定,还应由企业的技术部门和质量部门派人到现场实地检查工程质量状况和核定这两个分部工程的质量等级。

(1)汇总分项工程。将该分部工程所属的分项工程汇总在一起,并统计各分项工程的项数及其中的优良项数。

(2)填写分部工程质量评定表。把各分项工程名称、项数、优良数等逐项填入表内,并计算其优良率;对应分部工程质量等级标准评定其质量等级;有关技术人员签名。

### 四、铁路单位工程质量评定

**1. 单位工程质量评定标准**

(1)合格。

所含分部工程的质量应全部合格;质量保证资料应基本齐全;观感质量的评定得分率应达到70%及其以上。

(2)优良。

1)所含分部工程的质量应全部合格,其中建筑工程及设备安装工程有50%及以上、铁路工程有60%及以上、公路工程及市政工程有85%及以上优良;建筑工程必须含主体和装饰分部工程;以建筑设备安装工程为主的单位工程,其指定的分部工程必须优良。

2)质量保证资料应基本齐全。

3)观感质量的评定得分率应达到85%及其以上。

**2. 铁路单位工程质量评定的程序和组织**

一个单位工程完成后,由企业的技术负责人组织企业的技术、质量、生产等有关部门和人员到现场进行检验评定。评定结束后,再请建设单位、设计单位、工程监理单位以及地方专职质量监督检查机构人员共同进行二次评定,并由当地工程建设质量监督部门核定质量等级。

在有总分包的工程中,总包单位对工程质量应全面负责,分包单位应对其承包的分项工程、分部工程的质量负责,并将质量检验评定和核定的结果报送总包单位。

(1)分部工程评定汇总。把单位工程所属的各分部工程质量评定表汇总在一起,并计算其优良率,评定出主体分部、装饰分部及安装主要分部的质量等级。

(2)检验质量保证资料。按照质量保证资料核查表上所列项目,检查单位工程现有各种质量保证资料的份数及齐全情况,主要是对建筑结构、设备性能和使用功能方面的主要技术性能的检验检查,并将检查情况填入表内,评定检查结果,企业技术部门或质量监督部门盖章,负责人签名。

(3)观感质量评定。观感质量评定是在工程全部竣工后进行的一项重要的评定工作,是全面评价一个单位工程的外观及使用功能质量。它并不是单纯的外观检查,而是实地对工程进行一次宏观的、全面的检查,同时也可核查分项、分部工程检验评定的正确性,以及对在分项工程检验评定中还不能检查的项目进行核验等。如工程有没有均匀下沉、有没有出现裂缝等。有些项目的检验,往往在分项工程验评时无法测定和不便测定,如建筑物的全高垂直度、上下窗口位置位移及一些线角顺直等项目,只有通过单位工程观感质量检查时才能看出其质量状况。因此,在观感质量评定时,按照单位工程观感质量评分表上所列项目,对应质量检验评定标准进行观感检查。

(4)填写单位工程质量综合评定表。将分部工程评定汇总、质量保证资料及质量观感评定情况填入单位工程质量综合评定表内。根据这三项评定情况,对照单位工程质量检验评定标准,评定单位工程质量等级。企业盖章、企业经理及企业技术负责人签名。建筑工程质量监督站或主管部门进行核定,签署核定意见,盖上公章,质量监督站长或主管部门负责人签名。

**五、工程质量验收**

1. 分项工程验收

(1)对于重要的分项工程,质量检查员应按照工程合同的质量等级要求,根据该分项工程施工的实际情况,按照有关质量评定标准进行验收。

(2)在验收过程中,必须按规范要求选择检查点数,然后计算出检验项目和实测项目的合格或优良百分比,最后确定出该分项工程的质量等级,从而确定能否验收。

2. 分部工程验收

(1)在分项工程验收的基础上,根据各分项工程质量验收结果,按照分部工程质量标准,可得出该分部工程的质量等级,以确定可否验收。

(2)对单位工程或分部工程的土建部分完工后、转交安装工程施工前,或其他中间过程,均应举行中间验收,施工现场只有得到质量检查员验收的签证后才能继续施工。

3. 单位工程竣工验收

在分项工程、分部工程验收的基础上,通过对分项工程、分部工程质量等级的统计计算,再结合直接反映单位工程结构及使用功能的质量保证资料、单位工程观感的质量评判,便可系统地核查结构是否安全可靠、使用功能能否满足要求、观感质量是否合格,从而决定是否达到工程合同所要求的质量等级,进而决定能否验收。

## 第五节 工程质量改进

### 一、质量改进的含义

（1）质量改进是通过改进过程来实现的。在工程施工中，每一分项工程或每一分部工程都含一个或多个工序，每一个工序都可以通过更少的浪费和资源消耗来获得更好的效果和更高的效率。因此，应当不断寻求改进的机会，而不是等待问题出现了才去找机会。

（2）不断提高质量和使顾客满意是持续进行质量改进的原动力。当今建筑市场的竞争已经逐渐演变为以质量竞争为主，工程质量已成为施工企业之间竞争的一种资格。只有不断地进行质量改进，才能获得更好的效果和更高的效率，从而既增强施工企业的竞争能力和职工的满意度，又为顾客提供更高的价值并使顾客满意，这对顾客、企业及其职工和整个社会都是有利的。

（3）质量改进包括防守型改进和进攻型改进。防守型改进，是通过控制，消除急性故障，维持现有的质量状况；进攻型改进，是突破现状，消除影响企业素质的慢性故障，达到新的水平，即质量突破。

（4）质量改进的措施有预防措施和纠正措施。通过预防措施和纠正措施来消除和减少问题产生的原因，从而使问题不再出现或出现的可能性减少，可见预防措施和纠正措施都是质量改进的关键。

### 二、质量改进的程序

1. 估量改进机会

（1）质量改进项目或活动通常始于质量改进机会的识别。

（2）企业的相对过多的质量损失、与同领域占领先地位的组织的差距，都可作为质量改进的机会。

（3）通过机会的识别，可为确定质量改进的项目和活动提供依据。

2. 确定质量改进项目或活动

（1）质量改进项目或活动的规模有大有小，有些需要跨部门的小组甚至要由最高管理者参与实施，有些则由个人或小组承担。一旦确定了质量改进的项目或活动，就要对项目或活动的内容加以明确规定。

（2）质量改进的内容包括：质量改进的需要、范围和重要性；有关的背景和历史情况、相关的质量损失以及目前的状况，并尽可能用具体的、定量的形式来表示资源配置和进展情况的定期评审等。

（3）质量改进项目和活动应成为每个人员工作的一项内容，或称为"本职工作"。施工企业的全体成员，都应该参与发起质量改进项目和活动。

（4）根据大量的实践经验，质量改进工作在组织方面的普遍规律是：每个项目都必须明确由谁负责进行指导，由谁负责"诊断"。另外，具体人员（包括负责人）的挑选不应受级别、资历的限制，要取决于他能否胜任这项工作。无论是谁，只要他具有进行该项质量改进项目或活动所具有的专长、技能,就可成为本项目或活动的一员。

3. 进行诊断,找出原因,建立因果关系

这一步的目的是通过数据资料的收集、确认和分析来增进对有待于改进过程的性质的理解,也可以说这一步是从现象找出并确认原因的过程。

(1)数据资料的收集应始终按照制定的计划进行,要非常客观地对可能的原因进行调查,而不能凭主观想象或假设作出判断和决策。

(2)通过对数据资料的分析,可掌握有待于改进的过程的性质,从而建立可能的因果关系,但要注意必须将巧合因素与因果关系区分开来。

(3)对于其中与数据资料呈现高度相关关系的,要依据新收集到的数据资料进行试验和确认,去伪存真,以便对症下药。

4. 采取预防和纠正措施

在找出原因和确定因果关系后,要针对原因制定预防和纠正措施的不同方案,并考察每一种方案的优缺点,对方案进行评估。在方案中要规定具体的实施人员、内容、日期、进度等。能否成功地实施方案,取决于全体参与人员的合作,特别是那些同生产现场结合比较紧密的项目,应当充分发挥质量管理小组的作用,把这些措施付诸实施。

在这一阶段还需要注意两个方面的问题:

(1)质量改进是通过在过程中采取预防和纠正措施来获得更满意的效率和效果,而不是依赖于对过程结果的修正,如返工、修理、降级等来解决问题。后一种做法并没有使损失减少,这与质量改进的目标是相违背的。

(2)质量改进实质是质量变革,不可避免地会遇到各种阻力,所以要注意做人的工作,因势利导,循序渐进,既要考虑技术效果,又要考虑管理效果和社会效果。

5. 确认改进

在实施预防和纠正措施后,必须收集和分析适当的数据资料,以确认所获得的改进效果,同时也要调查可能已经产生的副作用。如果在采取预防和纠正措施之后,不希望的结果继续以与以前相似的频率出现,则需要返回到开始步骤,重新选定质量改进项目或活动。

6. 保成果,在新的水平上控制

(1)在质量改进成果得到确认后,应当及时总结经验,将其保持下去。把变革的成果分别纳入到技术标准和管理标准中,包括更改规范和作业,或技术交底,或操作规程,或管理程序,或惯例,以及对有关人员进行必要的教育和培训,并确保这些更改成果成为有关人员工作的内容的一个组成部分。在新的运行水平上对所改进的过程进行控制,从而在新的水平上控制质量。

(2)质量改进是一个持续不断的过程,因此质量改进的项目或活动完成之后,应当立即选择和实施新的质量改进的项目或活动。

### 三、质量改进的方法

1. 管理可控差错

管理可控差错是指管理者未给工人提供好自我控制的条件,而使工人发生的差错,或管理人员自身出现的工作质量上的差错。这时发生质量差错的责任在管理者。

引进管理差错的原因主要有：

(1)对适用性含义的理解不正确。生产部门认为，质量既然是产品的适用性，又何必要严格执行质量标准呢？尤其当产品产量大、销路广时，更容易出现这种想法，最终必然导致重数量而轻质量。必须强调指出，生产部门应该严格按照质量标准进行生产，至于在出现不合格产品的情况下而进行的适用性判断，其性质属于综合考虑技术、经济、社会等因素而作出的一种临时性决定，不应成为生产不合格品的根据和理由。

(2)质量意识淡薄。各级管理人员没有牢固树立"质量第一"的思想，质量意识淡薄。每当工期与质量发生矛盾时，不是综合、系统地去考察，往往是重数量而轻质量；或者上层管理者对工期要求太紧，大家都去抢工期，甚至违心地迎合某种倾向，造成管理人员的有意差错。

(3)质量管理部门的人员很少参与产品设计和决策。质量管理部门的人不参与新产品设计和决策，就很难保证科研部门、设计部门满足产品质量具体的要求，容易导致在新产品中出现技术差错。

(4)对质量管理成果和质量管理方法的理解不同。生产部门往往把质量管理简单地理解为按标准进行生产，因而注重成品的质量，认为只要成品质量好；而质量管理部门以为，成品质量好固然是质量管理好的一种表现，但是为了能够找到进一步改进的机会，必须应用质量管理理论和方法。

2.工人可控差错

工人可控差错是指工人在具备了自我控制的条件下而造成的质量差错，这时发生差错的责任在工人。工人处于自我控制状态必须具备以下三个条件：

(1)明白自己应当做什么。

(2)明白自己正在做的工作成果怎样。

(3)当出现偏离工作要求的情况时，知道如何去纠正。

3.无意差错避免

无意差错是指工人由于心理上和生理上的原因而造成的差错，例如，由于疲劳使自己注意力不能始终如一而出现的差错、视力不好引起质量数据的差错等。因此，无意差错表现出来的特点是随机性和无规律性，这种随机性可以表现在差错的类型上、差错的人员上和差错的时间上。

对于无意差错，一般可以采取以下两方面的措施：

(1)从行为科学的角度出发，研究人的行为，运用人机工程的成果避免差错。如日本很多企业广泛开展质量管理小组活动，就是一个较有成效的措施，他们自 1962 年成立 QC 小组以来，已经避免了几万万件的无意差错。

(2)采取各种防误措施，减少对人的依赖性。例如，采用各种自动检测装置、自动报警装置、自动反馈信息装置、自动调整装置、重复试验、复审复核制等。

4.有意差错避免

有意差错是指工人有意造成的差错。例如，工人对工资待遇有意见而故意造成的各种差错，工人对领导作风不满意而有意造成的差错，领导或管理人员重数量而轻质量引起的工人有意差错等。有意差错表现的特点是"明知故犯"，这类差错有时容易与技术差错或无意差错混在一起，不易区分。

对于有意差错，一般可以采取以下防范措施：

(1)加强质量意识教育,让全体职工牢固树立"质量第一"的思想,建立"上道工序为下道工序服务"的观念。

(2)建立质量责任制,使工程质量具有可追查性。例如,在成品或半成品的一定部位印上操作者的工号、操作时间等。

(3)定期进行质量审核,把深入检查有意差错纳入定期质量审核中。在抽样的基础上进行这种质量审核,可以提供有关责任者的情况和其他资料。

(4)组织劳动竞赛,奖励生产出优良产品的工人,惩罚生产低劣产品的工人。

(5)合理分配工作,把技术要求较高的工作分配给操作水平较高、生产产品质量较好的工人去完成,为此,应事先将过程(或工序)按重要程度进行分类,例如关键作业、一般性作业等。当某工人无法胜任一些作业时,最好重新分配去做其他能发挥其特点的工作。

5. 技术差错改善

技术差错是指工人由于技术不高,缺乏某些防止差错的知识和技能而造成的差错。例如,不会用测试手段而引起的差错、操作技术不熟练而引起的差错、误解图纸和技术要求的差错等。技术差错表现出来的特点是非常普遍和带有规律性。

对于技术差错,一般可以采取以下办法:

(1)开展技术培训,提高工人的技术水平和操作熟练程度;

(2)总结经验,予以推广。

# 第六章　工程现场材料设备管理

## 第一节　工程材料管理

### 一、正确进行材料管理对工程建设的意义

1.正确选择和使用材料是施工技术水平发挥的最重要因素之一

(1)材料品种或性能的变迁,往往是建筑工程技术发展动力和变革工程建造方法的基础。新的建筑材料的出现,也会使工程设计方法及施工技术产生显著的变革或进步。在现代建筑工程建设中,所用材料品种更是决定工程结构设计理论和施工技术水平的最重要因素之一。

(2)在施工过程中,最大程度地实现设计意图,就必须选择最适当的材料品种与规格,并结合所选材料的特性,确定最佳的使用方法或工艺,以便最大程度地满足人们对工程性能的要求。因此,对某一具体的工程来说,采用性能不同的材料,就可能决定了不同的最佳施工工艺与方法;相反,若材料性能得不到充分发挥或使用方法不当,也会妨碍施工技术优势的发挥。实际上,工程施工过程中,许多技术问题的解决或问题的突破往往依赖于材料问题的解决。

2.正确选择和使用材料是工程质量的直接影响因素

(1)通常,材料的品种、组成、构造、规格及使用方法等对建筑工程的结构安全性、坚固耐久性及适用性等工程质量指标都有直接的影响。工程实践表明,从材料的选择、生产、使用、检验评定,到材料的贮运、保管等环节都必须做到科学合理,否则,任何环节的失误都可能造成工程的质量缺陷,甚至是重大质量事故。国内外建筑工程的重大质量事故多与材料的质量不良或使用不当有关。

(2)在工程建设中要获得高质量的建筑物,就必须准确熟练地掌握有关材料的知识,能够正确地选择和使用材料。另外,工程建筑的许多质量信息都是通过材料的表现来传递的,通常是根据对材料在工程中性能表现的评价,来客观地评定工程的质量状态。

3.正确选择和使用材料,对创造经济效益具有积极的意义

(1)在工程建设过程中,材料的选择、使用与管理是否合理,对工程成本的影响很大。在有些工程或工程的某些部位,可选择的材料品种很多,即使同一材料也可以采用多种不同的使用方法。虽然采用不同的材料或不同的使用方法,它们在工程中最终所体现的效果相近,但是所需要的成本以及所消耗的资源或能源差别可能很大。

(2)正确掌握并准确熟练地应用建筑材料知识,可以通过优化选择和正确使用材料,充分利用材料的各种功能,在满足工程各项使用要求的条件下,降低材料的资源消耗或能源消耗,节约与材料有关的费用。因此,从工程技术经济及可持续发展的角度来看,正确选择和使用材料,对于创造良好的经济效益与社会效益具有十分重要的意义。

对于施工企业而言,新建项目多,结构类型复杂,施工进度具有阶段性,施工地点不断延伸变动,线长点多,用料分散,物资供应管理环节多,物资消耗量大,配套性强。因此,必须加强领导,统一管理,分级负责,在市场经济体制下,更应搞好计划管理,明确采购分工,以合理的供应管理方式,保证施工企业物资的需要,促进企业整体效益的提高。

物资计划是针对计划期内所需物资的品种、规格、数量、质量标准及供应时间所作的预见

和安排。包括从查明需要和资源开始,经过综合平衡,以各种流通渠道将资源配置到用料单位过程中各项活动的全部内容,是供应管理各项工作有计划进行的行动纲领。

施工现场物资管理是指在材料责任成本目标管理中,以定额管理为核心,以提高整体经济效益为目的的施工现场物资管理。管理的内容包括物资的计划申请、物资入库验收、保管、发放、定额控制、统计核算、节约降耗、工地现场管理等。

随着社会生产的发展,储备物资的品种、数量在不断增加,管理任务愈来愈显得重要,管理的内容也越来越复杂。仓库成为连接生产和消费的纽带,搞好仓库管理工作,对促进生产的发展起着重要作用。

## 二、基建物资供应管理

### 1. 基建物资供应管理的重要性及任务

(1) 重要性

基建物资流通是整个物资流通的重要组成部分,是基建生产正常进行的主要保证,对国民经济和自身的发展都起着重要作用,处于举足轻重的地位。

基本建设是国家物资消耗大户,在整个物资流通中是不容忽视的。基建物资流通的好坏,不仅直接或间接影响工农业生产和人民生活以及整个国家的建设任务的完成,同时也会影响整个物资流通的运行。

(2) 任务

基建物资供应管理的任务是:搞好资源和需要的平衡,及时解决供需矛盾;加速物资流通,减少中间环节,节省流通费用,经济合理地组织供应;合理有效地使用物资,推动物资节约。

### 2. 基建物资供应管理的特点及原则

(1) 特点

基建物资供应的特点是由基建行业的性质决定的。基本建设是国民经济的基础,所需物资必须有充分的保证;基建是一个资金密集、劳动与技术密集的行业,所消耗的物资数量大、品种多、技术要求复杂。

(2) 原则

坚持从生产出发,为生产服务,发扬"宁肯自己千辛万苦,不让用户一时为难"的精神解决生产对物资的需要;坚持质量第一,确保为生产建设提供合格物资(产品);坚持管供、管用、管节约;做到计划有依据、供应有道理、消耗有核算、节超有分析;讲求经济效益,在保证供应的前提下做到物资储备越少越好;周转快,资金利用率高,采购成本低,储运费用省,以提高企业的整体效益。

## 三、物资计划

### 1. 物资计划体系

物资计划体系是指各种物资计划之间相互制约、紧密衔接、有机结合的统一体。物资计划体系一般以需要量核算计划为主体,以物资申请(采购)计划为前提,以物资分配计划为核心,以实施供应计划为目的。因此,只有某一项任务的需要量计划,才能有物资申请(采购)计划、物资分配计划、物资供应计划、物资流程计划、节约代用计划、回收计划、催运计划和运输计划。

在社会主义经济条件下,由于资源配置的主导因素,计划机制正被市场机制所取代,因而物资计划的构成已趋单纯,物资采购计划在整个物资计划中的重要性更加突出。

### 2. 物资计划的种类

物资计划是物资流通过程中所编制各种计划的总称,因此物资计划的种类是比较多的。

（1）按计划的作用可分为物资申请计划、物资储备计划、物资分配计划、物资供应计划、物资调整计划、物资运输计划、物资节约计划等。

（2）按时间的长短可分为长期物资计划、中期物资计划、年度物资计划、季度物资计划、月度物资计划和旬物资计划。

（3）按物资的类别可分为金属材料计划、非金属材料计划、机电产品计划和机械配件计划等。

### 3.物资计划的编制方法

编制物资计划的方法有定额计算法、平衡法、比较计算法、固定比例计算法、系数计算法、数学法、查图计算法和估算法等。运用于施工企业的方法主要有定额计算法、查图计算法和估算法。

（1）定额计算法

定额计算法又称技术经济核算法，是实际使用最广泛的一种，它是根据技术和经济数据、物资消耗定额，进行直接计算确定计划指标数据的一种计算方法。

（2）查图计算法

查图计算法是一种现场工作实际取得的方法。这里指的图就是设计图纸、产品定型设计图或建设施工设计图等的有关图表。它是对其所列内容逐一查核，进行计算，有的可将计算结果与设计图中所列的"需要材料表"进行复核，从而确定计划需要量。

（3）估算法

估算法又称经验法，是一种凭客观经验而估算计划量的方法，具有一定的局限性。在施工企业，对一般材料可采用这种方法。

### 4.物资申请计划的构成

物资申请计划主要由需用量核算表、物资申请计划表和计划编制说明书三部分构成，如图6—1所示。

物资申请计划的构成

需用量核算表

（1）物资申请计划表亦称物资申请书、物资申请汇总表。它是全面反映物资申请计划主要指标及其相互关系的表格，也是物资申请计划的主体。

（2）需用量核算表，是反映物资需用量核算依据和核算结果的表格。它包括诸期任务量、物资消耗定额、物资需用量以及其他核算资料等。核算表因不同类别物资有所有同，一般由上级物资主管机构统一规定，企业也可以结合具体情况和申请计划的要求制定内部使用的各种核算表，进行更为直接、具体、明晰的核算。目前，基本建设使用的物资需用料核算表，设计较为完整，对控制工程项目物资总量是十分有效的。

（3）它是根据资源和需用相互平衡的原理而设计的综合表式，既反映了企业所需物资的数量，也反映了企业内部资源情况和申请数量。表式由上级物资主管机构统一规定。

物资申请计划表

物资计划编制说明，又称物资计划技术经济论证书，包括对编制依据及其准确程度，从技术经济角度而进行的综合分析论证、上期计划执行情况分析及与本期的对应比较、其他需要说明的详细情况等。其主要作用是对物资申请计划进行一次全面、客观、科学的总结，使计划数据符合实际，为上级物资机构提供审核的文字资料。

物资计划编制说明

物资计划编制说明书一般应包括以下内容：

（1）编制计划的依据及原则。

（2）上期计划执行情况分析。

（3）计划期各类材料的需用量和储备量与上期相应指标的对比分析。

（4）计划期的任务特点、主要任务概况及其对用料的特殊要求。

（5）采用定额及其审定情况、降低定额措施和预期效果。

（6）期初库存及其内部资源的检查情况。

（7）期末储备量的确定及依据。

（8）对上级机构物资供应的意见、建议和要求。

（9）计划编制及审查的主要情况和其他需要说明的问题。

图 6—1 物资申请计划的构成

5. 物资采购计划的编制

物资采购计划是一种与资源组织密切联系的物资计划,其编制原则与实施的程序均要在物资组织决策的前提下才能有效进行。

(1)编制

物资采购计划应按具体明细规格、型号进行编制,按采购计划表内容(内容与物资申请计划相同)填写。采购计划的计划期可根据企业生产需要和物资资源情况而定,一般分为季、月、旬计划,最好与申请计划的计划期同步。

(2)作用

1)从企业生产、建设的角度看,物资采购有计划、有秩序地进行,不仅使物资供应资金有保证,而且有利于有效地控制采购成本,降低采购费用,保证物资质量。因此,企业物资采购计划编制的准确与否,将直接影响到企业的物资资源组织与供应的实现。

2)随着社会主义市场经济的逐步完善,物资流通渠道已从封闭式的单一渠道向着开放的多渠道方式转变,企业直接从市场取得资源的范围将不断扩大,编好物资采购计划和搞好采购的实施显得更加重要。

### 四、施工现场材料管理

1. 材料目录的编制与管理

(1)材料目录是将各类物资按照一定的规律,科学地加以分类编制成的一个系统的手册,是物资管理的基本工具,是组织物资管理工作的统一标准和共同语言。其内容包括物资分类、物资编号、物资名称、规格说明、计量单位、物资参考价格等基本内容。为了使用方便,材料目录还附有各种有关参考资料(各类物资的牌号、型号、代号的表示方法,各种物资的化学成分、机械性能、技术条件以及计量换算表等)。

(2)编制材料目录是一项工作量大而又复杂的工作。编制时,应组织有丰富经验的专业人员,深入调查研究,广泛搜集资料;在使用过程中,应注意积累资料,发现某些不切合实际的情况或出现新产品等,均需进行修改补充。

(3)在材料目录管理上,一般采取行业所用主要物资的分类、编号、名称、规格、技术条件、计量单位等进行补充、调整和修改,由行业的物资主管机构统一掌握。行业所属各单位以行业目录为基础,结合实际情况制定自己的目录。

2. 市场采购物资资源渠道选择的原则

市场采购物资资源的组织是一项复杂的技术性工作。从当前实践的情况来看,市场采购物资资源组织,必须坚持下列原则:

(1)建立稳定的采购渠道,相对固定供应关系。当市场采购渠道经比较确定之后,建立较为固定的协作、定点供应关系,对供需双方都有利。

(2)遵循择优、保质、功能合理的原则。对采购的物资本身来说,必须选择满足生产需要、质量保证、功能合理、价廉适用的产品。

(3)实施比较采购的原则。要掌握足够的信息资料进行比较采购。在信息掌握不多的情况下,必须进行横向、纵向比较,尤其对专业性较强的产品,要查阅资料,力争采购到货真价实的物资。

(4)坚持按需采购的原则。对于市场采购物资,必须要有一定的管理制度与权限分工,杜绝盲目的市场采购行为,制止盲目采购,并落实于业务操作程序上。

（5）建立企业信誉，扩大影响，壮大实力。企业信誉是一种宝贵财富，是可以评估计值的。对于供货与需用企业双方，企业信誉的建立、扩大是市场采购的一种实力显示，在市场采购中发挥着越来越重要的作用。

（6）贯彻就近就地采购的原则。在采购物资的质量、价格相同的条件下，要本着本地区或本系统或就近地区采购的原则，以节省费用、增进效益，但不能采购本地区或本系统质次价高的物资。

3. 物资统计的内容与作用

（1）内容

物资统计的内容包括：物资生产的个体的物资产量及销售情况，物资流通过程的流转量、存储量（含在途量）情况，物资消费使用个体物资的消费量、存储量、回收利用情况等。

（2）作用

1）及时反映物资资源、消费、结存及流通情况。

2）掌握物资动态与分布情况。

3）根据历年物资统计资料，分析研究物资供应工作规律。

4）正确反映各项物资计划执行情况，为物资管理工作提供信息依据，为监督检查物资方针、政策、规章制度的贯彻执行及制定相应措施发挥参谋作用。

4. 基建物资统计的主要指标

基建物资统计的主要指标为收入量、消费量和库存量三大类，主要研究物资供求关系、消费规律、挖掘潜力、对生产的保证程度和降低流转费用等。

（1）收入量

物资收入量反映报告期内各用料单位（包括各级报表汇总单位）及物资机构到货数量和进料渠道等情况，通过分析可检查订货合同（进料计划）执行情况，料源渠道和进料组织是否经济合理，还可以检查整个系统库存布局与库存动态等情况。

（2）消量

消费量是指基建物资消费说明在报告期内各需用单位完成施工、生产、建设任务的物资实际消费的数量，是国家和企业规定的主要统计指标。它以实物指标为主，也可以价值量来综合反映物资消费水平，主要分析物资消费水平偏离计划的原因及消费量变化趋势。

（3）物资库存量

物资库存量是指停留在物资流通中以及生产企业的物资仓库中尚未进入消费的物资量。因其暂时脱离生产过程，故库存量不宜过高。就企业现状而言，主要分析其对施工生产建设的保证程度、构成及布局的合理性、储存量水平是否正常。

5. 施工现场定额管理的内容

在施工现场，定额管理即定额发料，它是根据工程数量和物资消耗定额（施工设计图纸或预算定额）核算各类物资需要量，项目经理部和项目队物资部门据此建立《分工号限（定）额供应台账》。在物资由供应到使用等环节中，控制发料、监督使用，并辅以激励机制和约束机制，是降低物耗、提高效率的一种行之有效的管理手段，在实际项目责任成本中起着至关重要的作用。

（1）与材料消耗有关的指标计算

1）单位工程产品材料消耗量。单位工程产品材料消耗量简称单耗，是反映项目施工材料消耗水平的基本指标。单耗有三种计算方法，即按价值量计算、按建筑面积计算、按实物工程量计算。

$$施工产值材料消耗量=材料消耗总量\div 施工产值$$
$$单位面积材料消耗量=材料消耗总量\div 完成建筑面积$$
单位实物工程量材料消耗量＝分部、分项材料消耗总量÷完成分部、分项工程实物量

将以上单位工程产品的实际单位消耗与定额消耗相比较，即可确定单耗指标的利用程度，即材料消耗完成程度＝实际单耗÷消耗定额×100%。该指标若大于1，为超耗；若小于1，为节约。

2)材料节约的计算。材料节约的计算，主要计算钢材、木材、水泥、碎石和砂子等，它们是构成工程产品的主要材料且消耗量大，尤其是"三材"，必须对其进行考核分析。它可用绝对数和相对数两种方法计算。

绝对数：材料节约量＝（定额消耗量－实际消耗量）×实物工程量

相对数：某种材料消耗定额完成率＝单位实物量的材料消耗量÷单位实物量的定额材料消耗量×100%

在保证工程产品质量的前提下，绝对数越大或相对数越小，表示节约效果越好。

(2)定额需用量的控制

1)要搞好工程材料定额需用量管理，有关部门必须各司其职、各负其责，紧密协调配合。其关键是额度的确定要准，否则就难以奏效。

2)施工的各项目经理部工程部在图纸全部到达后10日内，按分工号提出定额需用总量计划，报集团公司工程指挥部物资部和工程部，核准后，物资部建立分施工单位的总量控制台账，并将总量下达给项目材料厂，项目材料厂据此建立分项目经理部总量供应台账，控制发料；项目经理部物资部根据工程部提供的定额需用量，建立分工号限（定）额供应台账，分工号控制发料，在定额内控制用料；工班材料建立分工号消耗台账。于月末和工号竣工时根据工程部提供的"竣工收方表"进行核算和分析，找出节超原因，以利再战。

6.施工现场周转材料管理责任制的建立

(1)物资部门负责管理本单位周转材料，办理周转材料的租赁、领用、调用、加工、回收、报废等事项，建立周转材料动态台账，定期提报"周转材料使用情况表"。

(2)施工技术部门负责计算并提出周转材料需用量，参与周转材料的拆除、回收和鉴定报废工作，监督使用和管理。

(3)财务部门负责周转材料的分类核算，进行动态监督，定期与物资部门核对项目，依据周转材料使用情况表计算摊销额，计入工程成本。摊销方式最好由施工技术、财务、物资部门根据施工具体情况共同确定。

(4)为提高周转材料使用效率和经济效益，周转材料必须实行租赁使用管理。为激励企业内部利用，租赁费水平应较市场价低为宜。

(5)零租（称短期租用）按分次摊销法计算，此法可用于钢模板，为简化和统一计算口径，其预计使用次数统一为50次，每次使用时间为15天。每次租赁费用计算公式为：

$$每次租赁费=周转材料实际成本/50次\times (1+0.5\%)$$

(6)整租或包租（称长期出租）按分期摊销法计算，此法适用于钢脚手及扣件、脚手钢板、万能杆件、钢支撑、钢拱架、轻便轨、钢板桩、大工字钢、大型槽钢等，预计使用为4年，其租赁费计算公式为：

$$每月租赁费=周转材料实际成本/4\times 12\times (1+a\%)$$

$$月租赁费＝(购入总额＋运杂费总额)÷使用时间(月)$$

式中 $a$ 为流动资金占用利息、管理费和维修费。

（7）各单位可根据实际情况,双方共同协商,确定租赁费用。

（8）施工中在用和在库的周转材料,未经施工单位物资主管部门同意,不得外借、出租或出售处理。

7. 施工现场周转材料盘点

（1）拆除、回收或工程完工不再使用的周转材料应及时退库,并由施工技术、物资部门共同鉴定、评估成色和现值,占收入库,作出记录,由财务部门增列或冲减有关费用。

（2）工程竣工或年度终了时应对再用周转材料进行盘点,根据实际情况调节调整已摊销额,以保证工程成本正确。清查盘点发现需报废的应及时办理报废手续,并按规定的审批权限报批。

（3）周转材料丢失、损坏时,由使用、保管部门提出"物品遗失、损坏赔偿单",分析原因和责任,提出处理意见,按规定权限办理赔偿。

8. 施工现场低值易耗品管理

（1）建立低值易耗品管理制度

1）属于施工生产范围的低值易耗品由各单位基层料库负责设账、建卡管理,完善有关凭证、手续,建立领用、报废、赔偿、以旧换新和定期盘点报废制度。

2）在库低值易耗品应作为库存材料进行管理,一经领出库存材料动态账后,要及时转入在用低值易耗品动态账。

3）料库发给班组或个人保管、使用的工器具,应填制卡片或"工具手册"。领用或交还时,领发双方互相签认生效。临时借用时,应在料库专设的借用簿上登记签认,归还时予以对应注销。

（2）低值易耗品注销、报废及丢失、损坏的处理

1）低值易耗品确要报废时,应由物资、财务、领工员等有关人员组成鉴定小组进行鉴定,由负责使用部门填报废单,财务部门根据报废单检查核对无误后,由单位领导批准,予以注销。

2）由于丢失、损坏和其他原因短少的低值易耗品,由所在单位管理部门提出依据,分析原因和责任,填制损失评定单,报单位领导审批,按规定权限列销或由责任人员赔偿。

3）已报废、注销的低值易耗品应及时处理,防止重复注销。

（3）低值易耗品的摊销

低值易耗品领用实行一次摊销,即按领用时金额一次计入成本,其中劳动保护用品费用列入施工管理费。

9. 施工现场水泥及砂石料管理

（1）工地水泥库一般是搭建的半永久性仓库(施工时间较长)和临时性仓库,要求上不漏雨、下不反潮,地面要平整、干燥,四周有围墙,进出要有两个门。必须设专人管理,做到防雨、防潮、防变质,按进料日期、品种、等级、批号、生产厂家分期分批分别堆码,并悬挂标识牌。执行先进先发,散灰要灌袋过磅,建立水泥收发动态登记簿,严格水泥收发手续。

（2）为确保砂石料符合施工设计的质量标准,各单位必须严格执行有关规范对砂石料的规定要求。以铁路为例,应执行《铁路混凝土与砌体工程施工规范》(TB 10210—2001)的规定。

（3）在施工前要作好资源调查,在比质、比价、比运距的基础上,确定合理的进料渠道,尽量就地取材。

(4)正确计算砂石料需要量,在此基础上编制采购计划,按限额(分工点)分期分批进料,防止盲目备料,一般可遵循"开工前期抓供应,工程中期抓核算,工程后期抓发料",做到工完料尽。

(5)集团公司工程指挥部物资部组织项目材料厂、各施工单位项目经理部物资部门负责人参加进行料源调查并确定供方,由使用单位物资部门与工程指挥部物资部发布的合格供方名录中的合格供方签订供货合同,项目材料厂统一管理、统一结算。

(6)项目经理部搅拌站(作业队)根据施工进度安排及供货合同组织进料验收。在验收中,要严格验收记账制度,应由两人或两人以上在现场共同验收,共同签认,由使用单位或领工员负责保管使用,及时做出"工地物资验收登记簿",填制"大堆料验收单",一式三份,作为砂石料验收原始凭证,供料方凭此单结算料款和运杂费。

(7)施工用砂石料使用频繁、露天存放,一般宜由工地领工员负责日常管理和发放工作。搅拌站、作业队领用时,由领工员负责指定使用堆放的位置,收工后堆成方。

(8)砂石料要坚持月末盘存制度,即月末由物资、领工员和使用部门负责人对库存砂石料进行堆码、量方、盘存,物资部门按消耗量=期初库存+本期收入-期末库存的公式计算出使用量列账。

## 第二节 工程机械设备管理

### 一、施工现场机械设备管理方法

1. 施工现场机械设备管理制度

机械设备管理是建筑施工企业技术管理重要工作之一,技术专业性强,必须配备一定比例的专业技术管理人员,并相对保持稳定,以满足机械设备管理工作具有较强连续性要求,并根据实际情况建立一整套以岗位责任制为核心的管理制度,见表6-1。

表6-1 机械设备管理制度

| 名 称 | 说 明 |
| --- | --- |
| 建筑机械管理制度 | 这是机械设备管理的一个根本制度,是主管部门对机械设备的管、用、养、修各方面工作所作的统一规定和管理办法 |
| 岗位责任制 | (1)专机、专人负责制。适用于单人操作、一盘作业的机械设备。<br>(2)机长负责制。适用于多班作业、一机多人操作的机械设备。<br>(3)机械班组负责制。适于固定由班组管理的机械设备 |
| 试运转的规定 | 凡新购进、新制、经过改造或重新安装的机械,必须经过检查、保养、试运转,鉴定合格后才能正式投入使用。其主要工作内容为:<br>(1)准备工作,学习研究、全面了解和掌握机械设备各方面的情况。<br>(2)按说明书要求进行检查和保养。<br>(3)无负荷试运转。<br>(4)有负荷试运转。<br>(5)根据检查、试运转结果作出书面的技术鉴定,发现问题及时解决 |
| 机械走合期的规定 | 凡新购、大修和经过改造的机械设备,在正式使用初期,必须按规定进行走合,以使机械零件磨合良好增强零件的耐用性、可靠性,延长大修理和使用寿命,具体规定如下: |

续上表

| 名　称 | 说　明 |
|---|---|
| 机械走合期的规定 | (1)限载减速使用。<br>(2)驾驶操作要平稳,防止对设备的急剧冲击和振动。<br>(3)安排任务时要留有余地。<br>(4)加强检查、保养,注意运转情况、仪表指示、机械各部的温度变化、连接件,并及时进行润滑、紧固和调整 |
| 技术操作规程 | 这是正确操作机械、保证机械安全运转的技术规定 |
| 保养维修制度 | 是保证机械适时保养、及时修理、经常保持机械完好状态、延长机械使用寿命的制度。包括各种机械保修技术经济定额、进厂保修办法、保修计划的编制、执行与检查和保修质量管理办法等 |
| 保养修理技术规程 | 是关于机械保养维修作业内容、技术要求和质量标准的规定 |
| 交接班制度 | 机械双班或多班作业时,为避免情况不明、责任不清、影响生产和损坏机械,要建立交接班制度。交接班人员应该根据检查,办理交接手续,明确责任 |
| 机械事故处理制度 | 是对机械发生事故后的处理要求和管理办法 |
| 机械定额管理制度 | 是关于机械的技术经济定额的制订、修正和考核的有关规定。主要包括:机械产量定额,燃料、动力、零配件消耗定额,维修费用定额,大修间隔期定额以及保修工时、工期定额等 |
| 机械统计工作制度 | 是对机械设备管、用、修工作统一规定的统计办法和要求。包括原始记录、统计台账、统计报表3个方面 |
| 备品配件供应管理制度 | 对备品配件的计划、采购、验收、储存、保管、领发、记账等所规定的要求和办法 |
| 施工机械折旧和大修理基金的规定 | 是合理提取机械折旧费用和大修理费用的统一规定,是保证施工机械更新改造和大修理资金来源和合理使用资金的办法 |
| 机械设备的改装、试验制度等 | |

2.施工现场机械设备技术档案

机械设备技术档案反映了机械设备物质运动的变化规律,是使用、维修设备的重要依据。因此,在机械设备使用中必须逐台建立技术档案。机械设备技术档案的主要内容有:

(1)机械设备的原始技术文件,如出厂合格证、使用保养说明书、附属装置、易损零件、图册等。

(2)机械设备的技术试验记录。

(3)机械设备的运转记录、消耗记录。

(4)机械设备的技术改造等有关资料。

(5)机械设备的维修记录。

(6)机械设备的事故分析记录。

## 二、施工现场机械设备的选择

正确选用机械设备是机械设备管理的首要工作,选择的原则见表 6-2。

表 6-2 机械设备的选用原则

| 选用原则 | 要求及说明 |
| --- | --- |
| 符合实际需要的原则 | 选用的机械设备必须符合施工生产的实际需要。建筑产品的种类很多,不同的工程类型有各自的特点和施工方法,因此对施工机械的要求也不一样。选用机械设备时,必须根据工程的特点和不同的施工方法,确定适用的机种、型号和数量,以满足施工生产的需要。如果选用的不恰当,不是使施工生产受影响,就会造成机械设备的浪费,不有充分发挥机械效率 |
| 配套供应的原则 | 建筑施工中的许多机械必须配套作业才能发挥出好的效率。如土方施工,除了推土机外,还应根据现场情况恰当地配置挖土机、铲运机、装载机、汽车等。所以,选用机械要注意配套供应。配套供应机械,不是简单地把几种机械组合在一起,而必须根据各种机械的生产效率计算出它们之间的组合比例,按比例配套供应。否则,就会形成配套失调,造成机械剩余功能的浪费 |
| 实际可能的原则 | 选用机械设备除了按实际需要配套供应外,还应考虑企业实际拥有机械设备的现状。否则,即使选用的机械设备非常理想,也会因为没有供应能力而成为无米之炊。实际可能的原则要求选用机械设备时,按生产需要和生产能力相平衡的原理,确定出合理的机种、型号和数量 |
| 经济合理的原则 | 提高经济效益是企业经营管理工作的中心,选用机械设备也要以经济合理为基本原则。因此,选用机械设备时应设计多个在技术上能满足施工生产要求而又有供应能力的可行方案,然后以经济效益为标准加以比较,从中选择出最优的实施方案 |

## 三、施工现场机械设备的维修管理

机械的管理、使用、保养、修理四个环节之间,存在着相互影响不可分割的辩证关系。管好、养好、修好的目的是为了使用,但只强调使用,忽视管理、保养、修理,则不能达到更好的使用目的。要作到科学地使用机械,不违反机械运转的自然规律,具体内容见表 6-3。

表 6-3 机械设备的检查、保养、修理要点

| 类别 | 方式 | 要点 |
| --- | --- | --- |
| 检查 | 每日检查 | 交接班时操作人员和例保结合,及时发现设备不正确状况 |
| | 定期检查 | 按照检查计划,在操作人员参与下,定期由专职人员执行,全面准确了解设备实际磨损,决定是否修理 |
| 保养 | 日常保养 | 简称"例保"。操作人员在开机前、使用间隙、停机后按规定项目和要求进行,作业内容:清洁、润滑、紧固、调整、防腐 |
| | 强制保养 | 又称"定期保养",是每台机械设备运转到规定的时限时必须进行的保养,周期由设备的磨损规律、作业条件、维修水平决定。大型机械设备进行一至四级(三、四级专业机修工进行,操作工参加),其他一般机械为一至二级 |
| 修理 | 小修 | 对设备全面清洗、部分解体、局部修理,以维修工人为主,操作人员参加 |
| | 中修 | 大修间的有计划、有组织的平衡性修理,以整机为对象,解决动力、传动、工作部分耐用力不平衡问题 |
| | 大修 | 对机械设备全面解体修理,更换所有磨损零件,校调精度,以恢复原有生产性能 |

### 四、施工现场机械设备管理考核技术经济指标

机械设备的考核指标体系是机械设备管理的重要内容,对于考核企业机械装备水平、施工机械化程度以及企业在机械设备方面的综合管理水平、变化趋势,有着重要意义,具体指标见表6—4。

表6—4 机械设备的技术经济指标

| 技术经济指标 | | 计　算　公　式 |
|---|---|---|
| 机械装备水平 | 技术装备率 | 机械装备率(元/人)$=\dfrac{全年机械平均价值(元)}{全年平均人数(人)}$ |
| | 动力装备率 | 动力装备率(kW/人)$=\dfrac{全年机械平均动力数(kW)}{全年平均人数(人)}$ |
| 装备生产率 | | 装备生产率(%)$=\dfrac{全年完成的总工作量(元)}{机械设备的净值(元)}\times100\%$ |
| 施工机械的完好率、利用率与机械效率 | 完好率 | 日历完好率(%)$=\dfrac{报告期完好台日数}{报告期日历台日数}\times100\%$ |
| | | 制度完好率(%)$=\dfrac{报告期完好台日数}{报告期日历台日数}\times100\%$ |
| | 利用率 | 日历利用率(%)$=\dfrac{报告期实作台日数}{报告期日历台日数}\times100\%$ |
| | | 制度完好率(%)$=\dfrac{报告期实作台日数}{报告期日历台日数}\times100\%$ |
| | 机械效率 | 机械效率=日历完好率(%)$=\dfrac{报告期完好台日数}{报告期日历台日数}\times100\%$ |
| | | 制度完好率(%)$=\dfrac{报告期机械实际完成的实物工程总量}{报告期机械平均总能力}$(台班/台) |
| 主要器材、燃料等消耗率 | | 消耗率$=\dfrac{主要器材、燃料实际消耗量}{主要器材、燃料定额消耗量}\times100\%$ |
| | | 单位消耗率$=\dfrac{主要器材、燃料实消耗量}{实际完成工作量}\times100\%$ |
| 施工机械化程度 | 工种机械化程度 | 工种机械化程度(%)$=\dfrac{某工种工程利用机械完成的实物量}{某工种工程完成的全部实物量}\times100\%$ |
| | 综合机械化程度 | 综合机械化程度(%)$=\dfrac{\sum\left(\begin{smallmatrix}各种工程用机\\械完成的实物量\end{smallmatrix}\times\begin{smallmatrix}该工种工程\\人工定额工日\end{smallmatrix}\right)}{\sum\left(\begin{smallmatrix}各种工程完成\\的总实物量工程量\end{smallmatrix}\times\begin{smallmatrix}该工种工程\\人工定额工日\end{smallmatrix}\right)}\times100\%$ |

### 五、施工现场爆破器材管理

(1)使用爆破材料的单位必须建立健全验收、领发、退库、检查、看守等各项安全制度,保证爆破材料不发生被盗、丢失、滥发、误发等事故。

(2)爆破材料仓库管库员和看守员应挑选政治可靠、责任心强、身体健康,并经公安部门审查同意,取得上岗合格证书的正式员工担任。

(3)库管库员的主要职责:负责爆破材料的入库检验、保管、发放和统计工作;严格按照审批的品名、数量发放;负责建立和填写爆破材料收发台账,做到日清月结,账物相符;负责库区

内发生的紧急事件的前期处置工作,并及时报告领导;负责库区内的安全防工作,落实防盗、防火、防燥等措施;接受上级领导和公安部门检查、指导,整治不安全隐患。

(4)爆破材料仓库库区至少派3名以上的看守人员担负守库任务,并实24小时值班、巡守。

(5)爆破材料仓库必须喂养看守犬,并安装红外线防盗报警装置。公安部门要负责防盗报警器安装的监督和技术指导。

(6)施工现场每天作业剩余的爆破材料,必须于当天退回库房,不得在库房以外的地方存放。对于退回仓库的爆破材料,管库员应进行清点,作好回收登记,并单独放置。

(7)对于变质和过期失效的爆破材料,应当认真清点登记,由单位物资部门提出报废申请,连同报废清单及销毁实施方案一并上报,经单位主管审核和单位公安部门审查后,报当地公安机关批准后方可实施。销毁时,应有施工单位和公安等有关部门人员在场监督,并作好现场销毁记录。

(8)积压的爆破材料严禁单位和个人擅自转让、倒卖、私存,以物易物。如需处理,可按原供应渠道退回供应单位,按规定进行销毁;经上级主管部门同意和所在地县级以上公安机关批准,本单位公安部门同意,在具有合法使用火工品的单位间调剂转让,一般应以整箱(盒)为单位办理。

(9)单位没有爆破材料又确需用时,使用少量爆破材料的施工单位,应按上述调剂转让办法办理调用手续。

(10)民工不得领用爆破材料,劳务分包队伍需要进行爆破作业时,应由分包队伍所在单位负责领用爆破材料。

**六、施工现场物资核算**

(1)工地物资核算以单项工程或单工号为中心,以作业队为基本核算单位,由施工、财务、物资等部门分工负责,相互配合,共同完成。

(2)施工技术部可根据生产任务提交物资需用量核算表,项目经理部、作业队据此建立分工号台账,作为材料核算的基础。

(3)作业队物资人员每月编报一次材料动态表。物资消耗应分清工号,不允许"出库报销",要实行月末盘点制,按实列销;周转材料按租赁费摊销,其他材料按实耗摊入工号。材料动态表经主要领导审批后,一份交财务部门按工号列入成本,一份交经理部汇总后于月末前报出。

(4)项目经理部、作业队物资部门每月应根据材料动态表中实耗物资数量和施工技术人员提供的实际完成任务、分工号"验工收方表",材料人员于月末30日前、经理部材料人员于次月5日前,填报"主要材料消耗核算表",分析节超原因,核实物资消耗方向。

## 第三节　物资仓储管理

**一、物资保管的原则与任务**

1. 原则

(1)物资保管的根本目的是保持物资原来的使用价值和价值,避免或减少库存物资在保管中质量变化和数量损耗,因此在保管中应遵循"质量第一"、"预防为主"的原则,保证库存物资质量良好、数量正确、账物相符,把保管事故消灭在萌芽状态,以防患未然,达到用户、业主和货主满意。

(2)为使物资保管取得实效,充分提高劳动生产率和仓库、设备的利用率,确保人身、物资及仓储设施的安全,还应遵循计究科学、提高效率和确保安全的原则。

2.任务

物资保管的基本任务是根据物资的性能和特点,结合当地的自然条件,充分利用仓库设施,采用科学的管理方法,保证物资在储存过程中不因物资本身性质的变化以及自然因素和人为因素的影响而造成数量的浮多短少、品种规格的混淆、质量性能的降低和损坏,使物资完整无损、安全合理地储存在仓库之中,以便及时、齐备、质量良好地供应施工生产之用。

### 二、料账记账规则

物资一经检验完毕,就要办理入库手续。入库手续包括填写料单和料签(标识),登记料账。登账标志验收入库阶段结束,物资进入保管阶段。

料账的记账规则指仓库记账时应遵守的规则。称登记料账为登账,登账主要有进账与出账两大内容,收料称进账,发料称出账。记账规则主要包括以下内容:

(1)年初开账,账页应做到整洁、齐全,账名和类别标志明显。新账必须由财务人员与旧账核对签章后,才能使用。

(2)年初开账在新账第一页的摘要栏内注明"上年结转"字样;每一账页登记完毕应在本页最后一行摘要栏内注明"过次页",并将结转数量和金额进入下页的第一行,在第一行摘要栏内注明"承前页"的字样。

(3)年末结账后,将老账装订成册,以空白账页代替封面,并在上面注明账名、类别、年份,交档案室或财务部门存查。

(4)登账应使用蓝色、蓝黑或纯黑钢笔墨水书写,同一账本应用两种颜色的钢笔水写。除冲消数用红色钢笔水外,红色钢笔水只限于划线改错时使用。填写摘要文字和阿拉伯数码字,不宜高于账格的 2/3。

(5)书写汉字端正,摘要栏的文字组织力求精练但又不任意简化,通常收料单位和发料单位在栏目内各偏写一侧,以求区别分明。阿拉伯数码要一个一个写,不能连写。库存为零就填写零,不能以斜杠代替或不写。

(6)逐页填写账头内容,不得使用非法定计量单位。

(7)登账应逐页逐行登记,不能隔行、隔页。如有跳行、隔页,应将空行空面划红线不记。

(8)登账有错不能随意涂改,严禁刮擦挖补或用退色药水更改文字数字,应按规定的改错方法更正。

(9)月末在最后一笔账的行下划一条红线,以示结账。下月登账在红线下不空行继续登账。

### 三、物资仓储安全管理

(1)起爆材料、化学危险品应设专库保管,并有专人负责,严格按照爆破材料、化学危险品技术保管要求保管,严格爆破材料、严格化学危险品的收发保管制度。

(2)库区内必须按储存物资的性质配足相应的消防器材,由专人管理。管库人员要会使用,要定期检查,保持质量良好。

(3)仓库区域严格管理火种及火源,在明显的地方设立醒目的"严禁烟火"标志。库区内禁止吸烟,禁带火种。仓库作业必须使用电焊、气焊时,应严格隔离。

(4)仓库电气设备及线路应符合公安部颁发的《仓库防火安全管理规定》的要求,仓库电源开关、保险装置应设在库外并安装符合要求的开关箱。危险品库要设防爆灯具。

(5)仓库作业必须遵守安全操作规程,做到无火情、无设备及物资破损事故、无人身伤亡。

(6)管库人员应对仓库安全负责,每日上班要检查门窗封锁有无异状,下班要断开电源,封锁门窗。

### 四、物资仓储管理防范措施

(1)加强仓库防火安全教育,使仓库各级人员充分认识防火工作的重要性,认真贯彻预防为主、防消结合的方针,自觉遵守各项安全管理制度,严格执行各项安全操作规程,防串于未然,消除隐患,杜绝火灾的发生。

(2)建立健全以下各项安全管理制度:

1)明火管理制度。对库区内的各种生产性明火(气焊、气割、炉灶、焚烧、撞击、电气、静电等明火花或火花)必须限制在尽可能小的时间空间范围内;非生产明火(如库区内吸烟、焚烧树叶等)严令禁止。若需在库区内或仓库附近进行电焊、气焊等明火作业时,必须经单位保卫部门同意,并保证在安全条件下进行,作业完毕后应及时清除明火残迹。仓库内严禁用火炉取暖烧水。进入库区装卸搬运设备的排烟管应加防火罩。

2)消防责任制度。把库区各项消防工作具体任务详细分解落实到部门和个人,各司其职,各负其责,形成整个消防系统,做到防火工作事事有人负责。

3)消防组织制度。仓库的全体职工应有组织、有领导、有分工地组建义务消防队伍,并进行日常的培训和演练,以应付"实践"的需要。这支队伍具有消防抢险"先头部队"的作用,一旦发生火情,可与职业消防人员配合,发挥积极作用。

4)消防知识普及制度。仓库全体员工只有努力学习和掌握所管物资的属性、消防知识和消防技能,才能有效防范火灾事故。可以说,现在有不少新上岗的仓库人员,对这方面的知识比较贫乏,如仓库内乱接乱拉电线路、不会使用灭火器具等,甚至有的在库区内吸烟、随便使用火种,因此对消防知识的教育应形成制度。

(3)危险品库建筑结构和库址、库区设置除各级各地公安消防部门有严格要求外,还应做到:禁止把火种带入库区,不得使用能产生明火花的工具(如铁质扳手)开启容器;进入库房不得穿带铁钉的鞋;搬动易燃、易爆危险品的金属容器时,严禁滚摔或拖拉;沾有油漆的棉布纱头抹布等,不得放置在库内;易燃易爆物品库房的窗玻璃应涂以浅色油漆,以防日光照射;压缩或液化气体钢瓶、低沸点的易燃液体铁桶容器以及易燃易爆物资,都不得暴晒在日光下。

(4)消防装置的配置。

一般仓库应配置灭火机、消防水箱、消防铲、钩、蓄水池(箱)、砂箱及灭火给水装置。危险品仓库应采用能防止电气火花的照明、通风电器设备,设置可燃气体防爆监测装置,修筑防止火墙(防火网、带),配备自动报警器设备。

物资仓库作业流程即仓库作业的各个环节顺序的编排,如图6—2所示。

## 五、物资出库管理

1. 物资出库管理要求

(1)物资出库必须坚持"三检查、三核对"制度。"三检查"即检查发料凭证是否正确无误，检查发出物资的编号、品名、规格、数量是否相符，检查应附技术证件和有关凭证是否齐全；"三核对"即发料凭证与账卡核对，发料凭证与发放实物核对，结存实物与账卡核对。

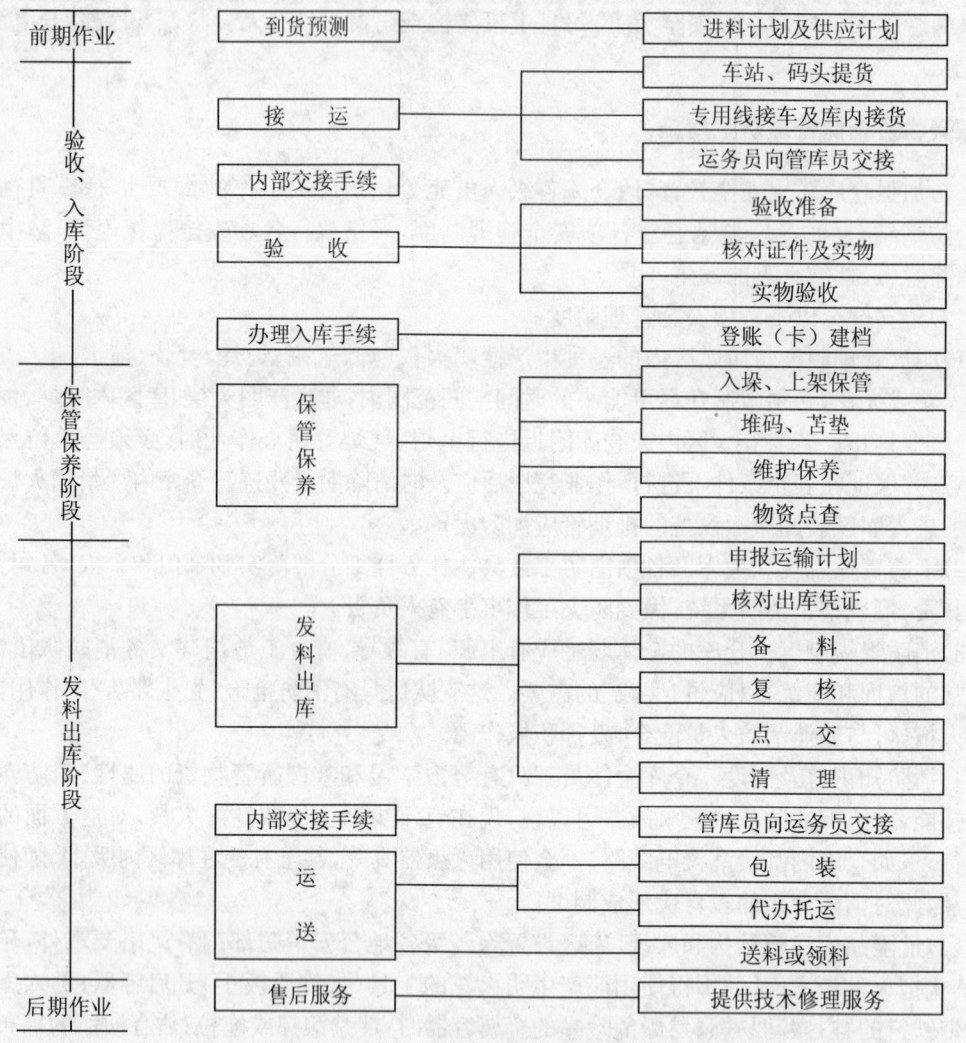

图6—2  仓库作业流程图

(2)物资出库必须凭证齐全、手续齐备、数量准确、质量完好、包装牢固、标志清楚。

(3)严格执行发料制度，发放领用小额零星物资，除难以分割、拆零之外，不得随意超发。

2. 物资出库方式

物资出库的方式即发料方式，提供方将物资交付给用料单位、用料场所的交付方式。

(1)代运方式。供方委托本单位运输部门或其他专业运输企业将物资运抵用料单位，一切托运手续由供方代办，运杂费及代办费由用料单位承担，交付地点在用料单位仓库或在到货站站台。

(2)自提方式。由用料单位派员到供方仓库提运物资，自提运输费用由用料单位自理，交付验收地点通常是在供方仓库或储存场所。

(3) 送料方式。由供方组织运输工具将物资送到用料单位，送货费用由用料方承担。

## 六、防止物资质量变损的保养措施

物资维护与保养工作的直接目的是维护保养物资的质量，保护在库物资的使用价值，以便使物资在投入生产之后发挥效用，延长使用寿命，减少其损耗，节约资金。防止物资质量变损的措施有：

(1) 控制仓库的温湿容度，使其适应保管物资的要求。其主要方法有通风、吸湿、取暖升温和提温降湿、悬挂湿布条或洒水增湿、晾晒与烘烤等。当库内湿度过大，而库外气候不具备通风条件（如连续阴雨季节）时，为了保护物资安全，使储存环境干燥，可以采用放置干燥剂或使用空气去湿机等设备，以吸收或减少空气中水分来降低湿度。

干燥剂（又称吸湿剂）种类很多，仓库常用的有生石灰、氯化钙、氯化钾、硅胶、木炭及炉灰等。

(2) 把物资尽可能严密地封闭起来，减弱外界不良空气条件对物资的影响。

(3) 对某些材料、配件和制品在其表面涂以保护层，使物资本身与自然环境隔绝，减少其不良影响，保证物资的使用价值不变。其主要方法有涂油、涂蜡、涂漆、塑料涂层、气相缓蚀剂等。

(4) 防治霉烂腐蚀和虫鼠害，保持清洁卫生，铲除虫鼠害生存和发育条件。库内易生虫物资放置化学药物或卫生丸预防生虫。老鼠也是仓库大敌。老鼠饥饿难忍时，见什么咬什么，其中包括塑料、橡胶、纤维材料等，必须将其扑杀。要求仓库内外清洁卫生、无杂物，消除老鼠隐藏活动的场所，用水泥堵塞鼠洞，积极用药物和器械捕杀。

# 第七章 工程项目安全管理

## 第一节 安全管理职责

### 一、工程项目经理部安全生产职责

(1)要依据国家有关安全生产的法律、法规、规范、标准及施工组织设计(包括专项安全施工组织设计),合理组织安全生产、文明施工。

(2)加强施工现场平面管理,建立安全生产、文明施工秩序,监督检查各级各部门安全生产责任制的执行情况。

(3)定期组织施工现场安全生产、文明施工大检查,并对检查出的问题及隐患进行研究、分析,指定专人落实整改措施,限期完成。

(4)每月召开安全生产大会,对安全达标、文明施工遵章守纪突出的班组、个人表扬及奖励,对违章作业、违章指挥人员进行批评教育及处罚。

(5)督促检查对职工安全教育计划的执行情况,负责新工人入场的二级教育,并履行签字手续及有关资料的积累。

(6)对经济承包合同(包括分包合同)中的安全管理目标和安全生产责任进行审核,工程分包时,同时办理书面的安全防护部位、防护设施的移交。

(7)配合有关部门进行工伤事故的调查处理,作好统计上报。

### 二、项目(副)经理的安全生产的职责

1. 项目经理的安全生产职责

项目经理是安全生产的第一责任人,必须直接领导本公司的安全生产管理工作,认真贯彻国家、地方及行业的有关劳动保护的方针政策、法规、制度和标准,对单位安全生产工作负全面责任。

主持召开重要的安全会议,每季度至少组织一次(会议),研究安全生产工作,作出相应的决议,组织有关部门实施。

组织审定安全生产规划和计划,根据国家规定,保证安全技术措施所需经费开支,有计划地解决重大隐患和职业危害,不断改善劳动条件。

及时研究解决安全生产方面的重大问题,要把安全工作列入重要议事日程,每次研究、规划、检查、布置、总结、评比施工安全生产工作,必须同时研究、规划、布置、检查、总结、评比安全工作。

经常检查指导副职分管范围内安全工作情况及下属各单位的安全意识和安全管理工作情况。

按国家规定设立与本单位相适应的安全组织机构,配各有能力、坚持原则、年富力强、懂安

全技术业务的安全管理(检查)人员。

批准本单位内的安全生产规章制度和标准。

按权限审定安全生产的表扬、奖励与处分。

按权限主持伤亡事故的调查、分析和处理。

主持领导本单位的安全生产委员会,并积极开展工作。定期向职工代表会议报告安全生产情况。

2. 项目副经理的安全生产职责

施工副经理是安全生产的直接责任人,协助经理抓好全面的安全生产工作,对本单位的安全生产、消防、文明施工、交通安全工作负具体领导责任。

直接负责组织领导安全生产检查工作,指导协助各施工单位开展安全生产活动,并督促各施工单位安全措施的落实和施工现场隐患的整改。

及时研究解决施工中的不安全问题和重大事故隐患并制定整改措施。

按权限组织调查、分析、处理伤亡事故、机械事故、火灾事故和重大险兆事故,并制定改进措施,组织落实。

经常检查、指导安全专职部门的工作。

负责审批本单位职工的安全教育培训、劳动卫生等工作计划,并组织实施。

## 第二节 安全管理注意事项

### 一、工程施工安全管理

1. 工程安全管理原则

(1)管生产必须管安全原则

管生产必须管安全是指企业各级领导和广大职工在生产过程中必须坚持的一项原则。国家和企业的职责,就是要保护劳动者的安全与健康,保证财产和人民生命的安全,这是其一,其二,企业的最优化目标是高产、低耗、优质、安全的统一,这是体现安全与生产的统一。

(2)推行安全生产目标管理体现"安全生产人人有责"的原则,使安全生产工作实现全员管理,而且有利于提高企业职工的安全素质。

企业应自觉贯彻"安全第一,预防为主"的方针,必须遵守安全生产的法律、法规和标准,根据国家有关规定,制定本企业安全生产规章制度。

(3)动态管理原则

安全管理过程是一个动态的管理过程,随着随着的进展,安全管理的内容和重点也在发生着变化,所以在铁路工程安全管理方面要坚持动态管理的原则。

(4)坚持"五同时"、"三不放过"原则

"五同时"的指企业生产组织及领导者在计划、布置、检查、总结、评比生产的时候,同时计划、布置、检查、总结、评比安全工作。"五同时"要求企业把安全生产工作落实到每一个生产组织管理环节中去。"五同时"使得企业在管理生产的同时必须认真贯彻执行国家安全生产方针、法律、法规,建立健全各种安全生产规章制度,如安全生产责任制、安全生产管理的有关制度,安全卫生技术规范、标准、技术措施,各工种安全操作规程等,配置安全管理机构和人员。

"三不放过"是指在调查处理工伤事故时,必须坚持"事故原因分析不清不放过、事故责任者和群众没有受到教育不放过、没有采取切实可行的防范措施不放过"的原则。

1)"三不放过"是要求调查处理事故时,首先要把事故原因分析清楚,找出真正的事故原因,并搞清各因素之间的因果关系,才算达到事故原因分析的目的。

2)"三不放过"是要求调查处理事故时,不仅要查明事故原因,处理有关人员,还必须使事故责任者和职工群众了解事故的原因及造成的危害,从事故中吸取教训,以更好重视安全生产。

3)"三不放过"是要求必须针对事故发生的原因,提出防止相同或类似事故发生的切实可行的预防措施,并督促企业认真实施。只有这样,才达到事故调查处理的目的。

(5)奖励与惩罚相结合的原则

在铁路工程安全管理中,既要采用奖励的管理手段,同时也要采用惩罚的管理手段,奖优罚劣,做到奖罚分明,促进安全意识。

2.路基工程安全管理注意事项

(1)在路堑内施工时,开工前、收工前、放炮后都要有专人检查边坡有无裂缝和塌方的迹象,危土、危石是否处理干净。如发现边坡有裂缝或滑层,必须采取防坍塌措施以后,人员才能进入施工现场。凡不能处理且对施工安全有威胁的,应暂停施工,并报上级处理。

(2)开挖与撬石作业应在同一高度自上而下进行,禁止上下重叠作业,撬石地段禁止装车、运输、清理等作业同时进行。在高于3m的坡面上作业必须拴安全绳。在路堑作业必须戴安全帽。严禁在同一安全桩上拴几根安全绳和在一根安全绳上拴几个人。严禁在危岩险坡下休息和存放料具。

(3)用其他车辆牵引陷车的车辆时,应有专人负责指挥,两车间严禁站人。停车时车辆应停在指定地点,如必须在坡道上停车时,必须在车轮下加楔,防止滑溜。必须不熄火处理时,更应加强摘挡、刹车、止轮措施。

(4)爆破前必须划定警戒区。其警戒距离:一般小炮不得近于200m;葫芦炮不得近于300m;裸露药包爆破不得近于400m;大爆破要经过计算确定。

(5)雷管必须经过检查试爆。电雷管必须检查电阻。同一电爆网上应用同厂、同批、同牌号电雷管,电阻差不得超过0.3。在闪电、打雷时不许进行电爆作业。严禁使用未经鉴定的仪表在危险区内检查电爆网的电阻和导电性。

(6)爆破物品使用前应根据规定要求进行质量检验。每炮使用的引线长度应根据燃速决定。燃速应分批分卷进行试验。引线与雷管的连接,应在专门加工房或指定地点进行。连接时必须用雷管钳,严禁用牙咬。

(7)土石方爆破材料库房,要与市镇、铁路、公路、码头、居民点保持足够的安全距离。炸药、雷管要分库存放,库房设专人看守。

(8)火花起爆20min后方准进入爆破区检查,必须指定专人计时。发生瞎炮,严禁掏挖或在原眼内重装炸药,应在距离炮眼40cm以外平行打眼放炮,严禁利用残眼重新打眼。

(9)使用机械填筑路堤时,为保证机械运行安全,场地必须及时平整,并在填土边缘设置安全标杆。

(10)机动翻斗车仅限于施工现场砂石、混凝土和土方等散装物料短途倒运,不能当作长途运输车辆使用。凡持安全技术操作证而无驾驶证者,严禁上公路行驶。机动翻斗车在施工便道上的行驶速度不应大于10km/h,出入库房和单位大门时的行驶速度不应大于5km/h。

3. 桥涵工程安全管理注意事项

(1)明挖基础基坑开挖时,应根据规定的基坑边坡开挖,严禁采用局部开挖深坑后从底层向四周掏土的办法施工。用吊斗出土时,应设有信号,由专人指挥。土斗应拴溜绳,吊机扒杆和土斗下面严禁站人。吊机在坑边作业时,必须验算边坡稳定。

(2)机具、材料、弃土等应堆放在基坑边坡四周安全距离以外。基坑顶缘外有动载时,动载与顶缘的距离至少要留有1m宽的护道;如地质及水文条件不好,还应加宽护道或采取加固措施。

(3)基坑开挖采用挡板支撑护壁时,应根据土质情况逐段支撑,并经过检查确认合格后方可继续开挖。开挖过程中应经常检查,发现支护变形等异常情况应立即撤离人员,待加固并确认安全后再继续开挖。

(4)围堰明挖基础的围堰顶面标高,应高出施工时间可能出现的最高水位0.7m,一般压缩流水断面不应超过30%,内侧坡脚距基坑顶缘不得小于1m。

(5)打桩施工,打桩机及起重工具均应经常检查维修。检查维修桩锤时,必须将桩锤放落在地面上,用销子或卡子固定于桩架上,严禁桩锤在悬挂状态下进行。打桩机进行打桩时,严禁进行任何检查维修工作。6级和6级以上风力天气时应停止打桩,加固桩架,走行轮应制动。雷雨时,严禁工作人员站在桩架上或其附近。

(6)沉井下沉,沉井顶面的四周应设置栏杆,多孔沉井上暂停工作的井孔应加盖。沉井下沉时,应均匀出土并限制超挖超吸,以及加强井底的潜水检查,防止产生沉井突然下沉和大量翻砂,导致沉井歪斜,造成机械及人员损伤。

(7)钻孔桩施工,工作平台及钻机平台上应满铺脚手板及设置栏杆、走道,并应随时清除杂物。没有施工的孔口,均应加防护盖。钻机的卷扬机钢丝绳在卷筒上应排列整齐,卷绕钢丝绳时,严禁工作人员在其上跨越。卷扬机卷筒上的钢丝绳不得放完,应至少保留三圈,严禁人拉钢丝绳卷绕。

(8)桥墩台施工,在墩台身钢筋模板安装前,应搭设脚手架平台、栏杆及上下扶梯。在脚手架平台上运送混凝土时,其走道应满铺脚手板并安装栏杆。使用吊斗灌注混凝土时,应先通知基坑作业人员避让,并不得倚靠栏杆推动吊斗,严禁吊斗碰撞模板和脚手架。

(9)使用混凝土振捣器时,必须检查下列内容:振捣器的外壳、接地装置及胶皮线情况;电线的端部与振捣器的连接情况;振捣器的搬移地点以及在间断工作时电源开关关闭等情况。振捣人员必须穿绝缘胶靴、戴绝缘手套。

(10)先张法预应力梁,其制梁台座两端应有防护设施,张拉时沿台座长度每隔4~5m放一防护架,两端严禁站人,也不准进入台座,操作人员应站在侧面。后张法预应力梁,其钢筋张拉现场应有明显标志,与该工作无关的人员严禁入内。张拉或退楔时,千斤顶后面不得站人。油泵运转发生异常,应停机检查。

(11)高处作业时,安全带应拴在操作人员垂直上方牢固处,变换工作地点应先将安全绳移至适当地方,拴牢后再行作业。6级(包括6级)以上风力,应停止高处作业。

(12)交通船应为机动船,并备有救生、消防、靠绑设备。驾驶人员应经航政部门考试发证后,方准操作。

4. 隧道工程安全管理注意事项

(1)施工放炮必须由取得"安全技术合格证"的爆破工担任。洞内爆破作业必须专人负责指挥。爆破时必须有专人数炮、计时,爆破后必须经过通风排烟(时间不得少于15min),检查人员方公进入工作面检查。检查人员应由责任心强、有工作经验的同志担任。检查项目为：有无瞎炮及可疑现象；有无残余炸药及雷管；顶板及两帮有无松动石块；支护有无松动变形。如发现瞎炮时，必须派有经验的爆破人员按规定进行处理。当检查人员经过检查确认危险因素已经排除后，才可撤除警戒，允许工作人员进入工作面作业。

（2）爆破器材的加工，应在远离洞口 50m 以外的加工房进行。若洞口距工作面超过 1000m 时，可在适当地段设立洞内加工房。洞内加工房设计应符合《爆破安全规程》的要求。

（3）人力推车的最大速度，洞内施工地段不得超过 5km/h，洞外及成洞地段不得超过 6km/h，车辆前后距离不得小于 20m。机动车牵引时，运行速度不得超过 5km/h，其他地段在采取有效的安全措施后，最大速度不得超过 15km/h。

（4）模板台车、喷锚脚手架等应搭有不低于 1m 的栏杆，跳板设防滑条，脚手架与工作面的底板应铺设严密，木板的端头必须搭在支点上，不得出现探头板。

（5）隧道内运输线路应按车型尺寸检查洞内限界净空、安全间隙是否符合要求，以免挤压作业人员。洞内模板台车、钻孔台车、喷锚脚手架、挖掘机和其他机动车辆应在调车人员的指挥下移动、通行。

（6）斜井和竖井运输，上下井口要派信号防护员，用电铃和色灯联系信号，要规定升降速度和拖吊质量。卷扬机、钢丝绳、滑轮吊篮等设备要有专人负责检查，发现异常情况要及时检修，保证安全使用。斜井口必须设置挡车器。经常检查钢丝绳和挂勾。

（7）采用矿山法修建隧道时，导坑进洞处应搭设牢固棚架，并应优先考虑洞门施工。洞身施工须有详细支撑设计图，拆、换支撑要安全得当，背材必须填塞紧密，并随时检查支撑异常状况，及时采取加固措施。

（8）如发现塌方时，应有专人指挥并积极组织抢救和处理。首先是清点人数，其次是制定处理塌方方案和安全措施，并向作业人员进行交底，据以贯彻实施。塌方地段应设标志，检查人员如发现有险情，立即通知所有人员撤离危险区。

（9）瓦斯隧道施工，必须采取防爆措施。要对施工人员进行防爆安全教育和训练，洞内做到通风良好，严禁带入火种和使用火雷管。要建立测量瓦斯浓度制度，坚持用专用瓦斯检测仪测瓦斯浓度，作好记录。当瓦斯浓度超过 1％时，要停止放炮；超过 1.5％时要停止施工，待浓度降到标准以下才能恢复施工。

（10）电力线路要绝缘良好，动力线和照明线要分开架设，安设适当开关。通风装置和通风系统要经常维修。设有斜井、竖井的隧道必须要有两路电源供电，当一路电源断电后，另一路电源应保证全部负荷的供电。

（11）洞内工作面多，人员、机械往来频繁，要保证一定的灯光亮度，保证工作人员视线良好。

（12）采用新奥法修建隧道时，必须进行开挖前的洞口预加固，并严格遵照"短进尺、弱爆破（或人工开挖）、快喷锚、强支护、紧衬砌"的原则组织施工。如采用小管棚注浆法施工时，必须遵照"管超前、严压浆、短开挖、强支护、早封闭、勤量测"的原则组织施工。

（13）按新奥法施工时，洞口应建立量测组。量测中应把喷锚支护的喷层上的异常裂缝作为主要安全检查内容，经常进行调查和观察，并作为施工危险信号引起警惕。当围岩变形无明显减缓或喷层产生较大剪力破坏及地下水变化异常时，应停止施工，待制定出加固措施并实施后再施工。

### 5. 轨道工程安全管理注意事项

(1)轨道施工前,应对施工沿线按铁路建筑限界进行检查,确认符合安全要求后方可施工。施工现场必须明确施工负责人。

(2)轨道施工中和工间休息时,应将料具妥善放置在行车线(包括新建、增建第二线的临时行车地段)限界以外。施工人员严禁在轨道上、明桥上、易坍塌处等地方坐卧休息;上下班时,严禁在行车线上行走;在任何情况下严禁扒乘列车或钻越车底。

(3)用滑行方法装卸钢轨时,装卸长12.5m钢轨时用滑行轨不少于2根,装卸长25m钢轨时用滑行轨不少于4根。每卸完一根钢轨后及时搬开,以免碰撞弹跳伤人。

(4)装卸道砟时,施工人员不得站、坐于车帮上和两头端板上,严禁站、坐在两车间。所卸道砟堆码稳固,其堆放尺寸如图7—1所示。

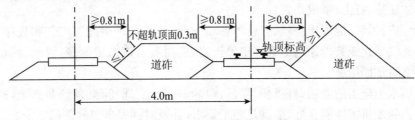

图7—1 道砟等散粒料堆码

(5)小平车使用必须指定专人负责,并配有足够的随车人员。小平车应具备制动装置及两个以上的止轮器,走行时限速5km/h,负责人要随带音响信号、信号旗等。

(6)机械装卸轨料,起吊作业地点上空遇有高压线时,吊机扒杆顶端与高压线安全距离为:高压线为10kV时不得小于2m,35kV时不得小于4m。起吊操作范围内不得有人,任何吊重物上严禁载人,吊装时确定专人统一指挥。

(7)机械铺轨时,轨节场电源线和龙门吊机接触电源线应距轨顶面不小于7.5m。各种电源不应跨越股道。若需跨越,必须作特殊处理,确保安全。变压器与配电室应设置在场地的同侧,经施工负责人与安检人员检查合格并签认后方准使用。

(8)运行工程列车的线路应在铺轨后立即进行重点整道。重点整道后,行车速度不得大于20km/h,以后随线路质量的提高,根据调度命令逐步提高行车速度,但最高不能大于40km/h。工程列车运输方案,应由施工负责人在实施前向司机、车长和施工人员进行技术安全交底。

(9)线路上砟整道地段与相邻地段衔接处,应有不小于200倍高差的顺坡长度。在自动闭塞区段使用的撬棍,必须装有绝缘套。严禁将能导电的工具或物品同时接触轨道两侧的钢轨或绝缘接头前后的两根钢轨,以免造成信号显示错误。

### 二、水上作业安全管理

(1)在船舶通航的大江、大河、大海区域进行水上施工作业前,必须按《中华人民共和国水上水下施工作业通航安全管理规定》的程序,在规定的期限内向施工所在地海事部门提出施工作业通航安全审核申请,批准并取得水上水下施工许可证后,方可施工。

(2)水上作业施工前,应了解江、河、海域铺设的各种电缆、光缆、管道的走向,按规定采取有效措施予以保护,防止电缆、光缆及水下管道遭到损坏。

(3)项目要制定水上作业各分项工程安全实施方案和细则,对参加水上施工作业人员必须进行水上作业的安全知识教育和专项技术培训,并做好安全交底工作。

(4)水上施工必须在作业人员必经的栈桥、浮箱、交通船、水上工作平台、临时码头上配备安全防护装置和救生设施。

(5)进行水上夜间施工时,要有充足的灯光照明,尽量避免单人操作,特别是电焊作业时,最少安排两人相互监护。

(6)要与地方气象部门、海事部门建立工作联系,及时了解和掌握施工水域的气候、涌潮、浪况、潮汐、台风等气象信息,正确指导安全施工。

(7)作业人员进入水上作业时,必须穿好救生衣,戴好安全帽,乘坐交通船上下班时,必须等船停稳后,方可从指定的通道上下船。严禁从船上往下跳跃,防止拥挤、推拉、碰撞、摔伤或滑落水中。

(8)在浮箱上作业时,要注意来往船只航行时引起的涌浪造成浮箱颠簸,致作业人员摔伤或被移位物体碰撞、打击,造成伤害。

(9)水上进行吊装、混凝土浇筑、振桩等各项作业时,必须严格施工工艺和程序,要有专人指挥。由于天气变化或其他原因造成停工停产时,应对有可能造成倾倒、滑动、移位的设施和构造物采取临时加固措施。

(10)参加水上施工的船舶(打桩船、浮吊、驳船、拖轮、交通船)必须证照齐全,按规定配备足够的船员。船舶机械性能良好,能满足施工要求,并及时到海事监督部门签证。

(11)乘坐交通船必须有序上下,乘员必须穿救生衣入仓。航行途中乘船人员不得随意走动或倚靠船舷,严禁打闹、嬉戏及随意动用交通船上的救生用具和消防器材,交通船严禁超员超载。

(12)施工船舶在水上作业,需临时停泊或避台风所选择的避风港,其水深和河床地质等,必须符合船舶锚固的安全要求。

(13)使用轮胎或履带吊车在船上进行打桩、起重作业时,必须先进行稳定计算,满足稳定性要求,船体按施工要求加固,并在吊车轮胎(或履带)下加铺垫板,支撑牢固。

(14)拌和船必须严格按照安全操作规程进行操作,加强值班制度,作业时,随时检查拌和船的整体和锚具受力情况是否变化,防止走锚。

(15)对拌和船的机械、设备,必须经常性地进行检查和保养,使其保持最佳状态,拌和船体整体符合安全生产的要求。

(16)水上打桩船的荷载,横向稳定、抗风能力等必须满足要求。起吊桩体时要缓慢,并以溜绳控制其摇摆,桩体离开甲板后,防止滑动和倾斜。

(17)沉桩作业必须专人指挥,上下配合协调,作业时不得攀登桩锤、桩帽等,不得用手脚触摸运行中的滑轮。

(18)在水上搭建施工平台所使用的钢管桩必须符合施工组织设计要求,并经质检合格后方可使用。

(19)施工平台上必须按设计要求合理划分办公区、施工区和材料堆放区,并设置专门卫生间、吸烟室。平台上必须设置救生、消防设施。

(20)施工平台上的所有设施、设备和机械必须采取有效的固定措施,防止倾斜和倒塌。

(21)水上施工平台应于上下游各设置一套可靠、方便的平台爬梯,脚踏板应用麻袋包扎,以防作业人员踩脱滑倒,施工平台上应配备应急软梯。

(22)航道水域上下游各布置一个警示标牌,警示过往船舶不得随意进入施工航道。临时施工栈桥设置警示防雾灯,通航口位置设置导航灯,防止过往船舶撞击。

(23)遇有6级以上大风、大浪等恶劣天气时,应停止水上作业。

### 三、高处作业安全管理

(1)高处作业分级:1级:2~5m;　　　2级:5~15m;
　　　　　　　　　3级:15~30m;　　　特级:30m以上。

(2)高处作业人员必须进行高处作业的安全知识培训。在高处施工采取新技术、新工艺、新材料、新设备时,要提前对相关人员进行安全技术培训与交底。

(3)高处作业人员须经体检合格后方可上岗,并要定期进行体检。凡患有高血压、心脏病、精神病、恐高症、癫痫病、严重贫血病、严重关节炎等疾病及其他不适合高处作业的人员,不得从事高处作业施工。

(4)从事高处作业的人员必须戴安全帽、系安全带、穿防滑鞋,不得穿拖鞋、硬底鞋进行高处作业。凡在2m以上的高处作业即是高空作业,必须系挂好符合标准和作业要求的安全带。

(5)在高处作业时,作业人员必须配备工具袋,防止各种工具、零件等物料坠落伤人。

(6)严禁高处作业人员向下乱抛杂物,严禁酒后和过度疲劳的人员进行登高作业。

(7)高处作业的脚踏板应用坚实的钢拉板或木板铺满,不得留有空隙或探头板,脚踏板上的油污、泥沙等应及时清除,防止滑倒。

(8)在有坠落可能的部位作业时,必须把安全带挂在牢固的结构上,安全带应高挂低用,不可随意缠在腰上,安全带长度不应超过3m。

(9)高处作业应按规定挂设安全网(立网和平网),安全网内不许有杂物堆积,破损的安全网应该及时予以更换。

(10)高处作业操作平台的临边应设置防护栏杆,防护栏杆的高度不应低于1.2m,水平横挡的间距不大于0.35m,强度满足安全要求。

(11)在高处进行预应力张拉作业前,必须搭置可靠的张拉工作平台,若在雨天作业,还应架设防雨棚。张拉钢筋的两端要设置安全挡板,并在张拉作业平台上设置明显的安全标志和操作规程,禁止非操作人员在张拉作业时进入张拉施工区。

(12)高处作业所用的物料、机具,均应合理分散、堆放平稳,不可放置在临边或升降机口附近,也不许妨碍作业人员通行和装卸。高处作业拆除下的模板及剩余物料应及时清理运走,不得随意乱置,严禁向下丢弃物料,传递物件时,不得抛掷。

(13)高处作业场所必须设置完备可靠的安全防护设施和安全警示标识牌,任何人不得擅自移位、拆除和损毁,确因施工需要暂时移位和拆除的,要报经项目负责人审批后方可拆移。工作完成后要即行复员,发现破损,应及时更新。

(14)高处作业临时配电线路按规范架(敷)设整齐。架空线必须采用绝缘导线,不得采用塑胶软线。高空作业现场按要求使用标准化配电箱,箱内应安装漏电保护器,下班切断电源,锁好电闸箱并有可靠的防雨设施。

(15)桥梁主塔(墩)塔身高于30m时,应在其顶端装设防撞信号灯,主塔还应采取防雷措施,设置可靠的防雷电装置。遇雷雨时,作业人员应立即撤离危险区域,任何人员不得接触防雷装置。

(16)作业人员在上下交叉作业时,不得在同一垂直面上。下层作业人员应处于上层作业人员和物体可能坠落的范围之外。当不能满足要求时,上下之间应设置隔离防护层。

(17)在高处进行电焊作业时,作业点下方及火星所及范围内,必须彻底清除易燃、易爆物品,作业现场要备置消防器材。严禁电焊人员将焊条头随手乱扔。

(18)高处进行模板安装和拆除作业时,要按设计所确定的顺序进行,作业面及操作平台下方不得有人员逗留、走动和歇息。

(19)悬空高处作业时一般很少有系挂安全带的牢固挂点,要在施工前必须设置安全带的系挂点设安全栏杆等防护设施。

(20)进行高处拆除作业时,必须对拆除作业人员进行专业安全培训。作业前,要进行层层安全技术交底,并作好交底签认记录。

(21)拆除工程应自上而下进行,先拆除非承重部分,后拆除承重部分,严禁立体交叉或多层上下进行拆除,严禁疲劳作业,并派专人负责现场的安全监护。

(22)在拆除龙门架、托架、钢支架等重物时,应有机械吊机配合进行,并有专人指挥,指挥人员信号明确。吊物要稳吊轻放,不得采取"整体推倒法"。

(23)遇有6级(含6级)以上大风、浓雾、雷雨、冰雪等恶劣天气时,不得进行露天高处作业。雷雨、台风、大雪过后,应及时对高处作业安全设施逐一进行检查、清扫,发现有变形、松动、脱落、损坏现象时,应立即进行修理、加固,隐患消除后,方可继续作业。

(24)高处作业上下应设置联系信号或通信装置,并指定专人负责。

### 四、工程机械使用安全管理

1. 起重施工作业安全管理的内容

(1)起重作业人员必须持证上岗,严禁无证操作。

(2)起重设备现场组装应有安装工艺,安装完毕应由机械和安监部门共同检查验收,方准投入使用。设备应经常检查,每月不得少于一次。定期检查每年不得少于一次,并有记录。

(3)定点桅杆应设5根缆风绳。缆风绳必须使用钢丝绳,基础应稳固,地锚的承载能力应经计算。缆风绳必须固定牢固可靠,不得固定在电杆和树杆上。

(4)钢丝绳应按规定选用并保持完好。绳端固定连接用绳卡连接时,压板应在钢丝绳长头一边,绳卡间距不应小于钢丝绳直径的6倍,绳卡数量根据绳径确定,但不得少于3个。绳端用编结连接时,编结长度不应小于钢丝绳直径的15倍,并且不得小于300mm。钢丝绳的安全系数不得小于规定要求。

(5)起重作业前必须检查制动器、吊钩、钢丝绳和安全防护装置是否完好,严禁机械带病作业。

(6)起重作业中必须严格执行"九不吊"、"七禁止"的制度。

1)起重作业九不吊:

①未试吊不吊;

②超重、超跨度不吊;

③非指挥人员指挥不吊;

④信号不明不吊;

⑤吊钩不对重物中心不吊(死吊杆允许偏差1.3m,但升钢丝绳要缓慢,尽量使重物与地面接触,慢慢滑至吊杆下,以防重物摆动过大);

⑥长6m以上和阔大物件无牵引绳不吊;

⑦套索不稳、不牢不吊;

⑧重物相压、相钩、相夹不吊;

⑨吊钩直接挂在物件上不吊。

2)起重作业七禁止：

①禁止人员站在吊物运行线内或从吊起的货物底下钻过；

②禁止站在死角和敞车车帮上；

③禁止站在起吊物件上；

④禁止用手校正吊高 0.5m 以上的物件；

⑤禁止用手脚伸入已吊起的货物下方直接取放垫衬物；

⑥禁止重物下降时快速重放；

⑦禁止用起重机拉动机动车辆和撞击重物。

(7)严禁用各种起重机械进行斜吊、拉吊和吊地下埋设的物件。

(8)起重设备必须在电线两侧作业时，起重臂、钢丝绳或重物等与电线路的安全距离应符合表 7-1 的规定

表 7-1 起重安全距离

| 输电线路电压(kV) | 1~10 | 35~110 | 154~220 | 330~ | |
|---|---|---|---|---|---|
| 垂直安全距离(m) | 1.5 | 2 | 2.5 | 3.5 | |
| 输电线路电压(kV) | <1 | 1~20 | 35~110 | 154 | 220 |
| 水平安全距离(m) | 1.5 | 2 | 4 | 5 | 6 |

2.大型养路机械作业安全注意事项

(1)各机械车驾驶人员，必须经过严格技术培训，由经考试合格并持有驾驶证的司机担任。学习司机应在司机指导监督下练习操作，严禁单独作业。

(2)各种养路机械车，必须实行定人、定机操作及定期检修、定期车轴探伤，坚持经常保养，出车前各机组司机应对车辆的走行、制动、油路、电路等部位及车内备品、信号用具进行全面检查，确认完好及齐全后方准出车。

(3)在作业前，施工领导人对施工地段的线路设备状态应作好全面调查，摸清曲线、道口、桥梁、隧道、线路坡度及信号设备等位置及状况，制定出相应的安全措施及注意事项，下达各机组执行。

(4)机械车辆编组挂运或进行施工作业，应有一名队长(或副队长)统一领导，全面指挥，确保各机组相互协调同步，并应注意：

1)各机械车辆连挂运行时，由第一位车担当本务机，正副司机应认真执行有关行车规定，做到"彻底瞭望，确认信号，呼唤应答，手比眼看"，坚持谨慎驾驶不超速运行。遇有风、雨、雾、沙恶劣天气时，应采取低速运行。

2)机械车辆与其他车列长途挂运时，其编挂位置应在守车前位，无守车时应为列车尾部。

3)在站内调车时禁止通过驼峰，并严禁利用机械车作为动力进行其他货物车辆的调车作业。

4)机械车列进行大、中、维修作业时，均应严格执行各机组间的程序排列，并需保持适当的安全间距，最少不得小于 10m。在开始作业放下工作架时，应选择线路平稳点。如系双线地段，清筛车机组、配砟整形车机组下架前应和防护员取得联系，确认邻线无来车时方准下架。在作业中如两线间距不足 5m，靠邻线的一侧，来车时禁止用犁作业，两线间禁止站立人员。

(5)各种养路机械进行施工作业时，均应采取施工防护。

(6)机械车辆驶出、入施工封锁地段，必须严格执行列车调度员命令，确认命令号及封锁起止时间。机械车列进入封锁区间，如需解体运行时，其续行间隔不得小于 500m。到达作业地

段,各机械车辆分离停车后,应采取制动防溜措施。

(7)各种机械车在施工作业中,应注意下列事项:

1)清筛机械车组在作业中应随时注意防爬观测桩、曲线桩、信号机及其附属设备等障碍物,防止刮碰,发生危险。

2)捣固机械车组在坏工桥面作业时,应事先拆除护轨,测定轨枕底下石砟厚度,如厚度不足 150mm 时,不得进行捣固。在进入曲线时,输入的曲线要素必须正确,慎防失误。

3)配砟整形机械车在电气化区段作业时,接近接触网支柱时,应停车收回侧犁,通过后再行作业。在道心内有障碍物时,应及时提起中心犁。

4)稳定机械车组在作业中,应随时注意桥梁建筑物,禁止在桥上进行稳定作业。

5)上述各机械车组,在作业中遇到道口、道岔及桥梁时,应及时收起有碍部分的作业装置,安全通过后再作业。如在电气化及无缝线路上作业,尚应遵守相关安全技术规定。

(8)大型养路机械车均应配备复轨器、无线通信设施及符合有关行车规定的备品、防护信号用品,并经常保持完好,缺少或损坏时,应及时补充。

(9)各种养路机械车必须备有灭火器具。驾驶及检修人员,在车上和车下检修作业中禁止吸烟。对油箱和油路部位应经常进行检查,防止漏油。

(10)凡有大型养路机械配备的路局,应设专人管理,明确各级职责范围,根据不同机型、性能和特点,制定管理、使用办法及安全技术操作细则,确保安全使用。

3. 小型养路机械作业安全注意事项

(1)在线路上进行小型养路机械作业时,施工领导人应是线路工长或班长。各种小型养路机械的操作人员,必须经过技术业务培训,并经考试合格由段(队)长批准的铁路职工担任。

(2)小型养路机械在上道作业前,施工领导人应确认设好防护,未设防护的严禁上道。驻站防护员应加强与车站值班员的联系,与工地防护员至少每 3～5min 通话一次,如通信联系中断,工地防护员应立即通知施工领导人停止作业、机具下道,尽快恢复线路。在恢复工作未完或机具未全部下道前,不得撤除防护。

(3)使用小型养路机械(捣固机、扒砟机等)作业时,其下道架应有专人负责,并随主机移动,保持距离不得大于 15m。

在双线地段作业,若邻线来车时,应停止作业,如瞭望条件不良,人员、机具均应下道避车。

(4)下列小型养路机械须设有应急升降的安全防撞装置。

1)一操四捣机、液压捣固机均应配置可手动的安全升降辅助装置。

2)液压轨缝调整器应配有可使机体随时解体的安全防撞装置。

3)起道作业应采用矮型防撞液压或齿条起道机,对普通齿条式起道机必须改造成有速降装置,未经改造的禁止使用。

(5)小型养路机械、起道机及防护用的电话,无线电报话机、自动报警器等设备,应专管专用,加强日常检修和定期检验,使用前须确认性能良好方准上道作业。如在作业中发生机械故障,应停机下道检修。

(6)转移工地在钢轨上推行捣固机和其他机具时,应有足够的人员跟随,并按区间使用小车的办法进行防护。机具下道后,要放置稳固,不得侵入限界,并有防溜措施,收工前应加锁。

4. 轻型车辆及小车作业安全注意事项

(1)轻型车辆,系指乘人员能将其随时撤出线路的轻型轨道车(包括发电走行车,以下同)及其他非机动轻型车辆以及各种小车(轨道检查小车、单轨小车及单轨吊轨小车),一般只准在施工作业时和昼间使用,不按列车办理,可利用列车间隔或跟随列车后面运行,但至少与列车尾部保持500m的距离。在长大坡道区间,禁止尾随运行及续发轻型车辆。在任何情况下,不得影响列车的正常运行。轻型轨道车跨区间运行时应按列车办理。

(2)使用轻型车辆时,须取得车站值班员对使用时间的承认,并填发轻型车辆使用承认书,如系在区间用电话联系时,双方应分别填写并须保证在承认使用时间内将其撤出线路。

使用各种小车时,负责人应了解列车运行情况,按规定设防护,并保证能在列车到达前撤出线路。

使用探伤仪检查钢轨时,应有专人随同在附近防护。

(3)轻型车辆及各种小车,需在夜间或降雾、暴风、雨、雪、沙等恶劣天气使用时,只限于消除线路故障或执行特殊任务,但必须有照明及停车信号,在运行中还应降低速度并按列车运行办理。轻型轨道车过岔速度不得超过15km/h,区间运行速度按轨道车管理规则执行,连挂拖车时不得推进运行,并禁止与重型轨道车连挂运行。搭乘人员时,轻型轨道车限乘6人(包括司机、助手),拖车限乘10人/辆,并应安装栏杆或扶手。

轻型车辆及小车在长大隧道、桥梁及线路平面、纵断面复杂的区间使用办法,由铁路局规定。

轻型车辆及小车应放置在固定的安全地点并加锁,使用前应进行检查,确认状态良好时,方准使用。

(4)使用轻型车辆或小车时,必须具备下列条件:

1)须有经使用单位指定的使用负责人。

2)须有足够的人员能随时将轻型车辆或小车撤出线路以外。

3)应备有防护信号、列车运行时刻表、钟表,轻型车辆还应有携带电话机或区间电话柱钥匙。

4)轻型车辆应有制动装置(其他非机动轻型车辆根据需要安装),并持有技术状态合格证。牵引拖车时,连挂处应使用自锁插销,拖车必须有专人制动。

5)在有轨道电路的线路或道岔上运行时,车轴应绝缘。

(5)在区间使用轻型车辆或小车时,应按下列规定防护:

1)在线路上人力推运各种轻型车辆(包括在轨道上走行的养路、养桥机械等),应派防护人员在车辆前后各800m处显示停车信号,随车移动,如瞭望条件不良,应增设中间防护人员。

2)使用小车,应有专人随车显示停车手信号,并注意瞭望。使用装载较重的单轨小车及在瞭望条件不良区段内使用各种小车时,应按1)进行防护。

在双线地段,单轨小车应面对来车方向在外股钢轨上行驶,并注意瞭望。如扒运土石方及笨重料物时,除有足够跟随人员外,尚应在来车方向设专人防护,并按规定设置移动停车信号。

各种小车不得交给临时工单独防护,用后应集中存放在规定的处所,并加锁保管。

3)轻型车辆遇特殊情况不能在承认时间内撤出线路时,或小车不能随时撤出线路时,应在车辆前后各800m处放置响墩,并以停车手信号防护。

4)运行中须显示停车手信号,并注意瞭望。在双线地段遇有邻线来车时,应将停车手信号收回以防误认,待列车过去后再行显示。

(6)在车站内使用装载较重的单轨小车及人力推运的轻型车辆时,须与车站值班员办理承认手续,并在其前后50m处显示停车手信号,随车移动,进行防护。

单轨小车不得靠站台的一侧钢轨上行驶。

5. 施工列车运行安全注意事项

(1)长轨列车运行应遵守下列规定：

1)长轨列车运行按专列办理，如附挂车辆时应挂在尾部。长轨车不得溜放和通过驼峰线。

2)运行速度：曲线半径在 500m 以下时，限速 45km/h。半径在 300m 以下及通过侧向道岔时，限速 25km/h。如在同向曲线间运行，应注意内外侧钢轨是否前后串动，视情况适当降速。

长轨车卸车速度不超过 5km/h。

(2)龙门架车及轨排车运行，应遵守下列规定：

1)龙门架车及轨排车运行按路用列车办理。区间运行速度，由各铁路局视线路条件决定，通过半径 300m 以下的曲线及通过全穿式或半穿式桥梁或隧道，均限速 25km/h。

2)运用前，应调查运行区段内的建筑接近限界，并采取安全措施。在双线地段施工，邻线来车应及时放下工作台踏板，并暂时停止工作。

3)龙门架车不能进入站台高度大于 0.3m 的股道，并按超限货物运输的规定办理。

4)木油枕轨排应与车辆间捆绑牢固，以防运行中滑动。

5)轨排车运行时，须派专人押运，随时注意运行状态。

(3)施工列车进入区间的封锁施工地段时，应遵守下列规定：

1)施工列车进入封锁区间的行车凭证为调度命令，其内容应包括列车车次、运行速度、停车地点、停车时间及到达车站的时刻等有关事项。在封锁区间内工作的施工列车，在区间内停车的时间，不得超过调度命令准许的时间。

2)施工列车到达两端的车站后，车站值班员应立即通知施工单位的驻站防护员，说明列车进入施工地段的时间及准许在工地停车的时间等；驻站防护员应立即用电话通知工地的施工负责人，作好各种准备，在施工列车到达之前，应在施工地段两端各 50m 处增设移动停车信号，或在工地防护员显示的停车信号前停车，按照调车办法，在施工负责人的指挥下进入指定地点。

3)施工列车在封锁区间停车，装卸作业完毕后，施工负责人应认真进行检查，确认线路状态良好，卸下的材料及机工具等设备无侵入限界，堆码稳固，车列无异状，关好车门，通知运转车长发车。

4)向施工封锁区间开行施工列车，一般每端只准许进入一列，如遇到特殊情况需超过时，应按照所在路局规定的安全措施和运行办法执行。

5)施工列车在施工封锁区间内，不得将列车分解成若干部份进行作业。如因施工需要必须将列车分解作业时，应事先经车站值班员的许可，并在调度命令中明确记载。对分散后停放车辆的每一工作地点，均必须按规定设置停车信号防护，每个车辆均需有严格的防溜设施。

6. 防止机械设备重大事故的发生

(1)强化机械操作人员及相关施工人员的安全意识，牢固树立"安全第一，预防为主"的思想。

(2)严格执行岗位责任制和"机械三定"制度，实行机长负责制。

(3)坚持持证上岗制度，起重机械的操作、指挥等特殊作业人员，必须由经过具有相应资质的机关培训并取得合格证书的人员担任。

(4)起重机械的操作人员及配合作业的相关人员必须进行专业培训，掌握相关的安全操作规程，了解该机性能、构造及专业维修技术，熟悉捆绑、拴挂要求和正确的指挥信号。

(5)确保安全保护装置齐全有效,在安全保护装置失效或临时解除未恢复之前必须停止作业,并加强监护。

(6)起重机械的操作、指挥人员必须具有高度事业心和责任心,严格遵守操作规程和指挥程序,杜绝违章操作和违章指挥,对无证指挥和违反安全操作规程可能引起机械损伤或机械事故的指挥,操作工必须拒绝执行。

(7)操作工必须严格遵守"十不吊"的内容。

(8)起重机械安全保护装置定期检查形成制度,各车操作工必须每天例行检查,施工处每周组织一次检查,发现问题,落实到人,限期整改,并认真作好整改记录。

(9)严格执行"机械交接班制度",并认真作好交接班记录。

(10)加大对报废延期使用和已到大修间隔期而因各种原因未安排大修等超期服役机械的监测和检查力度,定期组织具备资质的检验监测机构对其进行检验,确保机械经常处于良好的技术状态。

(11)进一步加强修理人员的技能培训,提高修理人员的业务素质和工作责任心,认真作好修理记录和验收记录,责任落实到人,杜绝因修理不当造成的机械损伤和机械设备事故,特别是起重机械的修理,修理人员应当了解其结构性能及修理工艺和安全方面的要求,严禁违章蛮干。

(12)严格大型起重机械安装、拆除作业指导书的审批程序,其安装、拆除作业队必须具备相应资质。

(13)塔式起重机、龙门式起重机、履带式起重机、装载机、推土机、挖掘机、混凝土拖泵、混凝土搅拌楼等大型机械设备项目工地间的转移,同样必须办理调拨手续,指定专人负责,制定具体的装卸措施和封车措施,并与运输单位签定运输协议,分清责任,确保装卸和运输全过程的安全。

(14)各机械使用单位项目经理、施工员、机械管理员、班组长、专职安全员充分发挥各自职责,认真组织落实本部门的定期机械大检查,发现问题限期整改,做到检查、整改、验收闭环管理,责任落实到人,记录齐全完整。

(15)加大机械设备的维护保养力度,确保机械设备经常处于良好的技术状况,严禁机械设备带病运行。

(16)加强操作监护和起重指挥监护,不能以人员少任务重等任何理由而不安排监护人员。安排的监护人员应尽职尽责,起到应有的监护责任,确保施工全过程的安全。

(17)机械设备的使用必须严格遵守操作、使用和维护规程,严禁拼装设备和超负荷使用,因工程需要必须超负荷使用时,应经精确计算,采取可靠的安全技术措施并经总工签字,有关部门批准后并在有关部门监护下,方可实施。

(18)各机械使用部门认真组织"反违章,反事故"讨论和学习,总结交流经验,吸取教训,解决机械操作人员及相关配合人员的认识问题,消除松懈麻痹思想和侥幸心理,从平时的细微工作抓起,牢固树立安全第一的思想,决不能靠吃一"堑"才长一"智",因为这一"堑"往往要付出巨大代价。

(19)各施工项目项目经理与机械所在班组班组长,班组长与机械设备操作人员之间,层层签定"安全生产责任书",实行"目标责任制",坚持重奖重罚的原则,明确责任,落实到人。

(20)每项工程开工前进行危险点预测,采取防范措施,并进行详细交底,将责任落实到人,确保机械设备在施工全过程中的安全。

（21）机动车辆出车前、行车中、收车后必须进行详细的安全技术检查，确保各种油液符合标准，行车安全装置、转向系、制动系、传动系、喇叭、灯光齐全有效，轮胎气压正常。机动车司机必须严格遵守交通规则，载物载人符合规定，严禁酒后驾车。

（22）进一步加强土石方机械和混凝土机械的管理，确保其使用、维护、保养符合规程。将维护、保养的责任落实到人，做到人人有岗位、事事有专责、台台机械有人管，确保土石方机械和混凝土机械的施工安全。

机械设备的安全使用与管理是一个复杂的综合性课题，除了把好管、用、养、修关之外，还必须做到领导重视，各级机械管理人员、机械操作人员、维修人员及相关配合人员之间责任明确，做到有章可循、有据可查、记录清晰、有人操作、有人监督、奖惩分明，专管与群管相结合，并注重强化机务人员的安全意识，提高业务素质和技术水平，使用、维护、保养严格按规程办事。

### 五、临时用电安全管理

1. 施工临时用电管理和主要内容

（1）施工现场临时用电设备在 5 台及以上或设备总容量在 50kW 及以上者，应编制用电组织设计。

（2）施工现场临时用电组织设计应包括下列内容：

1）现场勘测。

2）确定电源进线、变电所或配电室、配电装置、用电设备位置及线路走向。

3）进行负荷计算。

4）选择变压器。

5）设计配电系统：

①设计配电线路，选择导线或电缆；

②设计配电装置，选择电器；

③设计接地装置；

④绘制临时用电工程图纸，主要包括用电工程总平面图、配电装置布置图、配电系统接线图、接地装置设计图。

6）设计防雷装置。

7）确定防护措施。

8）制定安全用电措施和电气防火措施。

（3）临时用电工程图纸应单独绘制，临时用电工程应按图施工。

（4）临时用电组织设计及变更时，必须履行"编制、审核、批准"程序，由电气工程技术人员组织编制，经相关部门审核及具有法人资格企业的技术负责人批准后实施。变更用电组织设计时应补充有关图纸资料。

（5）临时用电工程必须经编制、审核、批准部门和使用单位共同验收，合格后方可投入使用。

（6）施工现场临时用电设备在 5 台以下和设备总容量在 50kW 以下者，应制定安全用电和电气防火措施，并应符合上述要求。

2. 外电线路防护管理

（1）在建工程不得在外电架空线路正下方施工、搭设作业棚、建造生活设施或堆放构件、架具、材料及其他杂物等。

(2)在建工程(含脚手架)的周边与外电架空线路的边线之间的最小安全操作距离应符合表7-2的规定。

表7-2 在建工程(含脚手架)的周边与架空线路的边线之间的最小安全操作距离

| 外电线路电压等级(kV) | <1 | 1～10 | 35～110 | 220 | 330～500 |
|---|---|---|---|---|---|
| 最小安全操作距离(m) | 4.0 | 6.0 | 8.0 | 10 | 15 |

注:上、下脚手架的斜道不宜设在有外电线路的一侧。

(3)施工现场的机动车道与外电架空线路交叉时,架空线路的最低点与路面的最小垂直距离应符合表7-3的规定。

表7-3 施工现场的机动车道与架空线路交叉时的最小垂直距离

| 外电线路电压等级(kV) | <1 | 1～10 | 35 |
|---|---|---|---|
| 最小垂直距离(m) | 6.0 | 7.0 | 7.0 |

(4)起重机严禁越过无防护设施的外电架空线路作业。在外电架空线路附近吊装时,起重机的任何部位或被吊物边缘在最大偏斜时与架空线路边线的最小安全距离应符合表7-4的规定。

表7-4 起重机与架空线路边线的最小安全距离

| 安全距离(m) \ 电压(kV) | <1 | 10 | 35 | 110 | 220 | 330 | 500 |
|---|---|---|---|---|---|---|---|
| 沿垂直方向 | 1.5 | 3.0 | 4.0 | 5.0 | 6.0 | 7.0 | 8.5 |
| 沿水平方向 | 1.5 | 2.0 | 3.5 | 4.0 | 6.0 | 7.0 | 8.5 |

(5)施工现场开挖沟槽边缘与外电埋地电缆沟槽边缘之间的距离不得小于0.5m。

(6)当达不到(2)～(4)条中的规定时,必须采取绝缘隔离防护措施,并应悬挂醒目的警告标志。

架设防护设施时,必须经有关部门批准,采用线路暂时停电或其他可靠的安全技术措施,并应有电气工程技术人员和专职安全人员监护。

防护设施与外电线路之间的安全距离不应小于表7-5所列数值。

防护设施应坚固、稳定,且对外电线路的隔离防护应达到IP30级。

表7-5 防护设施与外电线路之间的最小安全距离

| 外电线路电压等级(kV) | ≤10 | 35 | 110 | 220 | 330 | 500 |
|---|---|---|---|---|---|---|
| 最小安全距离(m) | 1.7 | 2.0 | 2.5 | 4.0 | 5.0 | 6.0 |

(7)当(6)规定的防护措施无法实现时,必须与有关部门协商,采取停电、迁移外电线路或改变工程位置等措施,未采取上述措施的严禁施工。

(8)在外电架空线路附近开挖沟槽时,必须会同有关部门采取加固措施,防止外电架空线路电杆倾斜、悬倒。

3.配电室安全管理

(1)配电室应靠近电源,并应设在灰尘少、潮气少、振动小、无腐蚀介质、无易燃易爆物及道路畅通的地方。

(2)成列的配电柜和控制柜两端应与重复接地线及保护零线作电气连接。

(3)配电室和控制室应能自然通风,并应采取防止雨雪侵入和动物进入的措施。

(4)配电室布置应符合下列要求:

1)配电柜正面的操作通道宽度,单列布置或双列背对背布置不小于1.5m,双列面对面布置不小于2m;

2)配电柜后面的维护通道宽度,单列布置或双列面对面布置不小于0.8m,双列背对背布

置不小于 1.5m,个别地点有建筑物结构凸出的地方,则此点通道宽度可减少 0.2m;

3)配电柜侧面的维护通道宽度不小于 1m;

4)配电室的顶棚与地面的距离不低于 3m;

5)配电室内设置值班或检修室时,该室边缘距配电柜的水平距离大于 1m,并采取屏障隔离;

6)配电室内的裸母线与地面垂直距离小于 2.5m 时,采用遮栏隔离,遮栏下面通道的高度不小于 1.9m;

7)配电室围栏上端与其正上方带电部分的净距不小于 0.075m;

8)配电装置的上端距顶棚不小于 0.5m;

9)配电室内的母线涂刷有色油漆,以标志相序,以柜正面方向为基准,其涂色符合表 7—6 的规定;

表 7—6　母线涂色

| 相　别 | 颜　色 | 垂直排列 | 水平排列 | 引下排列 |
| --- | --- | --- | --- | --- |
| L1(A) | 黄 | 上 | 后 | 左 |
| L2(B) | 绿 | 中 | 中 | 中 |
| L3(C) | 红 | 下 | 前 | 右 |
| N | 淡蓝 | — | — | — |

10)配电室的建筑物和构筑物的耐火等级不低于 3 级,室内配置砂箱和可用于扑灭电气火灾的灭火器;

11)配电室的门向外开,并配锁;

12)配电室的照明分别设置正常照明和事故照明。

(5)配电柜应装设电度表,并应装设电流、电压表。电流表与计费电度表不得共用一组电流互感器。

(6)配电柜应装设电源隔离开关及短路、过载、漏电保护电器。电源隔离开关分断时应有明显可见分断点。

(7)配电柜应编号,并应有用途标记。

(8)配电柜或配电线路停电维修时,应挂接地线,并应悬挂"禁止合闸、有人工作"停电标志牌。停送电必须由专人负责。

(9)配电室应保持整洁,不得堆放任何妨碍操作、维修的杂物。

4. 自备发电机组安全管理

(1)大型桥梁施工现场、隧道和预制场地,应有自备电源,以免因电网停电造成工程损失和出现事故。

(2)发电机组及其控制、配电、修理室等可分开设置,在保证电气安全距离和满足防火要求情况下可合并设置。

(3)发电机组的排烟管道必须伸出室外。发电机组及其控制、配电室内必须配置可用于扑灭电气火灾的灭火器,严禁存放贮油桶。

(4)发电机组电源必须与外电线路电源连锁,严禁并列运行。

(5)发电机组应采用电源中性点直接接地的三相四线制供电系统和独立设置 TN—S 接零保护系统,其工作接地电阻值应符合要求。

(6)发电机控制屏宜装设下列仪表：

1)交流电压表；

2)交流电流表；

3)有功功率表；

4)电度表；

5)功率因数表；

6)频率表；

7)直流电流表。

(7)发电机供电系统应设置电源隔离开关及短路、过载、漏电保护电器。电源隔离开关分断时应有明显可见分断点。

(8)发电机组并列运行时，必须装设同期装置，并在机组同步运行后再向负载供电。

**5. 架空线路安全管理**

(1)架空线必须采用绝缘导线，并架设在专用电杆上，严禁架设在树木、脚手架及其他设施上。

(2)架空线导线截面的选择应符合下列要求：

1)导线中的计算负荷电流不大于其长期连续负荷允许载流量。

2)线路末端电压偏移不大于其额定电压的5%。

3)三相四线制线路的N线和PE线截面不小于相线截面的50%，单相线路的零线截面与相线截面相同。

4)按机械强度要求，绝缘铜线截面不小于$10mm^2$，绝缘铝线截面不小于$16mm^2$。

5)在跨越铁路、公路、河流、电力线路档距内，绝缘铜线截面不小于$16mm^2$，绝缘铝线截面不小于$25mm^2$。

(3)架空线在一个档距内，每层导线的接头数不得超过该层导线条数的50%，且一条导线应只有一个接头。在跨越铁路、公路、河流、电力线路档距内，架空线不得有接头。

(4)架空线路相序排列应符合下列规定：

1)动力、照明线在同一横担上架设时，导线相序排列是：面向负荷从左侧起依次为L1、N、L2、L3、PE。

2)动力、照明线在两层横担上分别架设时，导线相序排列是：上层横担面向负荷从左侧起依次为L1、L2、L3；下层横担面向负荷从左侧起依次为L1(L2、L3)、N、PE。

(5)架空线路的档距不得大于35m，线间距不得小于0.3m，靠近电杆的两导线的间距不得小于0.5m。

(6)架空线路横担间的最小垂直距离不得小于表7-7所列数值。横担宜采用角钢或方木，低压铁横担角钢应按表7-8选用，方木横担截面应按80mm×80mm选用，横担长度应按表7-9选用。

表7-7 横担间的最小垂直距离(m)

| 排列方式 | 直线杆 | 分支或转角杆 |
| --- | --- | --- |
| 高压与低压 | 1.2 | 1.0 |
| 低压与低压 | 0.6 | 0.3 |

**表7—8 低压铁横担角钢选用**

| 导线截面(mm²) | 直线杆 | 分支或转角杆 | |
|---|---|---|---|
| | | 二线及三线 | 四线及以上 |
| 16<br>25<br>35<br>50 | L50×5 | 2×L50×5 | 2×L63×5 |
| 70<br>95<br>120 | L63×5 | 2×L63×5 | 2×L70×6 |

**表7—9 横担长度选用**

| 横担长度(m) | | |
|---|---|---|
| 二线 | 三线、四线 | 五线 |
| 0.7 | 1.5 | 1.8 |

(7)架空线路与邻近线路或固定物的距离应符合表7—10的规定。

(8)架空线路宜采用钢筋混凝土杆或木杆。钢筋混凝土杆不得有露筋、宽度大于0.4mm的裂纹和扭曲;木杆不得腐朽,其梢径不应小于140mm。

**表7—10 架空线路与邻近线路或固定物的距离**

| 项目 | 距 离 类 别 | | | | | |
|---|---|---|---|---|---|---|
| 最小净空<br>距离(m) | 架空线路的过引线、<br>接下线与邻线 | 架空线与架空线<br>电杆外缘 | | 架空线与摆动最大<br>时树梢 | | |
| | 0.13 | 0.05 | | 0.50 | | |
| 最小垂直<br>距离(m) | 架空线同杆<br>架设下方的通<br>信、广播线路 | 架空线最大弧垂与地面 | | | 架空线最大<br>弧垂与暂设<br>工程顶端 | 架空线与邻近<br>电力线路交叉 |
| | | 施工现场 | 机动车道 | 铁路轨道 | | 1kV以下   1~10kV |
| | 1.0 | 4.0 | 6.0 | 7.5 | 2.5 | 1.2   2.5 |
| 最小水平<br>距离(m) | 架空线电杆与<br>路基边缘 | 架空线电杆与<br>铁路轨道边缘 | | 架空线边线与建筑物<br>凸出部分 | | |
| | 1.0 | 杆高(m)+3.0 | | 1.0 | | |

(9)电杆埋设深度宜为杆长的1/10加0.6m,回填土应分层夯实。在松软土质处宜加大埋入深度或采用卡盘等加固。

(10)直线杆和15°以下的转角杆,可采用单横担单绝缘子,但跨越机动车道时应采用单横担双绝缘子;15°到45°的转角杆应采用双横担双绝缘子;45°以上的转角杆,应采用十字横担。

(11)电杆的拉线宜采用不少于3根直径为4.0mm的镀锌钢丝。拉线与电杆的夹角应在30°~45°之间。拉线埋设深度不得小于1m。电杆拉线如从导线之间穿过,应在高于地面2.5m处装设拉线绝缘子。

(12)因受地形环境限制不能装设拉线时,可采用撑杆代替拉线,撑杆埋设深度不得小于0.8m,其底部应垫底盘或石块。撑杆与电杆的夹角宜为30°。

(13)接户线在档距内不得有接头,进线处离地高度不得小于2.5m。接户线最小截面应符合表7—11的规定。接户线线间及与邻近线路间的距离应符合表7—12的要求。

表 7—11　接户线的最小截面

| 接户线架设方式 | 接户线长度(m) | 接户线截面(mm²) | |
|---|---|---|---|
| | | 铜线 | 铝线 |
| 架空或沿墙敷设 | 10~25 | 6.0 | 10.0 |
| | ≤10 | 4.0 | 6.0 |

表 7—12　接户线线间及与邻近线路间的距离

| 接户线架设方式 | 接户线档距(m) | 接户线线间距离(mm) |
|---|---|---|
| 架空敷设 | ≤25 | 150 |
| | >25 | 200 |
| 沿墙敷设 | ≤6 | 100 |
| | >6 | 150 |
| 架空接户线与广播电话线交叉时的距离(mm) | | 接户线在上部,600 |
| | | 接户线在下部,300 |
| 架空或沿墙敷设的接户线零线和相线交叉时的距离(mm) | | 100 |

(14)架空线路必须有短路保护。采用熔断器作短路保护时,其熔体额定电流不应大于明敷绝缘导线长期连续负荷允许载流量的 1.5 倍;采用断路器作短路保护时,其瞬动过流脱扣器脱扣电流整定值应小于线路末端单相短路电流。

(15)架空线路必须有过载保护。采用熔断器或断路器作过载保护时,绝缘导线长期连续负荷允许载流量不应小于熔断器熔体额定电流或断路器长延时过流脱扣器脱扣电流整定值的 1.25 倍。

6. 配电箱及开关箱管理

(1)配电箱管理

1)配电系统应设置配电柜或总配电箱、分配电箱、开关箱,实行三级配电。

配电系统宜使三相负荷平衡。220V 或 380V 单相用电设备宜接入 220/380V 三相四线系统;当单相照明线路电流大于 30A 时,宜采用 220/380V 三相四线制供电。

2)总配电箱以下可设若干分配电箱,分配电箱以下可设若干开关箱。

总配电箱应设在靠近电源的区域,分配电箱应设在用电设备或负荷相对集中的区域,分配电箱与开关箱的距离不得超过 30m,开关箱与其控制的固定式用电设备的水平距离不宜超过 3m。

3)每台用电设备必须有各自专用的开关箱,严禁用同一个开关箱直接控制 2 台及 2 台以上用电设备(含插座)。

4)动力配电箱与照明配电箱宜分别设置,当合并设置为同一配电箱时,动力和照明应分路配电;动力开关箱与照明开关箱必须分设。

5)配电箱、开关箱应装设在干燥、通风及常温场所,不得装设在有严重损伤作用的瓦斯、潮气及其他有害介质中,亦不得装设在易受外来固体物撞击、强烈振动、液体浸溅及热源烘烤场所。否则,应予清除或作防护处理。

6)配电箱、开关箱周围应有足够 2 人同时工作的空间和通道,不得堆放任何妨碍操作、维修的物品,不得有灌木、杂草。

7)配电箱、开关箱应采用冷轧钢板或阻燃绝缘材料制作,钢板厚度应为 1.2~2.0mm,其中开关箱箱体钢板厚度不得小于 1.2mm,配电箱箱体钢板厚度不得小于 1.5mm,箱体表面应作防腐处理。

8)配电箱、开关箱应装设端正、牢固。固定式配电箱、开关箱的中心点与地面的垂直距离应为 1.4~1.6m。移动式配电箱、开关箱应装设在坚固、稳定的支架上,其中心点与地面的垂直距离宜为 0.8~1.6m。

9)配电箱、开关箱内的电器(含插座)应先安装在金属或非木质阻燃绝缘电器安装板上,然后方可整体紧固在配电箱、开关箱箱体内。金属电器安装板与金属箱体应作电气连接。

10)配电箱、开关箱内的电器(含插座)应按其规定位置紧固在电器安装板上,不得歪斜和松动。

11)配电箱的电器安装板上必须分设 N 线端子板和 PE 线端子板。N 线端子板必须与金属电器安装板绝缘;PE 线端子板必须与金属电器安装板作电气连接。进出线中的 N 线必须通过 N 线端子板连接;PE 线必须通过 PE 线端子板连接。

12)配电箱、开关箱内的连接线必须采用铜芯绝缘导线。导线绝缘应排列整齐。导线分支接头不得采用螺栓压接,应采用焊接并作绝缘包扎,不得有外露带电部分。

13)配电箱、开关箱的金属箱体、金属电器安装板以及电器正常不带电的金属底座、外壳等必须通过 PE 线端子板与 PE 线作电气连接,金属箱门与金属箱体必须通过采用编织软铜线作电气连接。

14)配电箱、开关箱的箱体尺寸应与箱内电器的数量和尺寸相适应,箱内电器安装板板面电器安装尺寸可按照表 7—13 确定。

15)配电箱、开关箱中导线的进线口和出线口应设在箱体的下底面。

表 7—13　配电箱、开关箱内电器安装尺寸选择值

| 间距名称 | 最小净距(mm) |
| --- | --- |
| 并列电器(含单极熔断器)间 | 30 |
| 电器进、出线瓷管(塑胶管)孔与电器边沿间 | 15A,30 |
| | 20~30A,50 |
| | 60A 及以上,80 |
| 上、下排电器进出线瓷管(塑胶管)孔间 | 25 |
| 电器进、出线瓷管(塑胶管)孔至板边 | 40 |
| 电器至板边 | 40 |

16)配电箱、开关箱的进、出线口应配置固定线卡,进出线应加绝缘护套并成束卡固在箱体上,不得与箱体直接接触。移动式配电箱、开关箱的进、出线应采用橡皮护套绝缘电缆,不得有接头。

17)配电箱、开关箱外形结构应能防雨、防尘。

(2)电器装置设置的基本原则

配电箱、开关箱内的电器必须可靠、完好,严禁使用破损、不合格的电器。总配电箱的电器应具备电源隔离,正常接通与分断电路,以及短路、过载、漏电保护功能。电器设置应符合下列原则:

1)当总路设置总漏电保护器时,还应装设总隔离开关、分路隔离开关以及总断路器、分路断路器或总熔断器、分路熔断器。当所设总漏电保护器是同时具备短路、过载、漏电保护功能的漏电断路器时,可不设总断路器或总熔断器。

2)当各分路设置分路漏电保护器时,还应装设总隔离开关、分路隔离开关以及总断路器、分路断路器或总熔断器、分路熔断器。当分路所设漏电保护器是同时具备短路、过载、漏电保护功能的漏电断路器时,可不设分路断路器或分路熔断器。

3)隔离开关应设置于电源进线端,应采用分断时具有可见分断点,并能同时断开电源所有极的隔离电器。如采用分断时具有可见分断点的断路器,可不另设隔离开关。

4)熔断器应选用具有可靠灭弧分断功能的产品。

5)总开关电器的额定值、动作整定值应与分路开关电器的额定值、动作整定值相适应。

(3)配电箱、开关箱内的电器装置安装时应注意的事项

1)总配电箱应装设电压表、总电流表、电度表及其他需要的仪表。专用电能计量仪表的装设应符合当地供用电管理部门的要求。

装设电流互感器时,其二次回路必须与保护零线有一个连接点,且严禁断开电路。

2)分配电箱应装设总隔离开关、分路隔离开关以及总断路器、分路断路器或总熔断器、分路熔断器。其设置和选择应符合《建筑电气工程施工质量验收规范》第8.2.2条要求。

3)开关箱必须装设隔离开关、断路器或熔断器以及漏电保护器。当漏电保护器是同时具有短路、过载、漏电保护功能的漏电断路器时,可不装设断路器或熔断器。隔离开关应采用分断时具有可见分断点,能同时断开电源所有极的隔离电器,并应设置于电源进线端。当断路器是具有可见分断点时,可不另设隔离开关。

4)开关箱中的隔离开关只可直接控制照明电路和容量不大于3.0kW的动力电路,但不应频繁操作。容量大于3.0kW的动力电路应采用断路器控制,操作频繁时还应附设接触器或其他启动控制装置。

5)开关箱中各种开关电器的额定值和动作整定值应与其控制用电设备的额定值和特性相适应。通用电动机开关箱中电器的规格可按《建筑电气工程施工质量验收规范》附录C选配。

6)漏电保护器应装设在总配电箱、开关箱靠近负荷的一侧,且不得用于启动电气设备的操作。

7)漏电保护器的选择应符合现行国家标准《剩余电流动作保护电器的一般要求》(GB/Z 6829—2008)和《剩余电流动作保护装置安装和运行》(GB 13955—2005)的规定。

8)开关箱中漏电保护器的额定漏电动作电流不应大于30mA,额定漏电动作时间不应大于0.1s。

使用于潮湿或有腐蚀介质场所的漏电保护器应采用防溅型产品,其额定漏电动作电流不应大于15mA,额定漏电动作时间不应大于0.1s。

9)总配电箱中漏电保护器的额定漏电动作电流应大于30mA,额定漏电动作时间应大于0.1s,但其额定漏电动作电流与额定漏电动作时间的乘积不应大于30mA。

10)总配电箱和开关箱中漏电保护器的极数和线数必须与其负荷侧负荷的相数和线数一致。

11)配电箱、开关箱中的漏电保护器宜选用无辅助电源型(电磁式)产品,或选用辅助电源故障时能自动断开的辅助电源型(电子式)产品。当选用辅助电源故障时不能自动断开的辅助电源型(电子式)产品时,应同时设置缺相保护。

12)漏电保护器应按产品说明书安装、使用。对搁置已久重新使用或连续使用的漏电保护器应逐月检测其特性,发现问题应及时修理或更换。

漏电保护器的正确使用接线方法应按图7—2选用。

13)配电箱、开关箱的电源进线端严禁采用插头和插座作活动连接。

(4)配电箱、开关箱使用与维护时应注意的事项

1)配电箱、开关箱应定期检查、维修。检查、维修人员必须是专业电工。检查、维修时必须

按规定穿绝缘鞋、戴绝缘手套,必须使用电工绝缘工具,并应作检查、维修工作记录。

2)对配电箱、开关箱进行定期维修、检查时,必须将其前一级相应的电源隔离开关分闸断电,并悬挂"禁止合闸、有人工作"停电标志牌,严禁带电作业。

3)配电箱、开关箱必须按照下列顺序操作:

①送电操作顺序为:总配电箱→分配电箱→开关箱;

②停电操作顺序为:开关箱→分配电箱→总配电箱。

但出现电气故障的紧急情况可除外。

4)施工现场停止作业1小时以上时,应将动力开关箱断电上锁。

5)配电箱、开关箱内不得放置任何杂物,并应保持整洁;配电箱、开关箱内不得随意挂接其他用电设备。

6)配电箱、开关箱内的电器配置和接线严禁随意改动。

熔断器的熔体更换时,严禁采用不符合原规格的熔体代替。漏电保护器每天使用前应启动漏电试验按钮试跳一次,试跳不正常时严禁继续使用。

7)配电箱、开关箱的进线和出线严禁承受外力,严禁与金属尖锐断口、强腐蚀介质和易燃易爆物接触。

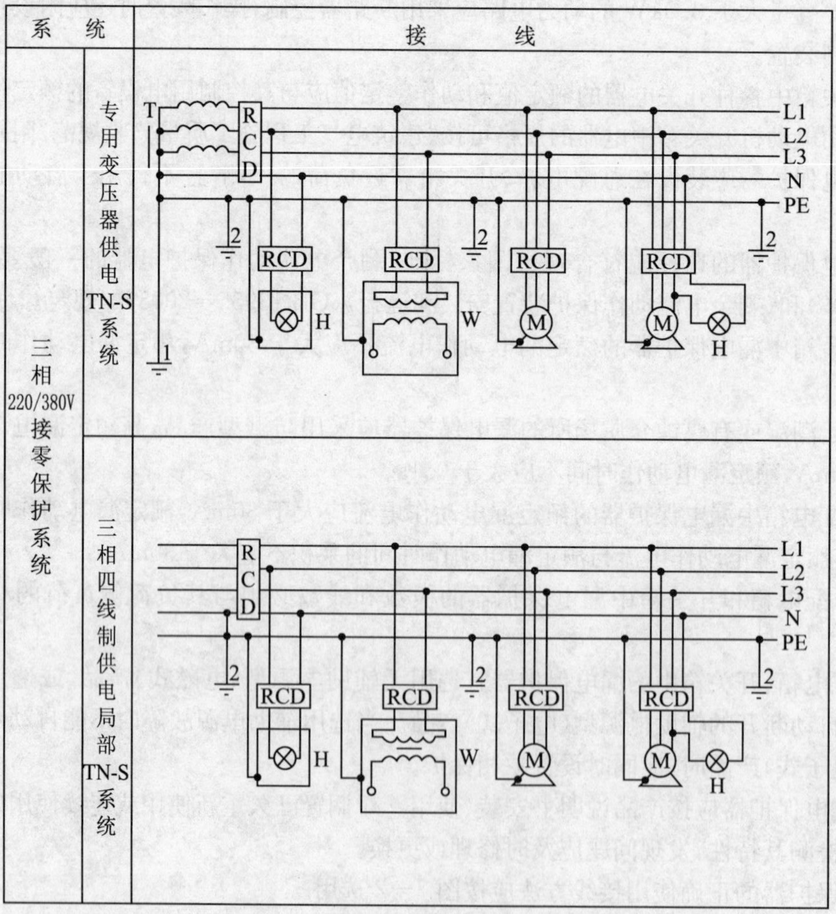

图7-2 漏电保护器使用接线方法示意

L1、L2、L3—相线;N—工作零线;PE—保护零线、保护线;1—工作接地;2—重复接地;

T—变压器;RCD—漏电保护器;H—照明器;W—电焊机;M——电动机

**六、安全施工消防保卫管理内容**

(1)施工现场必须安排专人负责管理,有总包、分包单位的施工现场,应由总包单位位负责,分包单位应服从总包单位的统一领导和指挥,接受总包单位的监督检查。

(2)施工现场应封闭,派专人巡逻护场,并佩戴明显标志。凡进场人员均应出示证件。

(3)易燃材料的堆设应符合治安消防要求,并具备必要的消防器材;易燃易爆、放射性、腐蚀性及剧毒性物品应设专库,派专人管理。

(4)施工现场必须设置 3.5m 以上宽度的消防通道并设置明显路标。

(5)施工现场应布署足够的消防器材,经常检查并保持一直处在良好状态。

(6)施工现场的消防栓处不准有障碍,并应设明显标识。消防水管直径应在 100mm 以上,并配备足够长的消防水带。

(7)按施工现场建筑物最高高程配备能满足要求的消防设施。消防栓应有保温措施。

(8)凡在施工现场进行电焊、气焊作业的,应有相应的灭火措施及消防器材,不准在作业区附近堆放易燃材料。易燃材料应限量进场并有防火设施。

(9)保温材料不准用易燃物,现场的防火工作应有专人负责,定期或不定期地进行检查,施工高峰期和冬雨季施工期应组织专项检查。对高处作业、用电设备及电气线路应进行专业检查,防止发生高空坠落、触电、机械伤人等事故。

检查过程中发现的问题,应要求限期整改,整改完成以后重新复查。

**七、现场伤害急救基本技能**

止血、包扎、固定、搬运和心肺复苏是实施灾害现场救护的五项基本技能,是各种急救方法的基本手段,是急救过程的第一步。在急救中,一般应本着"先抢后救、先重后轻、先急后缓、先近后远"的顺序,灵活掌握。

1. 止血

大的创伤出血往往是导致休克或死亡的原因之一。因此,在灾害救护过程中,必须迅速进行止血,才能有效地抢救伤员。

在现场,外出血是危及生命的主要原因之一,因此,外出血的止血效果如何,直接影响到伤员的生命,现场人员必须学会外出血的止血方法。

(1)指压止血法。这是一种简单而有效的临时止血法,多用于头部、颈部及四肢的动脉出血。方法是根据动脉走行的位置,在伤口的近心端,用手指将动脉压在邻近的骨面上而止血,也可用无菌纱布直接压于伤口而止血。

1)颈总动脉压迫法。用于同侧头面部出血。在胸锁乳突肌重点的前缘,见伤侧总动脉向后压于颈椎横突上。但必须注意,此法仅用在紧急情况下。要避开气管,严禁同时压迫两侧颈总动脉,以防脑缺血,不要高于环状软骨,以免颈动脉窦受压而引起血压突然下降。

2)面动脉压迫法。用于眼以下的面部出血。在下颌角前约 2cm 处,将面动脉压在下颌骨上,有时需两侧同时压迫,才能止住出血。

3)颞浅动脉压迫法。用于同侧额部、颞部出血。在耳垂对准下颌关节上方处加压。

4)锁骨下动脉压迫法。用于同侧肩部和上肢出血。在锁骨上窝、胸锁乳突肌下端后缘,将锁骨下动脉向内下方压于第一肋骨上。

5)肱动脉压迫法。用于同侧上臂下 1/3、前臂和手部出血,于上臂内侧中点沟处,将肱动脉向外压在肱骨上。

6)尺挠动脉压迫法。用于手部出血。在腕部,以两手拇指同时压于尺、挠动脉上。

7)指动脉压迫法。由于指动脉走行于手指的两侧,故手指出血时,应捏住指根的两侧止血。

8)股动脉压迫法。用于同侧下肢出血。在腹股沟中点稍内下放,将股动脉用力压在股骨上。

9)足部出血压迫法。用手指拇指分别压于足背动脉和内踝后方的胫动脉上。

(2)止血带止血法。止血带止血对于四肢较大的动脉出血止血效果较好。目前使用的有橡皮止血带、三角巾布带、绷带等。

1)橡皮止血带止血法。先在出血处近心端用纱布垫或衣服、毛巾等物垫好,然后再扎橡皮止血带。其方法是:用左手拇指、食指、中指夹持止血带头端,将尾端绕肢体一圈后压住止血带头端和手指,再绕肢体一圈,用左手食指、中指夹住尾端,抽出手指即成一活结。

2)三角巾止血法。在没有橡皮止血带的情况下,可用三角巾等材料,折叠成带状,缠绕在伤口近心端(仍需加垫),并在动脉走行的背侧打结;然后用笔杆、小木棒等插入绞紧,直至无出血为止,然后固定。

止血带使用效果较好,操作简便,但使用不当会增加伤员痛苦甚至造成残废,故使用时必须注意以下几点:

①先包扎后用止血带。若能用加压包扎等其他方法止血时,最好不用止血带止血。

②扎止血带要松紧适度,以达到压迫动脉为目的。太松仅仅压迫了静脉,使血液回流受阻,反而出血更多,并会引起组织淤血、水肿;太紧可导致组织、血管和神经损伤。此外,扎止血带的部位应该加衬垫,以免损伤皮肤。

③止血带必须扎在靠近伤口的近心端,不强求标准位置,前臂和小腿扎止血带不能达到止血目的,故不宜采用此法止血。

④必须注明扎止血带的时间,以便在后送途中按时松解止血带。通常以每隔一小时(冬季半小时)松开一次,每次松开2～3分钟。放松时,要用手压迫止血。在松解止血带时必须注意防止再次突然出血而导致血压急剧下降,容易使扎止血带以下的组织分解产物突然被大量吸收入血,引起或加重休克。因此,不能轻率地松解止血带。需要放松时,则要轻、慢,且不能完全解除。总之,扎止血带的时间越短越好,最好不超过5小时。

⑤止血伤员,必须挂有明显的出血标志,并及时送医院救治。寒冷季节注意保暖。

(3)加压包扎止血法。此法用于一般出血,既可止血,有可达到包扎伤口的目的。方法是取纱布、棉花等物做好垫子,放在伤口敷料的外层,然后加压包扎即可。

(4)屈肢加压止血法。在肘窝等处加垫,然后屈肢加压包扎,即可止住包扎以下部位的出血。有骨折或关节脱位时禁用此法。

2.包扎

包扎在急救中应用非常广泛,有止血、保护伤口、防止感染、扶托伤肢、固定敷料、夹板等作用。包扎要点:一是快。发现、检查、包扎伤口要快。二是准。包扎部位要准确。三是轻。动作要轻,不要碰压伤口,以免增加伤口流血和疼痛。四是牢。包扎牢靠,松紧适宜,打结时要避开伤口和不宜压迫的部位。五是细。处理伤口要仔细。找到伤口后,先将衣服解开脱去(先脱健侧,后脱患侧,穿衣时则相反)。在紧急或寒冷情况下,可将衣服剪开或开口,以充分暴露伤口,若伤口内有异物不要随意取出,以防引起出血和内脏脱出。包扎四肢时,指(趾)端要露出,以便随时观察局部血液循环情况。

3. 骨折临时固定

(1)凡是骨与关节损伤,广泛的软组织损伤,大血管、神经损伤和骨髓损伤,均需在处理休克、预防感染的同时,进行早期固定。如疑有骨折,应先按骨折处理。

(2)如有伤口和出血者,应先止血,再包扎伤口,然后固定。

(3)固定的目的只是为了制动而不是整复,因此,对变形的肢体只进行大体复位,以便于固定。禁止对骨折断端试行反复的准确复位。对开放性骨折,不要把外露的骨折断端送回伤口内,以免增加污染。

(4)夹板与皮肤之间应加衬垫,尤其是夹板两端、骨的突出部位,以防局部受压而引起组织坏死。

(5)固定必须牢固可靠,夹板长度要超过骨折部的上下两个关节。除固定骨折上下两端外,必须把上下两个关节固定住,患者应固定在功能位置。

(6)固定松紧要适宜,以免影响血液循环。固定四肢时,要暴露出指(趾)端,以便观察血液循环情况。如发现指(趾)端苍白、麻木、疼痛、肿胀和青紫等情况时,则应松开重新固定。

(7)对于大腿、小腿及脊柱等骨折的固定,在固定前不要无故移动伤肢和伤员。为了暴露伤口,可以剪开衣服,以免增加伤员痛苦和加重病情。

(8)固定后,给以标记,迅速送往医院,并注意防暑和保暖。

以上救治骨折的一般原则和方法,适用于全身各部位骨折。

4. 心肺复苏

心肺复苏的主要内容是开放气道、口对口(鼻)人工呼吸和胸外按压,对呼吸和循环进行有效的人工支持,保证对脑、心、肾等重要脏器的供氧,可明显地提高心跳、呼吸骤停后的抢救存活率。

(1)开放气道。通常使用开放气道的方法有仰头抬颈法和托颌法。

1)仰头抬颈法。伤员仰面躺平。抢救人员位于伤者肩部,站或跪着,用近伤者头部的手放在伤者前额上,手掌用力向后压,另一只手的手指放在伤者的劲下将颈部向上抬起,使下面的牙齿接触到上面的牙齿,从而头后仰,开放气道。

2)托颌法。伤员仰面躺平。抢救人员站或跪在伤员的头部,两肘关节支撑在伤者仰卧的平面上,两手放在伤员的下颌两侧,以食指为主,将下颌角托起。

(2)救生呼吸(口对口、鼻人工呼吸)。

1)口对口人工呼吸。抢救人员用仰头抬颌法保持伤者气道畅通,同时用放在其前额上的拇指和食指捏紧伤者鼻孔,以防止气体从伤者鼻孔逸出,然后深吸一口气摒住,用自己的嘴唇包绕封住伤员微张的嘴,作两次大口吹气,每次1~1.5秒,然后迅速松手,同时观察伤者的胸部起伏情况和测试有无气流呼出。

吹气后自己应吸气一次,每次通气量为800毫升,一般不需要超过1200毫升,气量过大和吹入气流过速反使空气进入胃部引起胃膨胀。

2)口对鼻人工呼吸。伤员有严重的下颌和嘴唇外伤,牙关紧闭,下颌骨折等难以做到口对口密封时,可用口对鼻人工呼吸。抢救人员用一只手放在伤员前额上使其头部后仰,用另一只手抬起其下颌并使口闭合。抢救人员作一深呼吸,用嘴唇包绕封住伤员鼻孔,再向鼻内吹气,然后抢救人员的口迅速移开,让伤员被动地将气呼出。

(3)胸外按压。这种按压可使胸腔内压力普遍增加并对心脏产生直接压力,提供心、肺、脑和其他器官血液循环。

实施胸外按压时应让伤员仰面平卧，如头部比心脏高，将影响流向头部的血流量。另外在伤员的背部垫上与身体稍宽写的硬板，使身体其他部位处于水平位，必要时可抬高下肢，以促进静脉回流，增加人工循环血流量。

胸外按压频率。胸外按压频率为每分钟 80～100 次，因为较快的按压速度可以增加脑和心脏的血流，取得有效和理想的按压/放松时间。放松时间应与按压时间相等，各占 50%。

## 第三节  安全文明施工管理

### 一、现场文明施工基本要求

（1）施工单位应当贯彻文明施工的要求，推行现代管理方法，科学组织施工，做好施工现场的各项管理工作。

（2）施工单位应当按照施工总平面布置图设置各项临时设施。堆放大宗材料、成品、半成品和机具设备，不得侵占场内道路及安全防护等设施。

建设工程实行总包和分包的，分包单位确需进行改变施工总平面布置图的，应当先向总包单位提出申请，经总包单位审核同意后方可实施。

（3）施工现场必须设置明显的标牌，标明工程项目名称、建设单位、设计单位、施工单位、施工现场负责人及有关人员，开、竣工日期，施工许可证批准文号等。施工单位负责施工现场标牌的保护工作。施工现场的主要管理人员在施工现场应当佩戴证明其身份的证卡。

（4）施工现场用电线路、用电设施的安装和使用必须符合安装规范和安全操作规程，并按照施工组织设计进行架设，严禁任意乱拉乱接。施工现场必须设有保证施工安全要求的夜间照明；危险潮湿场所的照明以及手持照明灯具，必须采用符合安全要求的电压。

（5）施工机械应当按照施工总平面布置图规定的位置和线路设置，不得任意侵占场内道路。施工机械进场必须经过安全检查，合格者方能使用。施工机械操作人员必须建立机组责任制，并依照有关规定持证上岗，禁止无证人员操作。

（6）施工单位应该保证施工现场道路畅通，排水系统处于良好的使用状态；保持场容场貌的整洁，随时清理建筑垃圾。在车辆、行人通行的地方施工，应当设置沟井坎穴覆盖物和施工标志。

（7）施工单位必须执行国家有关安全生产和劳动保护的法规，建立安全生产责任制，加强规范化管理，进行安全交底、安全教育和安全宣传，严格执行安全技术措施。施工现场的各种安全设施和劳动保护器具，必须定期进行检查和维护，及时消除隐患，保证其安全有效。

（8）施工现场应当设置各类必要的职工生活设施，并符合卫生、通风、照明等要求。职工的膳食、饮水供应等应当符合有关卫生标准。

（9）建设单位或施工单位应当做好施工现场安全保卫工作，采取必要的防盗措施，在现场周边设立围护设施。施工现场在市区的，周围应当设置遮挡围栏，临街的脚手架也应当设置相应围护设施。非施工人员不得擅自进入施工现场。

（10）非建设行政主管部门对建设工程施工现场实施监督时，应当通过或者会同当地人民政府建设行政主管部门进行。

（11）施工单位应当严格按照《中华人民共和国消防条例》的规定，在施工现场建立和执行防火管理制度，设置符合消防要求的消防设施，并保持完好的备用状态。在容易发生火灾的地区施工或者储存、使用易燃易爆器材时,施工单位应当采取特殊的消防安全措施。

## 二、现场文明施工计划调度管理

建筑材料、设备和构配件的加工定货,由于受季节和资金供应等方面的约束,使计划不能顺利实施,所以,必须进行计划安排和调度。

(1)由工现场总包和分包单位负责人组成施工现场强有力的计划调度管理体系,形成统一指挥、统一协调中心。

(2)定期或不定期地召开现场会议,解决施工中发生的与建筑材料、设备及构配件有关的问题。

(3)计划调度的中心任务有:对照检查施工进度计划与承包合同的执行情况,以保证施工的正常进行;及时发现和解决施工现场发生的矛盾,并协调解决总分包及参建各方之间的关系;监督检查工程质量及安全施工情况。

(4)布署工序交接及后部工序的施工准备。

及归发布传达上级的规章、制度、决定、批示、指示,定期和不定期地召开现场会议,落实调度会议决定。

由于主、客观原因不能按原计划完成施工任务时,应及时调整计划并报监理机构审批后重新布置,以保证施工在合理状态下进行。

做好自然灾害的预防工作,及时发布气象预报,组织安排灾害预防工作。

## 三、现场文明施工技术管理

(1)图样会审。施工图样是施工阶段的重要依据,施工各方人员应了解设计意图、施工内容及要求,更好地按图施工。在图样会审中发现的问题(包括各工种的交叉容洽问题)及时向设计单位进行沟通,并将最后决定印发参建各方。图样会审的内容包括:施工图样的说明是否齐全完整、具有可操作性,与施工现场的实际条件是否相符;审查建筑图、结构图及设备安装图之间是否有矛盾;对发现的问题研究解决处理的办法;对使用新材料、新技术需要采取的具体措施;土建和各专项工程之间应有明确的分工,并对一些关键工序、关键部位进行研究并制定出具体方案。图样会审应作好记录,整理以后归入档案,作为竣工估算的依据。

(2)技术交底。技术交底的目的是使施工各方人员了解设计意图和具体要求,以便顺利按照图样进行施工。在单位工程、分部工程、分项工程开始施工前,都必须对施工人员进行详细交底。

技术交底的内容包括图样内容、设计变更和施工组织设计。施工工艺、操作规程,要求具有质量标准和安全措施,对新材料、新工艺、新技术应着重交底。技术交底应以文字形式为主。各班组长应组织工人进行讨论,以确保工程质量。

(3)材料、设备、构配件的试验、检验。

用于工程的建筑材料、设备及构配件,必须具有生产厂家的出厂合格证、检测报告等资料,到厂的材料应在现场监理见证下取样送检,复验合格以后才可使用。

混凝土、砂浆、防水材料的配合比要经试验试配确定,并按要求制作试块,试块检验合格以后才可使用。钢筋混凝土及预应力钢筋混凝土构配件必须提供出厂合格证,并按要求抽样检验。高压和低压电缆、高压和低压绝缘材料应进行耐压试验,合格以后才能使用。对新材、新产品、新工艺要经过充分论证、鉴定并制定质量标准和操作规程以后才能在工程上使用。建筑设备安装前应对设备进行检查验收,检验和试运转过程应作好记录。

(4)施工质量的检查验收应根据工程特点,按照验收标准、施工规范、规程,对工程的隐蔽工程、分项工程、交接工程进行技术复核和检查验收。

(5)工程资料应按照一定的要求进行整理,要求及时、准确、系统、清晰,为以后的工程维修、扩建提供依据。积累相关的施工技术、经济资料,按程序移交给有关部门保存。工程资料的内容包括:施工日志及大型临时设施图;施工组织设计(方案)及施工总结;新材料、新工艺的施工经验总结;重大质量及安全事故的分析及补救;有关技术管理及重要技术的决定等。

### 四、现场文明施工场容管理

(1)施工现场应封闭,临街施工现场应采用金属板、标准块板、有机物板材、石棉板材或软质材(编织布及苫布)进行围护。

(2)进场口应设置标牌。标牌规格 0.7m×0.5m,底边应高于自然地面 1.2m,如图 7—3 所示。

| 工程名称: | 建筑面积: |
|---|---|
| 建设单位: | |
| 监理单位: | |
| 设计单位: | |
| 施工单位: | 现场负责人: |
| 开工日期: | 竣工日期: |

图 7—3　标牌

(3)进场口应设置施工现场平面布置图及安全、消防、保卫、场容卫生环保相关制度,内容应全面、具体、清晰。

(4)施工区和生活区应划分清楚,区域应明确负责人。

### 五、现场文明施工环境卫管理

1. 环境卫生

(1)施工现场应保持清洁,道路应整齐、坚固、畅通无阻,并设有排水沟。地处市区的施工现场,出入场的车辆轮胎应不带泥,所运货物应有苫布遮盖,防止灰尘污染。

(2)生活区应清洁卫生,有专人负责。冬季应有防煤气设施,经有关部门检验合格以后才可入住。食堂应有现场主管人员负责定期或不定期的卫生检查,并应执行国家卫生法相关规定。现场应供应开水,饮水器具应卫生。厕所应有专人打扫。

2. 空气污染

(1)建筑所有垃圾严禁在空中抛撒。垂直、水平运输应洒水降尘。

(2)水泥及细粉性材料应存放室内或严密遮盖,卸运过程中严防扬尘。现场道路应硬化,防止车辆运行时灰土飞扬,污染环境。

(3)居民区、风景区、文物保护区、疗养院应洒水降尘,严禁敞口锅熬沥清。地处市区的施工现场尽量使用商品混凝土。在不能使用商品混凝土时,可在现场设置搅拌站,但应有防尘、降尘的必要措施或安装除尘装置方可投入使用。

(4)施工现场所使用的炉灶必须符合国家环保要求,排烟黑度应符合相关规定。

(5)施工现场道路应采用细石、沥青、渣焦等硬化,防止车辆运行扬尘。

(6)施工拆除现场应随时洒水,减少扬尘。

3. 水污染

(1)在现场设置搅拌站的必须设置污水沉淀池,运输车及搅拌机清洗后的废水经沉淀之后才能向管网排放,也可收藏用于场地洒水降尘。

(2)气焊乙炔发生罐的污水及麻石作业污水经沉淀后方可排放,防止污染环境。

(3)现场设置的油库应防止跑、冒、滴、漏,污染水源。

(4)超过百人的食堂应设置排水滤油装置,严防污染环境。

4. 施工现场防止噪声污染

(1)根据《建筑施工场界噪声限值》(GB 12523)制定降噪的相应措施。

(2)当在居民区进行强噪声施工时,必须严格控制作业时间,一般情况下不超过22点。根据需要必须昼夜连续施工时,应尽量采取降噪措施,并做好周边群众思想工作,开工前向环保单位备案后方可进行施工。

# 第八章　工程造价与成本管理

## 第一节　工程造价的构成与费用计算

### 一、基本建设工程造价构成

基本建设工程造价的构成见图 8−1,按不同工程和费用类别可划分为 4 部分,共 16 章 34 节。

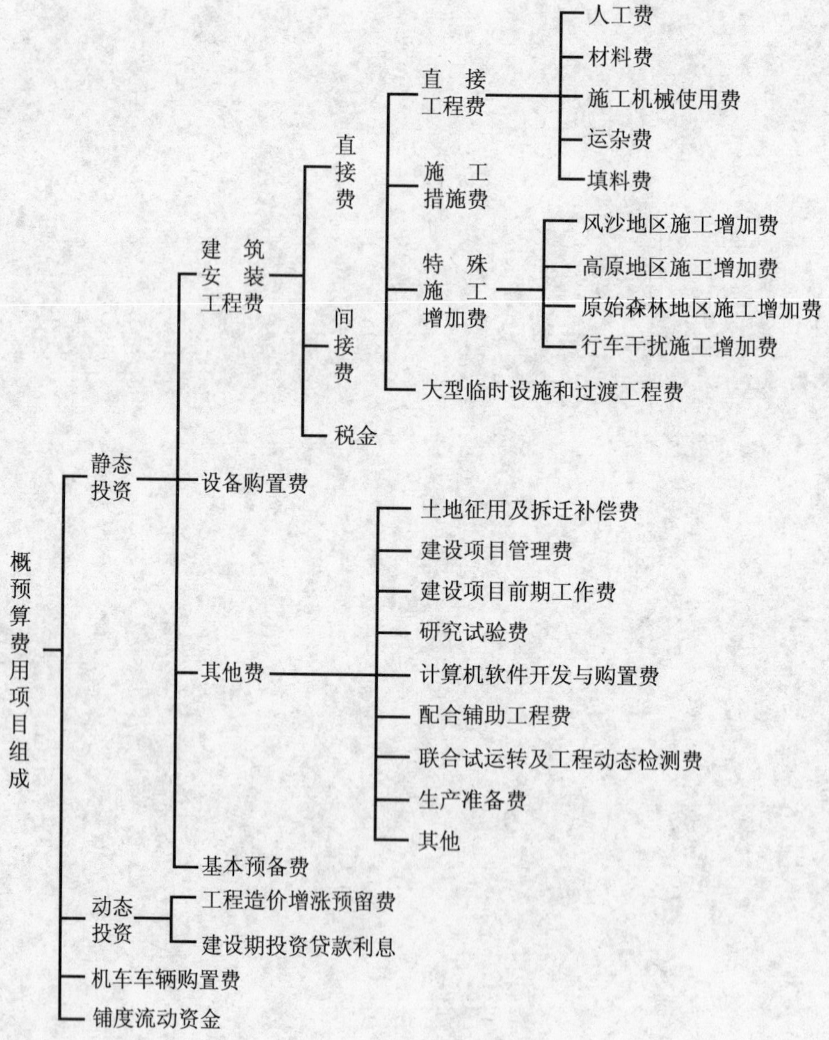

图 8−1　工程造价构成

各部分和各章费用名称如下:

第一部分　静态投资
　　第一章　拆迁及征地费用
　　第二章　路基
　　第三章　桥涵
　　第四章　隧道及明洞
　　第五章　轨道
　　第六章　通信、信号及信息
　　第七章　电力及电力牵引供电
　　第八章　房屋
　　第九章　其他运营生产设备及建筑物
　　第十章　大型临时设施和过渡工程
　　第十一章　其他费用
　　第十二章　基本预备费
第二部分　动态投资
　　第十三章　工程造价增涨预留费
　　第十四章　建设期投资贷款利息
第三部分　机车车辆购置费
　　第十五章　机车车辆购置费
第四部分　铺底流动资金
　　第十六章　铺底流动资金

## 二、工程各项费用计算

（一）建筑安装工程费

1. 人工费

人工费是指列入概（预）算定额的直接从事建筑安装工程施工的生产工人开支的各项费用，内容包括：

（1）基本工资：是指发放给生产工人的基本工资。

（2）工资性补贴：是指按规定标准发放的物价补贴，煤、燃气补贴，交通补贴，住房补贴，流动施工津贴等。

（3）生产工人辅助工资：是指生产工人年有效施工天数以外非作业天数的工资，包括职工学习、培训期间的工资，调动工作、探亲、休假期间的工资，因气候影响的停工工资，女工哺乳时间的工资，病假在六个月以内的工资及产、婚、丧假期的工资。

（4）职工福利费：是指按规定标准计提的职工福利费。

（5）生产工人劳动保护费：是指按规定标准发放的劳动保护用品的购置费及修理费，徒工服装补贴，防暑降温费，在有碍身体健康环境中施工的保健费用等。

铁路工程综合工费标准（工日单价）参见表8-1。

## 表 8—1　综合工费标准

| 综合工费类别 | 工程类别 | 综合工费标准(元/工日) |
|---|---|---|
| Ⅰ类工 | 路基、小桥涵、房屋、给排水、站场(不包括旅客地道、天桥)等的建筑工程,取弃土(石)场处理,临时工程 | 23.05 |
| Ⅱ类工 | 特大桥、大桥、中桥(包括旅客地道、天桥)、轨道,通信、信号、信息、电力、电力牵引供电、机务、车辆、动车等的建筑工程 | 24.00 |
| Ⅲ类工 | 隧道工程、设备安装工程 | 25.82 |
| Ⅳ类工 | 计算机设备安装调试 | 43.08 |

### 2.材料费

材料费是指施工过程中耗费的构成工程实体的原材料、辅助材料、构配件、零件、半成品的费用,周转材料的返销量和相应预算价格等计算的费用。内容包括。

(1)材料原价(或供应价格):是指材料的出厂或指定交货地点的价格,对同一种材料,因产地、供应渠道不同而出现几种原价时,其综合原价可按其供应量的比例加权平均确定。

(2)材料运杂费:是指材料自来源地运至工地仓库或指定堆放地点所发生的全部费用。

(3)采购及保管费:是指为组织采购、供应和保管材料过程中所需要的各项费用。包括采购费、仓储费、工地保管费、运输损耗率、仓储损耗费,以及办理托运所发生的费用等。采购及保管费率见表8—2。

### 表 8—2　采购及保管费率

| 序号 | 材料名称 | 费率(%) | 其中运输损耗费率(%) |
|---|---|---|---|
| 1 | 水泥 | 3.53 | 1.00 |
| 2 | 碎石(包括道砟及中、小卵石) | 3.53 | 1.00 |
| 3 | 砂 | 4.55 | 2.00 |
| 4 | 砖、瓦、石灰 | 5.06 | 2.50 |
| 5 | 钢轨、道岔、轨枕、钢梁、钢管拱、斜拉索、钢筋混凝土梁、铁路桥梁、支座、电杆、铁塔、钢筋混凝土预制桩、接触网支柱、机柱 | 1.00 | |
| 6 | 其他材料 | 2.50 | |

### 3.施工机械使用费

施工机械使用费是指施工机械作业所发生的机械使用费以及机械安拆费和场外运费。施工机械台班单价应由下列七项费用组成。

(1)折旧费:指施工机械在规定的使用年限内,陆续收回其原值及购置资金的时间价值。

(2)大修理费:指施工机械按规定的大修理间隔台班进行必要的大修理,以恢复其正常功能所需的费用。

(3)经常修理费:指施工机械除大修理以外的各级保养和临时故障排除所需的费用。包括为保障机械正常运转所需替换设备与随机配备工具附具的摊销和维护费用,机械运转中日常保养所需润滑与擦拭的材料费用及机械停滞期间的维护和保养费用。

(4)安拆费:安拆费指施工机械在现场进行安装与拆卸所需的人工、材料、机械和试运转费用以及机械辅助设施的折旧、搭设、拆除等费用等。

(5)人工费:指机上司机和其他操作人员的工作日人工费及上述人员在施工机械规定的年工作台班以外的人工费。

(6)燃料动力费:指施工机械在运转作业中所消耗的固体燃料(煤、木柴)、液体燃料(汽油、柴油)及水、电等。

(7)其他费用:指机械按照国家和有关部门规定应交纳的养路费及车船使用税;保险费及

### 4. 运杂费

(1) 运杂费是指水泥、木材、钢材、砖、瓦、石、石灰、黏土、花草苗木、土木材料、钢轨、道岔、轨枕、钢梁、钢管拱、斜拉索、钢筋混凝土梁、铁路桥梁支座、钢筋混凝土预制桩、电杆、铁塔、机柱、接触网支柱、接触网及电力线材、光电缆线、给排水管材等材料,自来源地运至工地所发生的有关费用,包括运输费、装卸费、其他有关运输的费用(如火车运输的取送车费等)以及采购及保管费。

(2) 运杂费的计算规定如下:

1) 火车运价。火车运价分营业线火车、临管线火车、工程列车、其他铁路4种。

①营业线火车按编制期《铁路货物运价规则》的有关规定计算,计算公式如下:

营业线火车运价(元/t) = $K_1$ ×(基价1+基价2×运价里程)+附加费运价

其中:附加费运价 = $K_2$ ×(电气化附加费费率×电气化里程+新路新价均摊运价率×运价里程+铁路建设基金费率×运价里程)。

公式中:$K_1$ 和 $K_2$ 为各种材料计算货物运价所采用的运价号,见表8-3。

电气化附加费按该批货物经由国家铁路正式营业线和实行统一运价的运营临管线电气化区段的运价里程合并计算。

货物运价、电气化附加费费率、新路新价均摊运价率、铁路建设基金费率、运价里程计算等按编制期《铁路货物运价规则》及铁道部的有关规定执行。其中,区间(包括区间岔线)装卸材料的运价里程,应由发料地点的后方站起算,至卸料地点的前方站(均系指办理货运业务的营业站)止。

表8-3 铁路运价号、综合系数

| 序号 | 分类名称 | 运价号(整车) | 综合系数 $K_1$ | 综合系数 $K_2$ |
|---|---|---|---|---|
| 1 | 砖、瓦、石灰、砂石料 | 2 | 1.00 | 1.00 |
| 2 | 道砟 | 2 | 1.20 | 1.20 |
| 3 | 钢轨(≤25cm)、道岔、轨枕、钢梁、电杆、机柱、钢筋混凝土管桩、接触网圆形支柱 | 5 | 1.08 | 1.08 |
| 4 | 100m长定尺钢轨 | 5 | 1.80 | 1.80 |
| 5 | 钢筋混凝土梁 | 5 | 3.48 | 1.64 |
| 6 | 接触网方形支柱、铁塔、硬横梁 | 5 | 2.35 | 2.35 |
| 7 | 接触网及电力线材、光电缆线 | 5 | 2.00 | 2.00 |
| 8 | 其他材料 | 5 | 1.05 | 1.05 |

注:1. $K_1$ 包含了游车、超限、限速和不满载等因素,$K_2$ 只包含不满载及游车因素。

2. 火车运土的运价号和综合系数 $K_1$、$K_2$,比照"砖、瓦、石灰、砂石料"确定。

3. 爆炸品、一级易燃液体除 $K_1$、$K_2$ 外的其他加成,按编制期《铁路货物运价规则》的有关规定计算。

②临管线火车运价执行由部批准的运价。运价中包括路基、轨道及有关建筑物和设备(包括临管用的临时工程)的养护、维修、折旧费等。运价里程应按发料地点起算,至卸料地点止,区间卸车算至区间工地。

③工程列车运价包括机车、车辆的使用费,乘务员及有关行车管理人员工资、津贴和差旅费,线路及有关建筑物和设备的养护维修费、折旧费以及有关运输的管理费用。运价里程应按发料地点起算,至卸料地点止,区间卸车算至区间工地。

工程列车运价按营业线火车运价(不包括铁路建设基金、电气化附加费、限速加成等)的1.4倍计算。计算公式:

工程列车运价(元/t) = 1.4 × $K_2$ ×(基价1+基价2×运价里程)

④其他铁路运价按该铁路主管部门的规定办理。

2)汽车运价原则上参照现行的《汽车运价规则》确定。

为简化概预算编制工作,按下列计算公式分析汽车运价:

汽车运价(元/t)=吨次费+公路综合运价率×公路运距+汽车运输便道综合运价率×汽车运输便道运距

式中 吨次费:按工程项目所在地的调查价格计列。

公路综合运价率:材料运输道路为公路时,考虑过路过桥费等因素,以建设项目所在地的汽车运输单价乘以1.05的系数计算。

汽车运输便道综合运价率:材料运输道路为汽车运输便道时,结合地形、道路状况等因素,按当地汽车运输单价乘以1.2的系数计算。

公路运距:应按发料地点起算,至卸料地点止所途经的公路长度计算。

汽车运输便道运距:应按发料地点起算,至卸料地点止所途经的汽车运输便道长度计算。

3)船舶运价及渡口等收费标准按建设项目所在地的标准计列。

4)材料运输过程中,因确需短途接运而采用的双(单)轮车、单轨车、大平车、轻轨斗车、轨道平车、机动翻斗车等运输方法的运价,应按有关定额资料分析确定。

5)火车、汽车装卸单价,按表8-4所列综合单价计算。

表8-4 火车、汽车装卸费单价(元/t)

| 一般材料 | 钢轨、道岔、接触网支柱 | 其他1t以上的构件 |
| --- | --- | --- |
| 3.4 | 12.5 | 8.4 |

6)其他有关运输费用:

①取送车费(调车费)

用铁路机车往专用线、货物支线(包括站外出岔)或专用铁路的站外交接地点调送车辆时,核收取送车费。计算取送车费的里程,应自车站中心线起算,到交接地点或专用线最长线路终端止,里程往返合计(以km计)。取送车费的计费标准原则上按铁道部运输主管部门的规定办理。取送车费按0.10元/t·km计列。

②汽车运输的渡船费

按建设项目所在地的标准计列。

7)采购及保管费:

采购及保管费是指按运输费、装卸费及其他有关运输的费用之和为基数计取的,应列入运杂费中的采购及保管费。

8)运杂费计算的其他规定:

①单项材料运杂费单价的编制范围,原则上应与单项概预算的编制单元相对应。

②运输方式和运输距离要经过调查、比选、综合分析确定,以最经济合理,并且符合工程要求的材料来源地作为计算运杂费的起运点。

③分析各单项材料运杂费单价,应按施工组织设计所拟定的材料供应计划,对不同的材料品类及不同的运输方法分别计算平均运距。

④各种运输方法的比例,按施工组织设计确定。

⑤旧轨件的运杂费,其重量应按设计轨型计算。如设计轨型未确定,可按代表性轨型的重量,其运距由调拨地点的车站起算。如未明确调拨地点,可按以下原则编列:

a.已明确调拨的铁路局,但未明确调拨地点,则由该铁路局所在地的车站起算;

b. 未明确调拨的铁路局,则按工程所在地区的铁路局所在地的车站起算。

5. 施工措施费

施工措施费是指为完成工程项目施工,发生于该工程施工前和施工过程中非工程实体项目的费用。

(1)冬、雨季施工增加费:是指建设项目的某些工程需在冬、雨季施工,以致引起的防寒、保温、防雨、防潮及防护措施,人工与机械的功率降低以及技术作业过程的改变等所增加的有关费用。

(2)夜间工程增加费:是指必须在夜间连续施工或隧道内铺砟、铺轨,敷设电线、电缆,架设接触网等所发生的夜班补助费、夜间施工降效、夜间施工照明设备摊销及照明用电等增加的有关费用。

(3)小型临时设施费:是指施工企业为进行建筑安装工程施工所必须搭设的生活和生产用的临时建筑物、构筑物和其他临时设施费用等所发生的费用。

小型临时设施包括:临时宿舍,文化福利及公用事业房屋与构筑物,仓库、办公室、材料厂以及为施工或施工运输所修建的小型临时设施,规定范围内道路、水、电、管线等。

小型临时设施费用包括:小型临时设施的搭设、维修、移拆费、摊销费及拆除后恢复等费用,因修建小型临时设施而发生的租用土地、青苗补偿、拆迁补偿及其他所有跟土地有关的费用等。

(4)工具、器具及仪器、仪表使用费:是指施工生产所需不属于固定资产的生产工具、检验用具及仪器、仪表等的购置、摊销和维修费,以及支付给生产工人自备工具的补贴费。

(5)检验试验费:是指施工企业按照规范和施工质量验收标准的要求,对建筑安装的设备、材料、构件和建筑物进行一般鉴定、检查所发生的费用。

检验试验费包括自设实验室进行试验所耗用的材料和化学药品费用以及技术革新的研究试验费等。

检验试验费不包括应由研究试验费和科技三项费用支出的新结构、新材料的试验费;不包括应由建设单位管理费支出的建设单位要求对具有出厂合格证明的材料进行试验、构件破坏性试验及其他特殊要求检验试验的费用;不包括设计要求的和需委托其他有资质的单位对构筑物进行检验试验的费用。

(6)工程定位复测、工程点交、场地清理费。

(7)安全作业环境及安全施工措施费:是指用于购置施工安全防护用具及设施、宣传落实安全施工措施、改善安全生产环境及条件、确保施工安全等所需的费用。

(8)文明施工施工环境保护费:是指现场文明施工费用及防噪声、防粉尘、防振动干扰、生活垃圾清运排放等费用。

(9)已完工程及设备保护费:是指竣工验收前,对已完工程及设备进行保护所需的费用。

6. 特殊施工增加费

(1)风沙地区施工增加费是指在内蒙古及西北地区的非固定沙漠地区施工时,月平均风力在4级以上的风沙季节,进行室外建筑安装工程时,由于受风沙影响应增加的费用。

(2)高原地区施工增加费是指在海拔2000m以上的高原地区施工时,由于人工和机械受气候、气压的影响降低工作效率所增加的费用。

(3)原始森林地区施工增加费是指在原始森林地区进行新建或增建二线铁路施工时,由于受气候影响,其路基土方工程应增加的费用。

(4)行车干扰施工增加费:是指在不封锁的营业线上,在维持通车的情况下,进行建筑安装工程施工时,受行车影响造成局部停工或妨碍施工而降低工作效率等所需增加的费用。

7.大型临时设施和过渡工程费

大型临时设施和过渡工程费是指施工企业为进行建筑安装工程施工及维持既有线正常运营,根据施工组织设计确定所需的大型临时建筑物和过渡工程修建及拆除恢复所发生的费用。

(1)大型临时设施主要包括以下内容:

1)铁路岔线、便桥:是指通往混凝土成品预制厂、材料厂、道砟场(包括砂、石场)、轨节拼装场、长钢轨焊接基地、钢梁拼装场、制(存)梁场的岔线,机车转向用的三角线和架梁岔线,独立特大桥的吊机走行线,以及重点桥隧等工程专设的运料岔线等。

2)铁路便线、便桥:是指混凝土成品预制厂、材料厂、道砟场(包括砂、石场)、轨节拼装场、长钢轨焊接基地、钢梁拼装场、制(存)梁场等场(厂)内为施工运料所需修建的便线、便桥。

3)汽车运输便道:是指通行汽车的运输干线及其通往隧道、特大桥、大桥和轨节拼装场、混凝土成品预制厂、材料厂、砂石场、钢梁拼装场、制(存)梁场、混凝土集中拌和站、填料集中拌和站、大型道砟存储场、长钢轨焊接基地、换装站等的引入线,以及机械化施工的重点土石方工点的运输便道。

4)运梁便道:是指专为运架大型混凝土成品梁而修建的运输便道。

5)轨节拼装场、混凝土成品预制厂、材料厂、制(存)梁场、钢梁拼装场、混凝土集中拌和站、填料集中拌和站、大型道砟存储场、长钢轨焊接基地、换装站等的场地土石方、圬工及地基处理。

6)通信工程:是指困难山区(起伏变化很大或比高>80m 的山地)铁路施工所需的临时通信干线(包括以接轨点最近的交接所为起点所修建的通信干线),不包括由干线到工地或施工地段沿线各施工队伍所在地的引入线、场内配线和地区通信线路。当采用无线通信时,其费用应控制在有线通信临时工程费用水平内。

7)集中发电站、集中变电站(包括升压站和降压站)。

8)临时电力线(供电电压在 6kV 及以上):包括临时电力干线及通往隧道、特大桥、大桥、混凝土成品预制厂、材料厂、砂石场、钢梁拼装场、制(存)梁场等的引入线。

9)给水干管路:是指为解决工程用水而铺设的给水干管路(管径 100mm 及以上或长度 2km 及以上)。

10)为施工运输服务的栈桥、缆索吊、渡口、码头、浮桥、吊桥、天桥、地道,均为通行汽车施工服务的。铁路便线、岔线、便桥和汽车运输便道的养护费。修建大型临时设施而发生的租用土地、青苗补偿、拆迁补偿、复垦及其他所有与土地有关的费用等。

(2)过渡工程是指由于改建既有线、增建第二线等工程施工,需要确保既有线(或车站)运营工作的安全和不间断地运行,同时为了加快建设进度,尽可能地减少运输与施工之间的相互干扰和影响,从而对部分既有工程设施必须采取的施工过渡措施。

过渡工程内容包括临时性便线、便桥和其他建筑物及设备,以及由此引起的租用土地、青苗补偿、拆迁补偿、复垦及其他所有与土地有关的费用等。

8.间接费

间接费由规费、企业管理费和利润组成。

(1)规费:是指政府和有关部门规定必须缴纳的费用。内容包括。

1)工程排污费:是指施工现场按规定缴纳的工程排污费。

2)社会保障费包括。

①养老保险费:是指企业按规定标准为职工缴纳的基本养老保险费。

②失业保险费:是指企业按照国家规定标准为职工缴纳的失业保险费。

③医疗保险费:是指企业按照规定标准为职工缴纳的基本医疗保险费。

④工伤保险费:是指企业按照规定标准为职工补助的工伤保险费。

⑤生育保险费：是指企业按照规定标准为职工补助的生育保险费。

3)住房公积金：是指企业按规定标准为职工缴纳的住房公积金。

(2)企业管理费：是指建筑安装企业组织施工生产和经营管理所需费用。内容包括。

1)管理人员工资：是指管理人员的基本工资、辅助工资、津贴和补贴、职工福利费、劳动保护费等。

2)办公费：是指企业管理办公用的文具、纸张、账表、印刷、邮电、书报、宣传、会议、水电、烧水和集体取暖(包括现场临时宿舍取暖)用煤等费用。

3)差旅交通费：是指职工因公出差、调动工作的差旅费、助勤补助费,市内交通费和误餐补助费,职工探亲路费,劳动力招募费,职工离退休、退职一次性路费,工伤人员就医路费以及管理部门使用的交通工具的油料、燃料、养路费及牌照费。

4)固定资产使用费：是指管理和试验部门及附属生产单位使用的属于固定资产的房屋、车辆、设备仪器等的折旧、大修、维修或租赁费。

5)工具用具使用费：是指管理使用的不属于固定资产的生产工具、器具、家具、交通工具和检验、试验、测绘、消防用具等的购置、维修和摊销费。

6)劳动保险费：是指由企业支付离退休职工的易地安家补助费、职工退职金、六个月以上的病假人员工资、职工死亡丧葬补助费、抚恤费、按规定支付给离休干部的各项经费。

7)工会经费：是指企业按职工工资总额计提的工会经费。

8)职工教育经费：是指企业为职工学习先进技术和提高文化水平,按职工工资总额计提的费用。

9)财产保险费：是指施工管理用财产、车辆保险。

10)财务费：是指企业为筹集资金而发生的各种费用。

11)税金：是指企业按规定缴纳的房产税、车船使用税、土地使用税、印花税等各项税费。

12)施工单位进退场及工地转移费：是指施工单位根据建设任务需要,派遣人员和机具设备从基地迁往工程所在地或从一个项目迁至另一个项目所发生的往返搬迁费用,以及施工队伍在同一建设项目内因工程进展需要,在本建设项目内往返转移以及民工上、下路所发生的费用。内容包括：承担任务职工的调遣差旅费,调遣期间的工资；施工机械、工具、用具、周转性材料及其他施工装备的搬运费用；施工队伍在转移期间所需支付的职工工资、差旅费、交通费、转移津贴等；民工的上、下路所需车船费、途中食宿补贴及行李运费等。

13)其他费用：包括技术转让费、技术开发费、业务招待费、绿化费、广告费、公证费、法律顾问费、审计费、咨询费、无形资产摊销费、投标费、企业定额测定费等。

(3)利润：是指施工企业完成所承包的工程获得的盈利。

(二)设备购置费、其他费及基本预备费

1.设备购置费

设备购置费是指构成固定资产标准的设备购置和虽低于固定资产标准,但属于设计明确列入设备清单的设备,按设计确定的规格、型号、数量,以设备原价加设备运杂费计算的购置费用。

购买计算机硬件设备时所附带的软件若不单独计价,其费用应随设备硬件一起列入设备购置费中。

(1)设备原价：是指设计单位根据生产厂家的出厂价及国家机电产品市场价格目录和设备信息价等资料综合确定的设备原价,内容包括按专业标准规定的保证在运输过程中不受损失的一般包装费及按产品设计规定配带的工具、附件和易损件的费用。非标准设备的原价(包括材料费、加工费及加工厂的管理费等),可按厂家加工订货等价格资料,并结合设备信息价格,经分析论证后确定。

编制设计概预算时,采用现行的《铁路工程建设设备预算价格》中的设备原价,作为基期设备原价。编制期设备原价由设计单位根据调查资料确定。编制期与基期设备原价的差额按价差处理,直接列入设备购置费中。缺项设备由设计单位进行补充。

(2)设备运杂费:是指设备自生产厂家(来源地)运至施工工地料库(或安装地点)所发生的运输费、装卸费、供销部门手续费、采购及保管费等统。

为简化概预算编制工作,设备运杂费以基期设备原价为计算基数,一般地区按 6.1% 计列,新疆、西藏按 7.8% 计列。

2.其他费

其他费是指根据有关规定,应由基本建设投资支付并列入建设项目总概(预)算内,除建筑安装工程费、设备购置费以外的有关费用。主要组成内容可从图 8—1 看出,具体内容如下。

(1)土地征用及拆迁补偿费是指按照《中华人民共和国土地管理法》规定,为进行铁路建设所支付的土地征用及拆迁补偿费用。内容包括:

1)土地征用补偿费:土地补偿费,安置补助费,被征用土地地上、地下附着物及青苗补偿费,征用城市郊区菜地缴纳的菜地开发建设基金,征用耕地缴纳的耕地开垦费,耕地占用税等。

2)拆迁补偿费:被征用土地上的房屋及附属构筑物、城市公共设施等的迁建补偿费。

3)土地征用、拆迁建筑物手续费:在办理征地拆迁过程中,所发生的相关人员的工作经费及土地登记管理费等。

4)用地勘界费:委托有资质的土地勘界机构对铁路建设用地界进行勘定所发生的费用。

土地征用补偿费、拆迁补偿费应根据设计提出的建设用地面积和补偿动迁工程数量,按工程所在地区的省(自治区、直辖市)人民政府颁发的各项规定和标准计列。土地征用、拆迁建筑物手续费按土地补偿费与征用土地安置补助费的 0.4% 计列。

(2)建设项目管理费

1)建设单位管理费

建设单位管理费是指建设单位从筹建之日起至办理竣工财务决算之日止发生的管理性质开支。内容包括:工作人员工资、基本养老保险费、基本医疗保险费、失业保险费、工伤保险费、生育保险费、住房公积金、办公费、差旅交通费、劳动保护费、工具用具使用费、固定资产使用费、零星购置费、招募生产工人费、技术图书资料费、印花税、业务招待费、施工现场津贴、竣工验收费和其他管理性质开支。

建设单位管理费以第二章~第十章费用总额为计算基数,按表 8—5 所规定的费率采用累进法计列。

表 8—5　建设单位管理费率

| 第二章~第十章费用总额(万元) | 费率(%) | 算例(万元) | |
|---|---|---|---|
| | | 基数 | 建设单位管理费 |
| 500 及以内 | 1.74 | 500 | 500×1.74%=8.7 |
| 501~1000 | 1.64 | 1000 | 8.7+500×1.64%=16.9 |
| 1001~5000 | 1.35 | 5000 | 16.9+4000×1.35%=70.9 |
| 5001~10000 | 1.10 | 10000 | 70.9+5000×1.10%=125.9 |
| 10001~50000 | 0.87 | 50000 | 125.9+40000×0.87%=473.9 |
| 50001~100000 | 0.48 | 100000 | 473.9+50000×0.48%=713.9 |
| 100001~200000 | 0.20 | 200000 | 713.9+100000×0.20%=913.9 |
| 200000 以上 | 0.10 | 300000 | 913.9+100000×0.10%=1013.9 |

2)建设管理其他费

建设管理其他费包括:建设期交通工具购置费、建设单位前期工作费、建设单位招标工作费、审计(查)费、合同公证费、经济合同仲裁费、法律顾问费、工程总结费、宣传费、按规定应缴纳的税费,以及要求施工单位对具有出厂合格证明的材料进行试验、构件破坏性试验及其他特殊要求检验试验的费用等。

建设期交通工具购置费按表 8-6 所列的标准计列，其他费用按第二章～第十章费用总额的 0.05% 计列。

表 8-6 建设期交通工具购置标准

| 线路长度（正线公里） | 交通工具配置情况 | | |
|---|---|---|---|
| | 数量（台） | | 价格（万元/台） |
| | 平原丘陵区 | 山区 | |
| 100 及以内 | 3 | 4 | 20～40 |
| 101～300 | 4 | 5 | |
| 301～700 | 6 | 7 | |
| 700 以上 | 8 | 9 | |

注：1. 平原丘陵区指起伏小或比高≤80m 的地区；山区指起伏大或比高>80m 的山地。
2. 工期 4 年及以上的工程，在计算建设期交通工具购置费时，均按 100% 摊销；工期小于 4 年的工程，在计算建设期交通工具购置费时，按每年 25% 计算。
3. 海拔 4000m 以上的工程，交通工具价格另行分析确定。

3) 建设项目管理信息系统购建费

建设项目管理信息系统购建费是指为利用现代信息技术，实现建设项目管理信息化需购建项目管理信息系统所发生的费用，这些费用都按铁道部有关规定计列，包括有关设备购置与安装、软件购置与开发等。

4) 工程监理与咨询服务费

工程监理与咨询服务费是指由建设单位委托具有相应资质的单位，在铁路建设项目的招投标、勘察、设计、施工、设备采购监造（包括设备联合调试）等阶段实施监理与咨询的费用。

工程监理与咨询服务费的主要内容包括：招投标咨询服务费、勘察监理与咨询费、设计咨询服务费、施工监理与咨询费、设备采购监造监理与咨询费。其中施工监理费以第二章～第九章建筑安装工程费用总额为基数，按表 8-7 费率采用内插法计列，设备采购监造监理和咨询费按国家和铁道部有关规定计列。

表 8-7 施工监理费率

| 第二章～第九章建筑安装工程费用总额（万元） | 费率 b(%) | |
|---|---|---|
| | 新建单线、建立工程、增建二线、电气化改造工程 | 新建双线 |
| M≤500 | 2.5 | 0.7 |
| 500<M≤1000 | 2.5>b≥2.0 | |
| 1000<M≤5000 | 2.0>b≥1.7 | |
| 5000<M≤10000 | 1.7>b≥1.4 | |
| 10000<M≤50000 | 1.4>b≥1.1 | |
| 50000<M≤100000 | 1.1>b≥0.8 | |
| M>100000 | 0.8 | |

5) 工程质量检测费

工程质量检测费是指为保证工程质量，根据铁道部规定，由建设单位委托具有相应资质的单位对工程进行检测所需的费用。工程质量检测费按国家和铁道部有关规定计列。

6) 工程质量安全监督费

工程质量安全监督费是指按国家有关规定实行工程质量安全监督所发生的费用。工程质量安全监督费按第二章～第十章费用总额的 0.02%～0.07% 计列。

7) 工程定额测定费

工程定额测定费是指为制定铁路工程定额和计价标准，实现对铁路工程造价的动态管理而发生的费用。工程定额测定费按第二章～第九章建筑安装工程费用总额的 0.01%～

0.05%计列。

8)施工图审查费

施工图审查费是指建设主管部门认定的施工图审查机构,按照有关法律、法规,对施工图涉及公共利益、公共安全和工程建设强制性标准的内容进行审查所需的费用。施工图审查费按国家和铁道部有关规定计列。

9)环境保护专项监理费

环境保护专项监理是指为保证铁路施工对环境及水土保持不造成破坏,从环保的角度对铁路施工进行专项检测、监督、检查所发生的费用。环境保护专项监理费按国家有关部委及建设项目所经地区省(自治区、直辖市)环保监理部门的有关规定计列。

10)营业线施工配合费

营业线施工配合费是指施工单位在营业线上进行建筑安装工程施工时,需要运营单位在施工期间参加配合工作所发生的费用(含安全监督检查费用)。

营业线施工配合费按不同工程类别的计算范围,以编制期人工费与编制期施工机械使用费之和为基数,乘以表8-8所列费率计列。

表8-8 营业线工工配合费费率表

| 工程类别 | 费率(%) | 计算范围 | 说明 |
|---|---|---|---|
| 一、路基 | | | |
| 1.石方爆破开挖 | 0.5 | 既有线改建、既有线增建二线需要封锁线路作业的爆破 | 不含石方装、运、卸及压实、码砌 |
| 2.路基基床加固 | 0.9 | 挤密桩等既有基床加固及基床换填 | 仅限于行车线路基,不含土石方装、运、卸 |
| 二、桥涵 | | | |
| 1.架梁 | 9.1 | 既有线改建、增建二线、拆除和架设成品梁 | 增建二线限于线间距10m以内 |
| 2.既有桥涵改建 | 2.7 | 既有桥梁墩台、基础的改建、加固,既有桥梁加固,既有涵洞接长、加固、改建 | |
| 3.顶进框架桥、顶进涵洞 | 1.4 | 行车线加固及防护,行车线范围内主体的开挖及顶进 | 不包括主体预制,工作坑、引道、土方外运及框架桥、涵洞内的路面,排水等工程 |
| 三、隧道及明洞 | 4.1 | 需要封锁线路作业的既有隧道及明洞、棚洞的改建、加固、整修 | |
| 四、轨道 | | | |
| 1.正线铺轨 | 3.5 | 既有轨道拆除、起落、重铺及拨移,换铺无缝线路 | 仅限于行车线 |
| 2.铺岔 | 5.5 | 既有道岔拆除、起落、重铺及拨移 | 仅限于行车线 |
| 3.道床 | 2.4 | 既有道床扒除、清筛、回填或换铺、补砟及沉落整修 | 仅限于行车线 |
| 五、通信、信息 | 2.0 | 通信、信息改建建安工程 | |
| 六、信号 | 24.4 | 信号改建建安工程 | |
| 七、电力 | 1.1 | 电力改建建安工程 | |
| 八、接触网 | 2.0 | 既有线增建电气化接触网建安工程和既有电气化改造接触网建安工程 | 已含牵引变电所、供电段等工程的施工配合费 |
| 九、给排水 | 0.5 | 全部建安工程 | |

(3)建设项目前期工作费项目筹融资费主要包括可行性研究费、环境影响报告编制与评估费、水土保持方案报告编制与评估费、地质灾害危险性评估费、地震安全性评估费、洪水影响评

价报告编制费、压覆矿藏评估费、文物保护费、森林植被恢复费、勘察设计费等,具体内容及计列标准见表8—9。

表8—9 建设项目前期工作费

| 序号 | 项目 | 费用内容 | 计列标准 |
|---|---|---|---|
| 1 | 项目筹融资费 | 向银行借款的手续费及为发行股票、债券而支付的各项发行费用 | 按国家和铁道部的有关规定计列 |
| 2 | 可行性研究费 | 编制和评估项目建议书(或预可行性研究报告)、可行性研究报告所需的费用 | |
| 3 | 环境影响报告编制与评估费 | 编制与评估建设项目环境影响报告所发生的费用 | |
| 4 | 水土保持方案报告编制与评估费 | 编制与评估建设项目水土保持方案报告所发生的费用 | |
| 5 | 地质灾害危险性评估费 | 对建设项目所在地区的地质灾害危险性进行评估所需的费用 | |
| 6 | 地震安全性评估费 | 对建设项目进行地震安全性评估所需的费用 | |
| 7 | 洪水影响评价报告编制费 | 就洪水对建设项目可能产生的影响和建设项目对防洪可能产生的影响作出评价,并编制洪水影响评价报告所需的费用 | |
| 8 | 压覆矿藏评估费 | 对建设项目压覆矿藏情况进行评估所需的费用 | |
| 9 | 文物保护费 | 对受建设项目影响的文物进行原址保护、迁移、拆除所需的费用 | |
| 10 | 森林植被恢复费 | 有关规定缴纳的所征用林地的植被恢复费用 | 按国家有关规定计列 |
| 11 | 勘察设计费 | 勘察费、设计费、标准设计费 | 按国家和铁道部的有关规定计列 |

(4)研究试验费是指为建设项目提供或验证设计数据、资料等所进行的必要的研究试验,以及按照设计规定在施工中必须进行的试验、验证所需的费用。不包括:

1)应由科技三项费用(即新产品试制费、中间试验费和重要科学研究补助费)开支的项目。

2)应由检验试验费开支的施工企业对建筑材料、设备、构件和建筑物等进行一般鉴定、检查所发生的费用及技术革新的研究试验费。

3)应由勘察设计费开支的项目。研究试验费应根据设计提出的研究试验内容和要求,经建设主管单位批准后按有关规定计列。

(5)联合试运转及工程动态检测费是指铁路建设项目在施工全面完成后至运营部门全面接收前,对整个系统进行负荷或无负荷联合试运转或进行工程动态检测所发生的费用。包括所需的人工、原料、燃料、油料和动力的费用,机械及仪器、仪表使用费用,低值易耗品及其他物品的购置费用等。

(6)生产准备费

1)生产职工培训费

生产职工培训费指新建和改扩建铁路工程,在交验投产以前对运营部门生产职工培训所必需的费用。主要包括:培训人员的工资、津贴和补贴,职工福利费,差旅交通费,劳动保护费,培训及教学实习费等。

生产职工培训费按表8—10所规定的标准计列。

表8—10 生产职工培训费标准(元/正线公里)

| 线路类别 \ 铁路类别 | 非电气化铁路 | 电气化铁路 |
|---|---|---|
| 新建单线 | 7500 | 11200 |
| 新建双线 | 11300 | 16000 |
| 新建第二线 | 5000 | 6400 |
| 既有线增建电气化 | — | 3200 |

注:时速200km及以上客运专线铁路的生产职工培训费另行分析确定。

2）办公和生活家具购置费

办公和生活家具购置费指为保证新建、改扩建项目初期正常生产、使用和管理，所必需购置的办公和生活家具、用具的费用。内容包括：行政、生产部门的办公室、会议室、资料档案室、文娱室、食堂、浴室、单身宿舍、行车公寓等的家具用具。但不包括应由企业管理费、奖励基金或行政开支的改扩建项目所需的办公和生活家具购置费。

办公和生活家具购置费按表 8－11 所规定的标准计列。

表 8－11　办公和生活家具购置费标准（元/正线公里）

| 铁路类别<br>线路类别 | 非电气化铁路 | 电气化铁路 |
|---|---|---|
| 新建单线 | 6000 | 7000 |
| 新建双线 | 9000 | 10000 |
| 新建第二线 | 3500 | 4000 |
| 既有线增建电气化 | | 2000 |

注：时速 200km 及以上客运专线铁路的生产职工培训费另行分析确定。

3）工器具及生产家具购置费

工器具及生产家具购置费是指新建、改建和扩建项目的新建车间，验交后为满足初期正常运营必须购置的第一套不构成固定资产的设备、仪器、仪表、工卡模具、器具、工作台（框、架、柜）等的费用。但不包括：构成固定资产的设备、工器具和备品、备件；已列入设备购置费中的专用工具和备品、备件。

工器具及生产家具购置费按表 8－12 所规定的标准计列。

表 8－12　生产工器具购置费标准（元/正线公里）

| 铁路类别<br>线路类别 | 非电气化铁路 | 电气化铁路 |
|---|---|---|
| 新建单线 | 12000 | 14000 |
| 新建双线 | 18000 | 20000 |
| 新建第二线 | 7000 | 8000 |
| 既有线增建电气化 | — | 4000 |

注：时速 200km 及以上客运专线铁路的生产职工培训费另行分析确定。

3．基本预备费

（1）在进行设计和施工过程中，在批准的设计范围内，必须增加的工程和按规定需要增加的费用。本项费用不含建筑工程费变更设计增加的费用。

（2）在建设过程中，未投保工程遭受一般自然灾害所造成的损失和为预防自然灾害所采取的措施费用，及为了规避风险而投保全部或部分工程的建筑、安装工程一切险和第三者责任险的费用。

（3）验收委员会（或小组）为鉴定工程质量，必须开挖和修复隐蔽工程的费用。

（4）由于设计变更所引起的废弃工程，但不包括施工质量不符合设计要求而造成的返工费用和废弃工程。

（5）征地、拆迁的价差。

基本预备费费率，初步设计概算按 5％计列，施工图预算、投资检算按 3％计列。

（三）工程概预算动态投资费用

工程概预算费用项目组成除了静态投资外还有动态投资，它主要包括工程造价增涨预留费和建设期投资贷款利息。

1．工程造价增涨预留费

工程造价增涨预留费指为正确反映铁路基本建设工程项目的概预算总额，在设计概预算编制年度到项目建设竣工的整个期限内,因形成工程造价诸因素的正常变动(如材料、设备价格的上涨,人工费及其他有关费用标准的调整等),导致必须对该建设项目所需的总投资额进行合理的核定和调整而需预留的费用。

工程造价增涨预留费应根据建设项目施工组织设计安排,以其分年度投资额及不同年限,按国家及铁道部公布的工程造价年上涨指数计算。

2. 建设期投资贷款利息

建设期投资贷款利息是指建设项目中分年度使用国内贷款,在建设期应归还的贷款利息。

(四)机车车辆购置费与铺底流动资金

1. 机车车辆购置费

机车车辆购置费应根据铁道部铁路机车、客车投资有偿占用有关办法的规定,在新建铁路、增建二线和电气化改造等基建大中型项目总概预算中计列按初期运量所需新增机车车辆的购置费。

机车车辆购置费按设计确定的初期运量所需新增机车车辆的型号、数量及编制期机车车辆购置价格费。

2. 铺底流动资金

铺底流动资金是为保证新建铁路项目投产初期正常运营所需流动资金有可靠来源而计列的费用,主要用于购买原材料、燃料、动力、支付职工工资和其他有关费用。

铺底流动资金按下列指标计列:

(1)地方铁路

1)新建Ⅰ级地方铁路:6.0万元/正线公里;

2)新建Ⅱ级地方铁路:4.5万元/正线公里;

3)既有地方铁路改扩建、增建二线以及电气化改造工程不计列铺底流动资金。

(2)其他铁路

1)新建单线Ⅰ级铁路:8.0万元/正线公里;

2)新建单线Ⅱ级铁路:6.0万元/正线公里;

3)新建双线:12.0万元/正线公里。

如初期运量较小,上述指标可酌情核减。既有线改建、增建二线以及电气化改造工程不计列铺底流动资金。

## 第二节 项目成本管理

### 一、工程项目成本的分类

工程项目施工过程中消耗的活劳动和物化劳动,包括劳动力、生产资料和劳动对象。这些消耗常以货币形式表现,如工资、固定资产折旧费、材料费以及管理费等。从财务上讲,就是施工企业支出的成本。

项目发生的成本是企业全部成本的一部分,而这一部分主要是铁路工程产品的制造成本。确定成本构成也要遵循制造成本的基本原理。所谓制造成本是指企业在生产经营过程中所发生的与生产经营有密切关系的费用,与生产经营过程没有联系的费用计入当期损益,不计入产品成本。另外,确定项目成本构成还要视项目的规模、组织原则及项目经营特点而定。

(1)铁路工程项目成本按其费用性质和定量计算方法的不同,分为直接成本和间接成本:

1)直接成本,是指以某项工程为对象,直接消耗于工程上的费用,包括人工费、材料费、施工机械费及其他直接费。

2)间接成本,是指在施工过程中,施工企业组织和管理施工以及为生产工人服务而消耗的人力、物力所支出的费用,这项费用是采取分摊到各项工程中的方法计算的。间接费所包括的内容很多,且取费标准也因地区的不同而有差别。

(2)铁路工程项目成本按其费用与完成工程量间的关系不同,可分为固定成本和可变成本:

1)固定成本是指不随所完成工程量的增减而变动的费用支出,如各种管理费。

2)可变成本是指随完成工程量的增减而变动的费用支出,如原材料、材料费、合同工以及临时工的工资等。

总而言之,铁路工程项目成本并非一成不变的,它主要是由生产全过程中各个环节、各个部门所有人员的工作质量决定的。所以,它是反映企业工作质量的综合性指标,是衡量企业管理水平的尺度。

### 二、工程项目成本管理责任体系

任何一项职能管理都必须有相应的组织体制保障。所谓职能管理是指在一定的范围内,为实现某种管理目标而进行的整体策划、计划、组织、实施、监督、控制的系统活动,它不同于日常的业务工作,但又必须通过诸多的日常业务工作和管理来实现。铁路工程项目成本管理属于目标管理,它不是专属于哪个部门、哪个工作岗位的具体业务,而是从组织管理层面到项目管理组织层面,许多业务部门和工作岗位共同实施的系统管理活动。

(1)成本预测体系。在企业经营整体目标指导下,通过成本的预测、决策和计划确定目标成本,目标成本再进一步分解到企业各层次、各部门,以及生产各环节,形成明确的成本目标,层层落实,保证成本管理控制的具体实施。

(2)成本控制体系。围绕着工程项目,企业从纵向上(各层次)和横向上(各部门以及全体人员),根据分解的成本目标,对成本形成的整个过程进行控制,具体内容包括:在投标过程中对成本预测、决策和成本计划的事前控制,对施工阶段成本计划实施的事中控制和交工验收成本结算评价的事后控制。根据各阶段、各条线上成本信息的反馈,对成本目标的优化控制进行监督并及时纠正发生的偏差,使项目成本限制在计划目标范围内,以实现降低成本的目标。

(3)信息流通体系。信息流通体系是对成本形成过程中有关成本信息(计划目标、原始数据资料等)进行汇总、分析和处理的系统。企业各层次、各部门及生产各环节对成本形成过程中实际成本信息进行收集和反馈,用数据及时、准确地反映成本管理控制中的情况。反馈的成本信息经过分析处理,对企业各层次、各部门以及生产各环节发出调整成本偏差的调节指令,保证降低成本目标按计划得以实现。

### 三、工程项目成本管理责任体系的建立

1. 建立项目成本管理责任体系的组织机构

(1)组织管理层。组织管理层主要是建立项目成本管理体系,组织体系的运行,行使管理职能、监督职能,负责项目全面成本管理的决策,确定项目合同价格和成本计划,确定项目管理层的成本目标。

(2)项目经理部。项目经理部的成本管理职能是组织项目部人员,在保证质量、如期完成工程项目施工的前提下,制定措施,落实公司制定的各项成本管理规章制度,完成上级确定的施工成本降低目标。其中,很重要的一项工作是将成本指标层层分解,与项目经理部各岗位人员签订项目经理部内部责任合同,落实到人。

(3)岗位层次的组织机构。岗位层次的组织机构即项目经理部岗位的设置。由项目经理部根据公司人事部门的工程施工管理办法及工程项目的规模、特点和实际情况确定。具体人员可以由项目经理部在公司的持证人员中选定。在项目经理部岗位人员由公司调剂的情况下,项目经理部有权提出正当理由,拒绝接受其认为不合格的岗位工作人员。项目管理岗位人员可兼职,但必须符合规定,持证上岗。项目经理部岗位人员负责完成各岗位的业务工作和落实制度规定的本岗位的成本管理职责和成本降低措施,是成本管理目标得以实现的关键所在。

岗位人员负责具体的施工组织、原始数据的搜集整理等工作,负责劳务分包及其他分包队伍的管理。因此,岗位人员在日常工作中要注意把管理工作向劳务分包及其他分包队伍延伸。只有共同做好管理工作,才能确保目标的实现。

2.制定项目成本管理责任体系的目标、制度文件

(1)公司层次项目成本管理办法:

1)项目责任成本的确定及核算办法。

2)物资管理或控制办法。

3)成本核算办法。

4)成本的过程控制及审计。

5)成本管理业绩的确定及奖罚办法。

(2)项目层次项目成本管理办法:

1)成本目标的确定办法。

2)材料及机具管理办法。

3)成本指标的分解办法及控制措施。

4)各岗位人员的成本职责。

5)成本记录的整理及报表程序。

(3)岗位层次项目成本管理办法:

1)岗位人员日常工作规范。

2)成本目标的落实措施。

3.完善项目成本管理的内部配套工作

项目经理部是一次性的临时机构,因此项目的成本收益也是一次性的,它无法像企业那样从众多商业行为中获得抵御市场风险能力和相应的风险收益;再者,企业拥有固定的资源和要素,项目经理部只能对供应到本工程项目的要素拥有支配权和处置权,因此企业要为项目施工成本管理完成内部配套工作。主要有以下工作:

(1)建立内部模拟要素市场。

(2)远离项目施工成本中的市场风险。

(3)建立项目施工成本管理体制,完善企业在项目施工成本管理中建立的内部约束、激励机制。

4.配套完善其他的管理系统

由于成本管理纵向贯穿工程投标、施工准备、施工、竣工结算的全过程,横向覆盖企业的经

营、技术、物资、财务等管理部门及项目经理部等现场管理部门,涉及面广、周期长,是一项综合性的管理工作。因此,在建立项目成本管理体系的过程中,要注意以成本管理系统为中心,相应配套完善管理系统,主要有:

(1)以确定项目责任成本和项目成本责任范围为主要任务,建立由预算合约部门牵头,生产、技术、劳资等部门参加的项目成本测算管理系统。

(2)以确定项目成本核算岗位责任和协调成本管理工作为主要任务的企业成本决策和成本管理考核系统。

(3)以落实项目成本支出和消耗为主要任务,建立由财务部门牵头,物资、设备、劳动等部门参加的项目成本核算的管理系统。

(4)以建立健全企业内部模拟市场管理为主要任务,由物资部门牵头,设备、劳动等部门参加的工程施工内部要素市场管理系统。

(5)以工程各项专业管理为主要任务的企业生产经济管理系统。

### 四、工程项目成本管理方法

项目成本管理是企业的一项重要的基础管理,是指施工企业结合本行业的特点,以施工过程中的直接耗费为原则,以货币为主要计量单位,对项目从开工到竣工所发生的各项收、支进行全面系统的管理,以实现项目施工成本最优化目的的过程。铁路工程项目成本主要从以下几方面进行管理:

1. 成本计划

项目成本计划是项目经理部对项目施工成本进行计划管理的工具。它是以货币形式编制工程项目在计划期内的生产费用、成本水平、成本降低率以及为降低成本所采取的主要措施和规划的书面方案,是建立项目成本管理责任制、开展成本控制和核算的基础。一般来说,一个项目成本计划应包括从开工到竣工所必需的施工成本,它是降低项目成本的指导文件,是设立目标成本的依据。

2. 成本控制

项目成本控制是指在施工过程中,对影响项目成本的各种因素加强管理,并采取各种有效措施,将施工中实际发生的各种消耗和支出严格控制在成本计划范围内,随时揭示并及时反馈,严格审查各项费用是否符合标准,计算实际成本和计划成本之间的差异并进行分析,消除施工中的损失浪费现象,发现和总结先进经验,通过成本控制,使之最终实现甚至超过预期的成本节约目标。项目成本控制应贯穿工程项目从招投标阶段开始直到项目竣工验收的全过程,它是企业全面成本管理的重要环节。

3. 成本核算

项目成本核算是指项目施工过程中所发生的各种费用和形式。项目成本的核算一是按照规定的成本开支范围对施工费用进行归集,计算出施工费用的实际发生额;二是根据成本核算对象,采用适当的方法,计算出该工程项目的总成本和单位成本。项目成本核算所提供的各种成本信息,是成本预测、成本计划、成本控制、成本分析和成本考核等各个环节的依据。因此,加强项目成本核算工作,对降低项目成本、提高企业的经济效益有积极的作用。

4. 成本分析

项目成本分析是在成本形成过程中,对项目成本进行的对比评价和剖析总结工作。它贯穿于项目成本管理的全过程,即项目成本分析主要利用工程项目的成本核算资料(成本信息),

与目标成本(计划成本)、预算成本以及类似的工程项目的实际成本等进行比较,了解成本的变动情况,同时也要分析主要技术经济指标对成本的影响,系统地研究成本变动的因素,检查成本计划的合理性,并通过成本分析,深入揭示成本变动的规律,寻找降低项目成本的途径,以便有效地进行成本控制。

5. 成本考核

成本考核是指在项目完成后,对项目成本形成中的各责任者,按项目成本目标责任制的有关规定,将成本的实际指标与计划、定额、预算进行对比和考核,评定项目成本计划的完成情况和各责任者的业绩,并以此给以相应的奖励或处罚。通过成本考核,做到有奖有惩,赏罚分明,才能有效地调动企业的每一个职工在各自的施工岗位上努力完成目标成本的积极性,为降低项目成本和增加企业的积累做出自己的贡献。

为了取得铁路工程项目成本管理的理想成果,应当从多方面采取措施实施管理,通常可以将这些措施归纳为以下四个方面:

(1)组织措施

组织措施是从项目成本管理的组织方面采取的措施,如实行项目经理责任制,落实项目成本管理的组织机构和人员,明确各级项目成本管理人员的任务和职能分工、权力和责任,编制本阶段项目成本控制工作计划和详细的工作流程图等。项目成本管理不仅是专业成本管理人员的工作,各级项目管理人员都负有成本控制责任。组织措施是其他各类措施的前提和保障,而且一般不需要增加什么费用,运用得当就可以收到良好的效果。

(2)技术措施

技术措施不仅对解决项目成本管理过程中的技术问题是不可缺少的,而且对纠正项目成本管理目标偏差也有相当重要的作用。因此,运用技术措施的关键,一是要能提出多个不同的技术方案,二是要对不同的技术方案进行技术经济分析。在实践中,要避免仅从技术角度选定方案而忽视对其经济效果的分析论证。

(3)经济措施

经济措施是最易为人接受和采用的措施。管理人员应编制资金使用计划,确定、分解项目成本管理目标。对项目成本管理目标进行风险分析,并制定防范性对策。通过偏差原因分析和未完项目成本预测,可发现一些可能导致未完项目成本增加的潜在问题,对这些问题应以主动控制为出发点,及时采取预防措施。由此可见,经济措施的运用绝不仅仅是财务人员的事情。

(4)合同措施

成本管理要以合同为依据,因此合同措施就显得尤为重要。对于合同措施从广义上理解,除了参加合同谈判、修订合同条款、处理合同执行过程中的索赔问题、防止和处理好与业主和分包商之间的索赔之外,还应分析不同合同之间的相互联系和影响,对每一个合同作总体和具体分析等。

## 第三节　项目成本计划与控制

一、项目成本计划

1. 项目成本计划的组成内容

项目成本计划是项目成本管理的一个重要环节,是实现降低项目成本任务的指导性文件,也是项目成本预测的继续。铁路工程项目成本计划的过程是动员项目经理部全体职工,挖掘降低成本潜力的过程,也是检验施工技术质量管理、工期管理、物资消耗和劳动力消耗管理等效果的全过程。

(1)直接成本计划。铁路工程项目直接成本计划的具体内容如下:

1)编制说明。指对工程的范围、投标竞争过程及合同条件、承包人对项目经理提出的责任成本目标、项目成本计划编制的指导思想和依据等的具体说明。

2)项目成本计划的指标。项目成本计划的指标应经过科学的分析预测确定,可以采用对比法、因素分析法等进行测定。

3)按工程量清单列出的单位工程成本计划汇总表。

4)按成本性质划分的单位工程成本汇总表,根据清单项目的造价分析,分别对人工费、材料费、机械费、措施费、特殊施工增加费和税费进行汇总,形成单位工程成本计划表。

5)项目成本计划应在项目实施方案确定和不断优化的前提下进行编制,因为不同的实施方案将导致直接工程费、措施费和特殊施工增加费的差异。成本计划的编制是项目成本预控的重要手段,因此,应在工程开工前编制完成,以便将成本计划目标分解落实,为各项成本的执行提供明确的目标、控制手段和管理措施。

(2)间接成本计划。铁路工程项目间接成本计划主要是反映施工现场管理费用的计划数、预算收入数及降低额。间接成本计划应根据工程项目的核算期,以项目总收入费的管理费为基础,制定各部门费用的收支计划,汇总后作为工程项目管理费用的计划。在间接成本计划中,收入应与取费口径一致,支出应与会计核算中管理费用的二级科目一致。间接成本计划的收支总额,应与项目成本计划中管理费一栏的数额相符。各部门应按照节约开支、压缩费用的原则,制定"管理费用归口包干指标落实办法",以保证该计划的实施。

铁路工程项目成本计划是一个动态控制的过程,不仅在计划阶段进行周密的成本计划,而且要在实施过程中将成本计划和成本控制合为一体,不断根据新情况,如工程设计的变更、施工环境的变化等,随时调整和修改计划,预测项目施工结束时的成本状况以及项目的经济效益,形成一个动态控制过程。

成本计划不仅针对建设成本,还要考虑运营成本的高低。在通常情况下,对施工项目的功能要求高、建筑标准高,则施工过程中的工程成本增加,但今后使用期内的运营费用会降低;反之,如果工程成本低,则运营费用会提高。这就在确定成本计划时产生了争执,通常通过对项目全寿命期作总经济性比较和费用优化来确定项目的成本计划。

项目成本计划具有积极主动性,不再仅仅是被动地按照已确定的技术设计、工期、实施方案和施工环境来预算工程的成本,更注重进行技术经济分析,从总体上考虑项目工期、成本、质量和实施方案之间的相互影响和平衡,以寻求最优的解决途径。

成本目标的最小化与项目盈利的最大化相统一,盈利的最大化经常是从整个项目的角度分析的。如经过对项目的工期和成本的优化选择一个最佳的工期,以降低成本。但是,如果通过加班加点适当压缩工期,使得项目提前竣工投产,根据合同获得的奖金高于工程成本的增加额,这时成本的最小化与盈利的最大化并不一致,从项目的整体经济效益出发,提前完工是值得的。

2.铁路基本建设项目成本计划的编制

(1)编制依据

1)承包合同。合同文件除了合同文本外,还包括招标文件、投标文件、设计文件等,合同中的工程内容、数量、规格、质量、工期和支付条款都将对工程的成本计划产生重要的影响。因此,承包方在签订合同前应进行认真的研究与分析,在正确履约的前提下降低工程成本。

2)项目管理实施规划。其中工程项目施工组织设计文件为核心的项目实施技术方案与管理方案,是在充分调查和研究现场条件及有关法规条件的基础上制定的,不同实施条件下的技术方案和管理方案,将导致工程成本的不同。

3)可行性研究报告和相关设计文件。

4)生产要素的价格信息。

5)反映企业管理水平的消耗定额(企业施工定额)以及类似工程的成本资料等。

(2)编制要求

1)由项目经理部负责编制,报组织管理层批准。

2)自下而上分级编制并逐层汇总。

3)反映各成本项目指标和降低成本指标。

(3)编制程序

编制成本计划的程序,因项目的规模大小、管理要求不同而不同。大中型项目一般采用分级编制的方式,即先由各部门提出部门成本计划,再由项目经理部汇总编制全项目工程的成本计划;小型项目一般采用集中编制方式,即由项目经理部先编制各部门成本计划,再汇总编制全项目的成本计划。

(4)编制方法

1)按实计算作为预算成本基础的编制方法。按实计算法,就是工程项目经理部有关职能部门(人员)以该项目施工图预算的工料分析资料作为控制计划成本的依据,根据工程项目经理部执行施工定额的实际水平和要求,由各职能部门归口计算各项计划成本。

2)以施工预算作为基础的编制方法。施工预算法,是指以施工图中的工程实物量,套以施工工料消耗定额,计算工料消耗量,并进行工料汇总,然后统一以货币形式反映其施工生产耗费水平的方法。以施工工料消耗定额所计算的施工生产耗费水平,基本是一个不变的常数。一个工程项目要实现较高的经济效益(较大降低成本水平),就必须在这个常数基础上采取技术节约措施,以降低单位消耗量和降低价格等措施,来达到成本计划的成本目标水平。因此,采用施工预算法编制成本计划时,必须考虑结合技术节约措施计划,以进一步降低施工生产耗费水平。

3)成本习性法。成本习性法是固定成本和变动成本在编制成本计划中的应用,主要按照成本习性,将成本分成固定成本和变动成本两类,以此计算计划成本。具体划分可采用按费用分解的方法。

①材料费:与产量有直接联系,属于变动成本。

②人工费:在计时工资形式下,生产工人工资属于固定成本,因为不管生产任务完成与否,工资照发,与产量增减无直接联系。如果采用计件超额工资形式,其计件工资部分属于变动成本,奖金、效益工资和浮动工资部分,亦应计入变动成本。

③机械使用费:其中有些费用随产量增减而变动,如燃料费、动力费等,属变动成本。有些费用不随产量变动,如机械折旧费、大修理费、机修工和操作工的工资等,属于固定成本。此外还有机械的场外运输费和机械组装拆卸、替换配件、润滑擦拭等经常修理费,由于不直接用于生产,也不随产量增减成正比例变动,而是在生产能力得到充分利用,产量增长时,所分摊的费用就少些,在产量下降时,所分摊的费用就要大一些,所以这部分费用为介于固定成本和变动

成本之间的半变动成本,可按一定比例划为固定成本和变动成本。

④措施费:水、电、汽等费用以及现场发生的其他费用,多数与产量发生联系,属于变动成本。

⑤施工管理费:其中大部分在一定产量范围内与产量的增减没有直接联系,如工作人员工资、生产工人辅助工资、工资附加费、办公费、差旅交通费、固定资产使用费、职工教育经费、上级管理费等,基本上属于固定成本。检验试验费、外单位管理费等与产量增减有直接联系,则属于变动成本范围。此外,劳动保护费中的劳保服装费、防暑降温费、防寒用品费,劳动部门都有规定的领用标准和使用年限,基本上属于固定成本范围。技术安全措施费、保健费,大部分与产量有关,属于变动成本。

4)技术节约措施法。技术节约措施法是指以工程项目计划采取的技术组织措施和节约措施所能取得的经济效果为项目成本降低额,然后计算工程项目计划成本的方法。

**二、项目成本控制**

1. 铁路基本建设项目成本控制的依据

铁路工程项目成本控制,是指项目经理部在项目成本形成的过程中,为控制人、机、材消耗和费用支出,降低工程成本,达到预期的项目成本目标,所进行的成本预测、计划、实施、核算、分析、考核、整理成本资料与编制成本报告等一系列活动。

铁路工程项目成本控制是在成本发生和形成的过程中,对成本进行的监督检查。成本的发生和形成是一个动态的过程,这就决定了成本的控制也应该是一个动态过程,因此,也可称为成本的过程控制。

项目经理部应依据下列资料进行成本控制:

(1)项目承包合同文件。项目成本控制要以工程承包合同为依据,围绕降低工程成本这个目标,从预算收入和实际成本两方面,努力挖掘增收节支潜力,以求获得最大的经济效益。

(2)项目成本计划。项目成本计划是根据工程项目的具体情况制定的施工成本控制方案,既包括预定的具体成本控制目标,又包括实现控制目标的措施和规划,是项目成本控制的指导文件。

(3)进度报告。进度报告提供了每一时刻工程实际完成量、工程施工成本实际支付情况等重要信息。施工成本控制工作正是通过实际情况与施工成本计划相比较,找出二者之间的差别,分析偏差产生的原因,从而采取措施改进以后的工作。此外,进度报告还有助于管理者及时发现工程实施中存在的隐患,并在事态还未造成重大损失之前采取有效措施,尽量避免损失。

(4)工程变更与索赔资料。在项目的实施过程中,由于各方面的原因,工程变更是很难避免的。工程变更一般包括设计变更、进度计划变更、施工条件变更、技术规范与标准变更、施工次序变更、工程数量变更等。一旦出现变更,工程量、工期、成本都必将发生变化,从而使得施工成本控制工作变得更加复杂和困难。因此,施工成本管理人员应当通过对变更要求中各类数据的计算、分析,随时掌握变更情况,包括已发生工程量、将要发生工程量、工期是否拖延、支付情况等重要信息,判断变更以及变更可能带来的索赔额度等。

除了上述几种项目成本控制工作的主要依据以外,有关施工组织设计、分包合同文本等也都是铁路工程项目成本控制的依据。

2.铁路基本建设项目成本控制的原则

铁路项目成本控制原则是管理的基础和核心,项目经理部在对项目施工进行成本控制时,必须遵循以下基本原则:

(1)成本最低化原则。施工项目成本控制的根本目的,在于通过成本管理的各种手段,促进不断降低施工项目成本,以达到可能实现最低的目标成本的要求。

(2)全面成本控制原则。全面成本管理是全企业、全员、全过程的管理,亦称"三全"管理。项目成本的全员控制有一个系统的实质性内容,包括各部门、各单位责任网络和班组经济核算等,应防止成本控制人人有份、人人不管。

(3)动态控制原则。施工项目是一次性的,成本控制应强调项目的中间控制,即动态控制。因为施工准备阶段的成本控制只是根据施工组织设计的具体内容确定成本目标、编制成本计划、制定成本控制的方案,为今后的成本控制作好准备,而竣工阶段的成本控制,由于成本盈亏已基本定局,即使发生了偏差,也来不及纠正。

(4)目标管理原则。目标管理内容包括:目标的设定分解,目标的责任到位和执行,检查目标的执行结果,评价目标和修正目标,形成目标管理的计划、实施、检查、处理循环。

(5)责任、权力相结合的原则。在项目施工过程中,项目经理部各部门、各班组在肩负成本控制责任的同时,享有成本控制的权力,同时项目经理要对各部门、各班组在成本控制中的业绩进行定期的检查和考评,实行有奖有罚。

3.铁路基本建设项目成本控制的对象和内容

(1)以项目成本形成的过程作为控制对象

根据对项目成本实行全面、全过程控制的要求,具体的控制内容包括:

1)在工程投标阶段,应根据工程概况和招标文件,进行项目成本的预测,提出投标决策意见。

2)施工准备阶段,应结合设计图纸的自审、会审和其他资料(如地质勘探资料等),编制实施性施工组织设计,通过多方案的技术经济比较,从中选择经济合理、先进可行的施工方案,编制明细而具体的成本计划,对项目成本进行事前控制。

3)施工阶段,以施工图预算、施工预算、劳动定额、材料消耗定额和费用开支标准等,对实际发生的成本费用进行控制。

4)竣工交付使用及保修期阶段,应对竣工验收过程发生的费用和保修费用进行控制。

(2)以项目的职能部门、施工队和生产班组作为成本控制的对象

成本控制的具体内容是日常发生的各种费用和损失,这些费用和损失,都发生在各个职能部门、施工队和生产班组。因此,应以职能部门、施工队和班组作为成本控制对象,接受项目经理和企业有关部门的指导、监督、检查和考评。

与此同时,项目的职能部门、施工队和班组还应对自己承担的责任成本进行自我控制。应该说,这是最直接、最有效的项目成本控制。

(3)以分部分项工程作为项目成本的控制对象

为了把成本控制工作做得扎实、细致,落到实处,还应以分部分项工程作为项目成本的控制对象。在正常情况下,项目预算人员应该根据分部分项工程的实物量,参照施工预算定额,联系项目管理的技术素质、业务素质和技术组织措施的节约计划,编制包括工、料、机消耗数量以及单价、金额在内的施工预算,作为对分部分项工程成本进行控制的依据。

目前,边设计、边施工的项目比较多,不可能在开工之前一次性编出整个项目的施工预算,但可根据出图情况,编制分阶段的施工预算。总的来说,不论是完整的施工预算,还是分阶段的施工预算,都是进行项目成本控制必不可少的依据。

（4）以对外经济合同作为成本控制对象

工程项目的对外经济业务，都要以经济合同为纽带建立合约关系，以明确双方的权利和义务。在签订上述经济合同时，除了要根据业务要求规定的时间、质量、结算方式和履（违）约奖罚等条款外，还必须强调要将合同的数量、单价、金额控制在预算收入以内。合同金额超过预算收入，就意味着成本亏损；反之，就能降低成本。

成本发生和形成过程的动态性，决定了成本的过程控制必然是一个动态的过程。根据成本过程控制的原则和内容，重点控制的是进行成本控制的管理行为是否符合要求，作为成本管理业绩体现的成本指标是否在预期范围之内。因此，要搞好成本的过程控制，就必须有标准化、规范化的过程控制程序。

铁路基本建设项目成本控制应按下列程序进行：

1）收集实际成本数据。

2）实际成本数据与成本计划目标进行比较。

3）分析成本偏差及原因。

4）采取措施纠正偏差。

5）必要时修改成本计划。

6）按照规定的时间间隔编制成本报告。

4. 铁路基本建设项目成本的控制方法

项目成本控制的方法很多，应该说只要在满足质量、工期、安全的前提下，能够达到成本控制的目的的方法都是好方法。但是，各种方法都有一定的随机性，究竟在什么样的情况下应该采取什么样的方法，这是由控制内容所确定的。因此，需要根据不同的情况，选择与之相适应的控制手段和方法。

（1）价值工程

价值工程工作程序的详细步骤为：对象的确定→收集情报→功能定义→功能整理→功能评价→确定对象的范围→具体调查→详细评价→提案。这个工作程序可以概括为三个阶段（准备阶段、分析阶段、综合评价阶段）和三个基本步骤（功能定义、功能评价、控制改进方案）。

价值工程的一般工作程序见表8—13。

表8—13　价值工程的工作程序

| 价值工程的工作阶段 | 活动程序 | | 对应问题 |
| --- | --- | --- | --- |
| | 基本步骤 | 具体步骤 | |
| 一、分析问题 | 1. 功能定义 | （1）选择对象<br>（2）搜集资料 | （1）价值工程的研究对象是什么 |
| | 2. 功能评价 | （3）功能定义<br>（4）功能整理 | （2）这是干什么用的 |
| | | （5）功能分析及功能评价 | （3）它的成本是多少<br>（4）它的价值是多少 |
| 二、综合研究 | 3. 制定创新方案与评价 | （6）方案创造 | （5）有无其他方法实现同样功能 |
| | | （7）概括评价 | （6）新方案的成本是多少 |
| 三、方案评价 | | （8）指定具体方案<br>（9）实验研究<br>（10）详细评价<br>（11）提案审批<br>（12）方案实施<br>（13）成果评价 | （7）新方案能否满足要求 |

结合价值活动，制订技术先进、经济合理的施工方案，实现项目成本控制。具体的运用步

骤如下：

1)通过价值工程活动,进行技术经济分析,确定最佳施工方法。

2)结合施工方法,进行材料使用的比选,在满足功能要求的前提下,通过代用、改变配合比、使用添加剂等方法降低材料消耗。

3)结合施工方法,进行机械设备选型,确定最合适的机械设备的使用方案。如：机械要选择功能相同、功能最高的机械；模板,要结合结构特点,在组合钢模、大钢模、滑模等当中选择最合适的一种。

4)通过价值工程活动,结合项目的施工组织设计和所在地的自然地理条件,对降低材料的库存成本和运输成本进行分析,以确定最节约的材料采购和运输方案,以及合理的材料储备。

(2)赢得值法

赢得值法,又称曲线法,是用项目成本累计曲线来进行施工成本控制的一种方法,如图 8-2 所示。图中 $a$ 表示施工成本实际值曲线, $p$ 表示施工成本计划值曲线,两条曲线之间的竖向距离表示施工成本偏差。

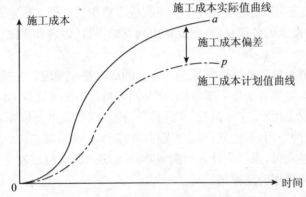

图 8-2 施工成本计划值与实际值曲线

在用曲线法进行施工成本偏差分析时,首先要确定施工成本计划值曲线。施工成本计划值曲线是与确定的进度计划联系在一起的。同时,也应考虑实际进度的影响,应当引入三条施工成本参数曲线,即已完工工程实际施工成本曲线 $a$,已完工工程计划施工成本曲线 $b$ 和拟完工工程计划施工成本曲线 $p$,如图 8-3 所示。

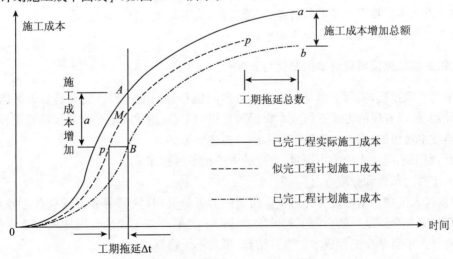

图 8-3 三种施工成本参数曲线

图中曲线 $a$ 与曲线 $b$ 的竖向距离表示施工成本偏差,曲线 $b$ 与曲线 $p$ 的水平距离表示进度偏差。图 8-3 反映的偏差为累计偏差。用曲线法进行成本控制同样具有形象、直观的特点,但这种方法很难直接用于定量分析,只能对定量分析起一定的指导作用。

## 第四节　项目成本核算

### 一、实现项目成本核算应遵循的原则

成本核算就是记录、汇总和计算工程项目各项费用的支出,核算工程实际成本。搞好成本核算,可以划清工程成本与其他费用开支的界限。项目经理部应根据财务制度和会计制度的有关规定,建立项目成本核算制,明确项目成本核算的原则、范围、程序、方法、内容、责任及要求,并设置核算台账,记录原始数据。

铁路工程项目成本核算应遵循以下原则:

(1)遵守成本开支范围,正确划分应计人工程成本费用的原则。成本开支范围是指建安企业在生产经营过程中发生的各项费用,在成本中列支的项目、内容和界限。成本开支范围由国家统一规定。

(2)专业核算与群众核算相结合的原则。企业的成本是一项综合性指标,企业的成本核算是一项群众性的工作,必须有全体职工参加,在共同的目标下相互合作,才能搞好。

(3)根据实际完成工程量、实际消耗、实际价格,按照权责发生制核算工程成本的原则。即凡是当期成本应负担的费用,不论款项是否支付,均应计入当期成本;凡不属于当期成本负担的费用,即使款项已经支付,也不应计入当期成本。当期一次支付或发生数额较大、受益期长的费用,可以作为待摊费用分期摊销。

### 二、铁路工程项目成本核算的基本要求

(1)项目经理部应根据财务制度和会计制度的有关规定,建立项目成本核算制,明确项目成本核算的原则、范围、程序、方法、内容、责任及要求,并设置核算台账,记录原始数据。

(2)项目经理部应按照规定的时间间隔进行项目成本核算。

(3)项目成本核算应坚持形象进度、产值统计、成本归集三同步的原则。

(4)项目经理部应编制定期成本报告。

### 三、铁路基本建设项目成本的归集与分配

成本的核算过程,实际上也是各成本项目的归集和分配的过程。成本的归集是指通过一定的会计制度,以有序的方式进行成本数据的搜集和汇总;而成本的分配是指将归集的间接成本分配给成本对象的过程,也称间接成本的分摊或分派。

因此,对于不同性质的成本项目,分配的方法也不尽相同。

1. 人工费的归集和分配

(1)内包人工费。指两层分开后企业所属的劳务分公司(内部劳务市场自有劳务)与项目经理签订的劳务合同结算的全部工程价款。适用于类似外包工式的合同定额结算支付办法,按月结算计入项目单位工程成本。当月结算,隔月不予结算。

(2)外包人工费。按项目经理部与劳务基地(内部劳务市场外来劳务)或直接与外单位施

工队伍签订的包清工合同,以当月验收完成的工程实物量,计算出定额工日数,然后乘以合同人工单价确定人工费,并按月根据项目经济员提供的"包清工工程款月度成本汇总表"(分外包单位和单位工程)预提计入项目单位工程成本。当月结算,隔月不予结算。

2. 材料费的归集和分配

(1)工程耗用的材料,根据限额领料单、退料单、报损报耗单、大堆材料耗用计算单等,由项目料具员按单位工程编制"材料耗用汇总表",据此计入项目成本。

(2)钢材、水泥、木材高进高出价差核算。钢材、水泥、木材、石灰、花草苗木、土木材料、钢轨、道岔、轨枕、光电缆线、给排水管材等材料的基期价格采用现行的《铁路工程建设材料期价格》进行核算。

1)标内代办。指"三材"差价列入工程预算账单内作为造价组成部分。

2)标外代办。指由建设单位直接委托材料分公司代办三材,其发生的"三材"差价,由材料分公司与建设单位按代办合同口径结算。

(3)一般价差核算。

1)提高项目材料核算的透明度,简化核算,做到明码标价。一般可按一定时点上内部材料市场挂牌价作为材料记账,材料、财务账相符的"计划价",两者对比产生的差异,计入项目单位工程成本,即所谓的实际消耗量调整后的实际价格。如市场价格发生较大变化,可适时调整材料记账的"计划价",以便缩小材料成本差异。

2)钢材、水泥、木材、玻璃、沥青按实际价格核算,高于预算取费的差价,高进高出,谁用谁负担。

3)项目对外自行采购或按定额承包供应材料,如砖、瓦、砂、石等,应按实际采购价或按议定供应价格结算,由此产生的材料、成本差异节超,相应增减项目成本。同时重视转嫁压价让利风险,获取材料采购经营利益,使供应商让利受益于项目。

3. 周转材料的归集和分配

(1)周转材料实行内部租赁制,以租费的形式反映其消耗情况,按"谁租用谁负担"的原则,核算其项目成本。

(2)按周转材料租赁办法和租赁合同,由出租方与项目经理部按月结算租赁费。租赁费按租用的数量、时间和内部租赁单价计算计入项目成本。

(3)周转材料在调入移出时,项目经理部都必须加强计量验收制度,如有短缺、损坏,一律按原价赔偿,计入项目成本(缺损数→进场数→退场数)。

(4)租用周转材料的进退场运费,按其实际发生数,由调入项目负担。

(5)对U形卡、脚手扣件等零件除执行项目租赁制外,考虑到其比较容易散失的因素,故按规定实行定额预提摊耗,摊耗数计入项目成本,相应减少次月租赁基数及租赁费。单位工程竣工,必须进行盘点,盘点后的实物数与前期逐月按控制定额摊耗后的数量差,按实调整清算计入成本。

(6)实行租赁制的周转材料,一般不再分配负担周转材料差价。退场后发生的修复整理费用,应由出租单位作出租成本核算,不再向项目另行收费。

4. 机械使用费的归集和分配

(1)机械设备实行内部租赁制,以租赁费形式反映其消耗情况,按"谁租用谁负担"的原则,核算其项目成本。

(2)按机械设备租赁办法和租赁合同,由企业内部机械设备租赁市场与项目经理部按月结算租赁费。租赁费根据机械使用台班、停置台班和内部租赁单价计算,计入项目成本。

(3)机械进出场费,按规定由承租项目负担。

(4)项目经理部租赁的各类大中小型机械,其租赁费全额计入项目机械费成本。

(5)根据内部机械设备租赁市场运行规则要求,结算原始凭证由项目指定专人签证开班和停班数,据以结算费用。现场机、电、修等操作工奖金由项目考核支付,计入项目机械费成本并分配到有关单位工程。

(6)向外单位租赁机械,按当月租赁费用全额计入项目机械费成本。

上述机械租赁费结算,尤其是大型机械租赁费及进出场费应与产值对应,防止只有收入无成本的不正常现象,或形成收入与支出不配比状况。

5.施工措施费的归集和分配

(1)施工过程中的材料二次搬运费,按项目经理部向劳务分公司汽车队托运汽车包天或包月租费结算,或以运输公司的汽车运费计算。

(2)临时设施摊销费按项目经理部搭建的临时设施总价(包括活动房)除项目合同工期求出每月应摊销额,临时设施使用一个月摊销一个月,摊完为止,项目竣工搭拆差额(盈亏)按实调整实际成本。

(3)生产工具用具使用费。大型机动工具、用具等可以套用类似内部机械租赁办法以租费形式计入成本,也可按购置费用一次摊销法计入项目成本,并作好在用工具实物借用记录,以便反复利用。工用具的修理费按实际发生数计入成本。

(4)除上述以外的措施费内容,均应按实际发生的有效结算凭证计入项目成本。

6.施工间接费的归集和分配

(1)要求以项目经理部为单位编制工资单和奖金单列支工作人员薪金。

(2)劳务分公司所提供的炊事人员代办食堂承包、服务,警卫人员提供区域岗点承包服务以及其他代办服务费用计入施工间接费。

(3)内部银行的存贷款利息,计入"内部利息"(新增明细子目)。

(4)施工间接费,先在项目"施工间接费"总账归集,再按一定的分配标准计入受益成本核算对象(单位工程)"工程施工间接成本"。

### 四、项目成本核算的主要方法

1.项目成本会计核算法

会计核算法是指建立在会计核算基础上,利用会计核算所独有的借贷记账法和收支全面核算的综合特点,按项目成本内容和收支范围,组织项目成本核算的方法。

使用会计法核算项目成本时,项目成本直接在项目上进行核算称为直接核算,不直接在项目上进行核算的称为间接核算,介于直接核算与间接核算之间的是列账核算。

(1)项目成本的直接核算。项目除及时上报规定的工程成本核算资料外,还要直接进行项目施工的成本核算,编制会计报表,落实项目成本的盈亏。项目不仅是基层财务核算单位,而且是项目成本核算的主要承担者。还有一种是不进行完整的会计核算,通过内部列账单的形式,利用项目成本台账,进行项目成本列账核算。

直接核算是将核算放在项目上,便于项目及时了解项目各项成本情况,也可以减少一些扯皮。不足的一面是每个项目都要配有专业水平和工作能力较高的会计核算人员。目前一些单位还不具备直接核算的条件。此种核算方式,一般适用于大型项目。

(2)项目成本的间接核算。项目经理部不设置专职的会计核算部门,由项目有关人员按期、按规定的程序和质量向财务部门提供成本核算资料,委托企业在本项目成本责任范围内进行项目成本核算,落实当期项目成本盈亏。企业在外地设立分公司的,一般由分公司组织会计核算。

间接核算是将核算放在企业的财务部门,项目经理部不配专职的会计核算部门,由项目有关人员按期与相应部门共同确定当期的项目成本收入。项目按规定的时间、程序和质量向财务部门提供成本核算资料,委托企业的财务部门在项目成本收支范围内,进行项目成本支出的核算,落实当期项目成本的盈亏。这样可以使会计专业人员相对集中,一个成本会计可以完成两个或两个以上的项目成本核算。不足之处,一是项目了解成本情况不方便,项目对核算结论信任度不高;二是由于核算不在项目上进行,项目开展管理岗位成本责任核算,就会失去人力支持和平台支持。

(3)项目成本列账核算。项目成本列账核算是介于直接核算和间接核算之间的一种方法。项目经理部组织相对直接核算,正规的核算资料留在企业的财务部门。

列账核算法的正规资料在企业财务部门,方便档案保管,项目凭相关资料进行核算,也有利于项目开展项目成本核算和项目岗位成本责任考核。但企业和项目要核算两次,相互之间往返较多,比较烦琐。因此它适用于较大工程。

2. 项目成本表格核算法

表格核算法是建立在内部各项成本核算基础上,各要素部门和核算单位定期采集信息,填制相应的表格,并通过一系列的表格,形成项目成本核算体系,作为支撑项目成本核算平台的方法。

表格核算法是依靠众多部门和单位支持,专业性要求不高。一系列表格,由有关部门和相关要素提供单位,按有关规定填写,完成数据比较、考核和简单的核算。它的特点是比较简洁明了,直观易懂,易于操作,实时性较好。缺点一是覆盖范围较窄,如核算债权、债务等比较困难,二是较难实现科学的、严密的审核制度,有可能造成数据失实,精度较差。

表格核算法一般有以下几个过程:

(1)确定项目责任成本总额。
(2)项目编制内控成本和落实岗位成本责任。
(3)项目责任成本和岗位收入调整。
(4)确定当期责任成本收入。
(5)确定当月的分包成本支出。
(6)材料消耗的核算。
(7)周转材料租用支出的核算。
(8)水、电费支出的核算。
(9)项目外租机械设备的核算。
(10)项目自有机械设备、大小型工器具摊销、CI费用分摊、临时设施摊销等费用开支的核算。
(11)现场实际发生的措施费开支的核算。
(12)项目成本收支核算。
(13)项目成本总收支的核算。

# 第五节　项目成本分析与考核

## 一、铁路基本建设项目成本分析

项目成本分析，就是根据统计核算、业务核算和会计核算提供的资料，对项目成本的形成过程和影响成本升降的因素进行分析，以寻求进一步降低成本的途径（包括项目成本中的有利偏差的挖潜和不利偏差的纠正）；另一方面，通过成本分析，可从账簿、报表反映的成本现象看清成本的实质，从而增强项目成本的透明度和可控性，为加强成本控制，实现项目成本目标创造条件。由此可见，铁路工程项目成本分析，也是降低成本、提高项目经济效益的重要手段之一。

项目成本分析的内容就是对项目成本变动因素的分析。一般来说，铁路工程项目成本分析的内容主要包括以下几个方面：

### 1. 人工费用水平的合理性

在实行管理层和作业层两层分离的情况下，项目施工需要的人工和人工费，由项目经理部与施工队签订劳务承包合同，明确承包范围、承包金额和双方的权利、义务。对项目经理部来说，除了按合同规定支付劳务费以外，还可能发生一些其他人工费支出，这些费用支出主要有：

(1) 因实物工程量增减而调整的人工和人工费。

(2) 定额人工以外的估点工工资（已按定额人工的一定比例由施工队包干，并已列入承包合同的，不再另行支付）。

(3) 对在进度、质量、节约、文明施工等方面作出贡献的班组和个人进行奖励的费用。

项目经理部应分析上述人工费的合理性。人工费合理性是指人工费既不过高，也不过低。如果人工费过高，就会增加工程项目的成本，而人工费过低，工人的积极性不高，工程项目的质量就有可能得不到保证。

### 2. 材料、能源利用效果

在其他条件不变的情况下，材料、能源消耗定额的高低，直接影响材料、燃料成本的升降。材料、燃料价格的变动，也直接影响产品成本的升降。可见，材料、能源利用的效果及其价格水平是影响产品成本升降的重要因素。

### 3. 机械设备的利用效果

施工企业的机械设备有自有和租用两种。在机械设备的租用过程中，存在着两种情况：一是按产量进行承包，并按完成产量计算费用的，如土方工程，项目经理部只要按实际挖掘的土方工程量结算挖土费用，而不必过问挖土机械的完好程度和利用程度；另一种是按使用时间（台班）计算机械费用的，如塔吊、搅拌机、砂浆机等，如果机械完好率差或在使用中调度不当，必然会影响机械的利用率，从而延长使用时间，增加使用费用。自有机械也要提高机械完好率和利用率，因为自有机械停用，仍要负担固定费用。因此，项目经理部应该给予一定的重视。

### 4. 施工质量水平的高低

对施工企业来说，提高工程项目质量水平就可以降低施工中的故障成本，减少未达到质量标准而发生的一切损失费用，但这也意味着为保证和提高项目质量而支出的费用就会增加。可见，施工质量水平的高低也是影响项目成本的主要因素之一。

5. 其他影响项目成本变动的因素

其他影响项目成本变动的因素,包括除上述四项以外的措施费用以及为施工准备、组织施工和管理所需要的费用。

### 二、铁路基本建设项目成本分析的原则

(1)实事求是的原则。在成本分析中,必然会涉及一些人和事,因此要注意人为因素的干扰。成本分析一定要有充分的事实依据,对事物进行实事求是的评价。

(2)用数据说话的原则。成本分析要充分利用统计核算和有关台账的数据进行定量分析,尽量避免抽象的定性分析。

(3)注重时效的原则。项目成本分析贯穿于项目成本管理的全过程。这就要求要及时进行成本分析,及时发现问题,及时予以纠正。否则,就有可能贻误解决问题的最好时机,造成成本失控、效益流失。

(4)为生产经营服务的原则。成本分析不仅要揭露矛盾,而且要分析产生矛盾的原因,提出积极有效的解决矛盾的合理化建议。这样的成本分析,必然会深得人心,从而受到项目经理部有关部门和人员的积极支持与配合,使项目的成本分析更健康地开展下去。

### 三、成本分析的基本方法

项目成本分析应采用比较法、因素分析法、差额分析法和比率法等基本方法,也可采用分部分项成本分析、年季月(或周旬等)度成本分析、竣工成本分析等综合成本分析方法。

1. 项目成本分析基本方法

(1)比较法。又称"指标对比分析法",就是通过技术经济指标的对比,检查目标的完成情况,分析产生差异的原因,进而挖掘内部潜力的方法。这种方法,具有通俗易懂、简单易行、便于掌握的特点,因而得到了广泛的应用,但在应用时必须注意各技术经济指标的可比性。

(2)因素分析法。又称"连环代替法"或"连销代替法",可用来分析各种因素对成本的影响程度。在进行分析时,首先要假定众多因素中的一个因素发生了变化,而其他因素不变,然后逐个替换,分别比较其计算结果,以确定各个因素的变化对成本的影响程度。

因素分析法的计算步骤如下:

1)确定分析对象,并计算出实际数与目标数的差异。

2)确定该指标是由哪几个因素组成的,并按其相互关系进行排序。

3)以目标数为基础,将各因素的目标数相乘,作为分析替代的基数。

4)将各个因素的实际数按照上面的排列顺序进行替换计算,并将替换后的实际数保留下来。

5)将每次替换计算所得的结果,与前一次的计算结果相比较,两者的差异即为该因素对成本的影响程度。

6)各个因素的影响程度之和,应与分析对象的总差异相等。

因素分析法是把项目施工成本综合指标分解为各个项目联系的原始因素,以确定引起指标变动的各个因素的影响程度的一种成本费用分析方法。它可以衡量各项因素影响程度的大小,以便查明原因,明确主要问题所在,提出改进措施,达到降低成本的目的。

(3)差额分析法。差额分析法是因素分析法的一种简化形式,它利用各个因素的目标与实际的差额来计算其对成本的影响程度。

1)以各个因素的计划数为基础,计算出一个总数。

2)逐项以各个因素的实际数替换计划数。

3)每次替换后,实际数就保留下来,直到所有计划数都被替换成实际数为止。

4)每次替换后,都应求出新的计算结果。

5)最后将每次替换所得结果,与其相邻的前一个计算结果比较,其差额即为替换的那个因素对总差异的影响程度。

(4)比率法。比率法是指用两个以上指标的比例进行分析的方法。它的基本特点是:先把对比分析的数值变成相对数,再观察其相互之间的关系。

2.项目综合成本分析方法

所谓综合成本,是指涉及多种生产要素,并受多种因素影响的成本费用,如分部分项工程成本、月(季)度成本、年度成本等。由于这些成本都是随着项目施工的进展而逐步形成的,与生产经营有着密切的关系,因此,做好上述成本的分析工作,无疑将促进项目的生产经营管理,提高项目的经济效益。

(1)分部分项工程成本分析。分部分项工程成本分析是施工项目成本分析的基础。分部分项工程成本分析的对象为已完成分部分项工程。分析的方法是:进行预算成本、目标成本和实际成本的"三算"对比,分别计算实际偏差和目标偏差,分析偏差产生的原因,为今后的分部分项工程成本寻求节约途径。

分部分项工程成本分析的资料来源是:预算成本来自投标报价成本,目标成本来自施工预算,实际成本来自施工任务单的实际工程量、实耗人工和限额领料单的实耗材料。

由于施工项目包括很多分部分项工程,不可能也没有必要对每一个分部分项工程都进行成本分析,特别是一些工程量小、成本费用微不足道的零星工程。但是,对于那些主要分部分项工程则必须进行成本分析,而且要做到从开工到竣工进行系统的成本分析。这是一项很有意义的工作,因为通过主要分部分项工程成本的系统分析,可以基本上了解项目成本形成的全过程,为竣工成本分析和今后的项目成本管理提供宝贵的参考资料。

(2)月(季)度成本分析。月(季)度的成本分析,是施工项目定期的、经常性的中间成本分析。对于有一次性特点的施工项目来说,有着特别重要的意义。因为通过月(季)度成本分析,可以及时发现问题,以便按照成本目标指示的方向进行监督和控制,保证项目成本目标的实现。

(3)年度成本分析。企业成本要求一年结算一次,不得将本年成本转入下一年度。而项目成本则以项目的寿命周期为结算期,要求从开工、竣工到保修期结束连续计算,最后结算出成本总量及其盈亏。由于项目的施工周期一般较长,除进行月(季)度成本核算和分析外,还要进行年度成本的核算和分析。这不仅是为了满足企业汇编年度成本报表的需要,同时也是项目成本管理的需要。因为通过年度成本的综合分析,可以总结一年来成本管理的成绩和不足,为今后的成本管理提供经验和教训,从而可对项目成本进行更有效的管理。

年度成本分析的依据是年度成本报表。年度成本分析的内容,除了月(季)度成本分析的六个方面以外,重点是针对下一年度的施工进展情况规划提出切实可行的成本管理措施,以保证施工项目成本目标的实现。

(4)竣工成本的综合分析。凡是有几个单位工程而且是单独进行成本核算(即成本核算对象)的施工项目,其竣工成本分析应以各单位工程竣工成本分析资料为基础,再加上项目经理部的经营效益(如资金调度、对外分包等所产生的效益)进行综合分析。如果施工项目只有一个成本核算对象(单位工程),就以该成本核算对象的竣工成本资料作为成本分析的依据。

通过以上分析,可以全面了解单位工程的成本构成和降低成本的来源,对今后同类工程的成本管理很有参考价值。

**四、铁路基本建设项目成本考核**

成本考核主要是指定期考察可读性成本计划指标的完成情况,确定成本超支或降低的程度,评价成本管理的成绩,据以衡量经营管理水平,考察项目经理部的经济责任,落实经济利益,调动项目经理部节约耗费、降低成本的积极性,努力提高经济效益。

铁路工程项目成本考核,首先根据施工项目汇编成本分析报告,综合分析成本完成情况,与预算成本、计划成本和上级下达的成本指标对比,并按成本各项目分析说明节约和超支的主客观原因。在分析时,应突出论述左右成本的重大问题和采取技术组织措施造成的浪费和节约情况。在分析的基础上总结正反面经验和教训,有针对性地提出改进措施和建议。

铁路工程项目成本考核,可以分为两个层次:一是企业对项目经理的考核;二是项目经理对所属部门、施工队和班组的考核。通过层层考核,督促项目经理、责任部门和责任者更好地完成自己的责任成本,从而形成实现项目成本目标的层层保证体系。

1. 企业对项目经理考核的内容
(1)项目成本目标和阶段成本目标的完成情况。
(2)以项目经理为核心的成本管理责任制的落实情况。
(3)成本计划的编制和落实情况。
(4)对各部门、各作业队和班组责任成本的检查和考核情况。
(5)在成本管理中贯彻责权利相结合原则的执行情况。

2. 项目经理对所属各部门、各作业队和班组考核的内容
(1)对各部门的考核内容:
1)本部门、本岗位责任成本的完成情况。
2)本部门、本岗位成本管理责任的执行情况。
(2)对各作业队的考核内容:
1)对劳务合同规定的承包范围和承包内容的执行情况。
2)劳务合同以外的补充收费情况。
3)对班组施工任务单的管理情况,以及班组完成施工任务后的考核情况。

对生产班组的考核内容(平时由作业队考核):以分部分项工程成本作为班组的责任成本,以施工任务单和限额领料单的结算资料为依据,与施工预算进行对比,考核班组责任成本的完成情况。

铁路工程项目的成本考核,可分为月度考核、阶段考核和竣工考核三种。为贯彻责权利相结合原则,应在项目成本考核的基础上,确定成本奖罚标准,并通过经济合同的形式明确规定,及时兑现。由于月度成本考核和阶段成本考核属假设性的,因而,实施奖罚应留有余地,待项目竣工成本考核后再进行调整。

# 第九章　工程项目资源管理

## 第一节　概　述

### 一、项目资源的种类

**1. 人力资源**

在工程项目资源中,人力资源是各生产要素中"人"的因素,具有非常重要的作用,主要包括劳动力总量,各专业、各级别的劳动力,操作工、修理工以及不同层次和职能的管理人员。

随着国家和建筑业用工制度的改革,目前,各施工企业已经有了多种形式的用工,包括固定工、合同工、临时工和城建制的外地队伍,而且已经形成了弹性结构。

**2. 材料**

材料主要包括原材料、设备和周围材料。其中,原材料和设备构成工程建筑的实体。

按在生产中的作用分类,建筑材料可分为主要材料、辅助材料和其他材料。主要材料是指在施工中被直接加工,构成工程实体的各种材料,如钢材、水泥、砂、石等。辅助材料是指在施工中有助于产品的形成,但不构成实体的材料,如促凝剂、脱模剂、润滑物等。其他材料指不构成工程实体,但又是施工中必须的材料,如燃料、油料、砂纸等。

周转材料,如脚手架材、模板材等、工具、预制构配件、机械零配件等,都因在施工中有独特作用而自成一类,其管理方式与材料基本相同。

**3. 机械设备**

工程项目的机械设备主要是指项目施工所需的施工设备、临时设施和必须的后勤供应。施工设备,如塔吊、混凝土拌合设备、运输设备等。临时设施,如施工用仓库、宿舍、办公室、工棚、厕所、现场施工用供排系统(水电管网、道路)等。

**4. 技术**

技术的含义很广,指操作技能、劳动手段、劳动者素质、生产工艺、试验检验、管理程序和方法等。任何物质生产活动都是建立在一定的技术基础上的,也是在一定技术要求和技术标准的控制下进行的。随着生产的发展,技术水平也在不断提高,技术在生产中的地位和作用也就越来越重要。

**5. 资金**

资金是一种资源,从流动过程来讲,首先是投入,即筹集的资金投入到施工项目上;其次是使用,也就是支出。资金的合理使用是施工顺序有序进行的重要保证,这也是常说的"资金是项目的生命线"的原因。

**6. 其他**

项目资源除了上述五项外,还包括计算机软件、信息系统、服务、专利技术等。

## 二、项目资源管理的目的

项目资源管理的目的,就是在保证工程施工质量和工期的前提下,节约活劳动和物化劳动,从而节约资源,达到降低工程成本的目的。为达到此种目的,项目资源管理应注意以下几个方面:

(1)项目资源管理就是对资源进行优化配置,即适时、适量地按照一定比例配置资源,并投入到施工生产中,以满足需要。

(2)进行资源的优化组合,即投入项目的各种资源在施工项目中搭配适当、协调,能够充分发挥作用,更有效地形成生产力。

(3)在整个项目运行过程中,能对资源进行动态管理。由于项目的实施过程是一个不断变化的过程,对资源的需求也会不断发生变化,因此资源的配置与组合也需要不断地调整,以适应工程的需要,这就是一种动态的管理。它是优化组合与配置的手段与保证,基本内容应该是按照项目的内在规律,有效地计划、组织、协调、控制各种生产资源,使它能合理地流动,在动态中求得平衡。

(4)在施工项目运行中,合理地、节约地使用资源,也是实现节约资源(资金、材料、设备、劳动力)的一种重要手段。

## 第二节 人力资源管理

### 一、人力资源需求计划

1. 确定劳动效率

确定劳动力的劳动效率,是劳动力需求计划编制的重要前提,只有确定了劳动力的劳动效率,才能制订出科学合理的计划。工程施工中,劳动效率通常用"产量/单位时间",或"工时消耗量/单位工作量"来表示。

在一个工程中,分项工程量一般是确定的,它可以通过图纸和规范的计算得到,而劳动效率的确定却十分复杂。在铁路工程中,劳动效率可以在《铁路劳动定额》中直接查到,它代表社会平均先进的劳动效率。但在实际应用时,必须考虑到具体情况,如环境、气候、地形、地质、工程特点、实施方案的特点、现场平面布置、劳动组合等,进行合理调整。

根据劳动力的劳动效率,即可得出劳动办调入的总工时,其计算式如:

$$劳动力投入总工时 = 工程量/(产量/单位时间)$$
$$= 工程量 \times 工时消耗/单位工程量$$

2. 确定劳动力投入量

劳动力投入量也称劳动组合或投入强度,在工程劳动力投入总工时一定的情况下,假设在持续的时间内,劳动力投入强度相等,而且劳动效率也相等。在确定每日班次及每班次的劳动时间时,可依下式进行:

$$某活动劳动力投入量 = \frac{劳动力投入总工时}{班次/日 \times 工时/班次 \times 活动持续时间}$$

$$= \frac{工程量 \times 工时消耗量 \times 单位工程量}{班次/日 \times 工时/班次 \times 活动持续时间}$$

3. 人力资源需求计划的编制

(1)在编制劳动力需要量计划时,由于工程量、劳动力投入量、持续时间、班次、劳动效率、每班工作时间之间存在一定的变量关系,因此,在计划中要注意它们之间的相互调节。

(2)在工程项目施工中,经常安排混合班组承担一些工作包任务,此时,不仅要考虑整体劳动效率,还要考虑到设备能力和材料供应能力的制约,以及与其他班组工作的协调。

(3)劳动力需要量计划中还应包括对现场其他人员的使用计划,如为劳动力服务的人员(如医生、厨师、司机等)、工地警卫、勤杂人员、工地管理人员等,可根据劳动力投入量计划按比例计算,或根据现场的实际需要安排。

## 二、人力资源的优化配备

1. 人力资源优化配备的依据

就企业来讲,人力资源配置的依据是人力资源需求计划。企业的人力资源需求计划是根据企业的生产与劳动生产率水平计算的。就施工项目而言,人力资源的配置依据是施工进度计划。

此外,还要考虑相关因素的变化,即要考虑生产力的发展、市场需求、技术进步、市场竞争、职工年龄结构、知识结构、技能结构等因素的变化。

2. 人力资源优化配备的要求

对人力资源进行优化配置时,应以精干高效、双向选择、治懒汰劣、竞争择优为原则,同时,还需满足以下要求:

(1)数量合适。根据工程量的大小和合理的劳动定额并结合施工工艺和工作面的大小确定劳动者的数量。要做到在工作时间内能满负荷工作,防止"三个人的活、五个人干"的现象。

(2)结构合理。所谓结构合理是指在劳动力组织中的知识结构、技能结构、年龄结构、体能结构、工种结构等方面,与所承担生产经营任务的需要相适应,能满足施工和管理的需求。

(3)素质匹配。主要是指劳动者的素质结构与物质形态的技术结构相匹配;劳动者的技能素质与所操作的设备、工艺技术的要求相适应;劳动者的文化程度、业务知识、劳动技能、熟练程度和身体素质等,能胜任所担负的生产和管理工作。

(4)协调一致。指管理者与被管理者、劳动者之间,相互支持、相互协作、相互尊重、相互学习,成为具有很强凝聚力的劳动群体。

(5)效益提高。这是衡量劳动力组织优化的最终目标,一个优化的劳动力组织不仅在工作上实现满负荷、高效率,更重要的是要提高经济效益。

3. 人力资源优化配置的方法

(1)应在人力资源需求计划的基础上再具体化,防止漏配,必要时根据实际情况对人力资源计划进行调整。

(2)如果现有的人力资源能满足要求,配置时尚应贯彻节约原则。如果现有劳动力不能满足要求,项目经理部应向企业申请加配,或在企业经理授权范围内进行招募,也可以把任务转包出去。如果在专业技术或其他素质上现有人员或新招收人员不能满足要求,应提前进行培训,再上岗作业。培训任务主要由企业劳务部门承担,项目经理部只能进行辅助培训,即临时性的操作训练或试验性操作练兵,进行劳动纪律、工艺纪律及安全作业教育等。

(3)配置劳动力时应积极可靠,让工人有超额完成的可能,以获得奖励,进而激发出工人的劳动热情。

(4)尽量使作业层正在使用的劳动力和劳动组织保持稳定,防止频繁调动。当在用劳动组织不适应任务要求时,应进行劳动组织调整,并应打乱原建制进行优化组合。

(5)为保证作业需要,工种组合、技术工人与壮工比例必须适当、配套。

(6)尽量使劳动力均衡配置,以便于管理,使劳动资源强度适当,达到节约的目的。

### 三、人力资源的动态管理

1. 动态管理的原则

劳动力动态管理是以进度计划与劳务合同为依据,以动态平衡和日常调度为手段,以企业内部市场为依托,允许劳动力在市场内作充分的合理流动,以达到劳动力优化组合和以作业人员的积极性充分调动为目的。

2. 项目经理部的职责

项目经理部是项目施工范围内劳动力动态管理的直接责任者,其主要职责如下:

(1)按计划要求向企业劳务管理部门申请派遣劳务人员,并签订劳务合同。

(2)按计划在项目中分配劳务人员,并下达施工任务单或承包任务书。

(3)在施工中不断进行劳动力平衡、调整,解决施工要求与劳动力数量、工种、技术能力、相互配合中存在的矛盾。在此过程中按合同与企业劳务部门保持信息沟通、人员使用和管理的协调。

(4)按合同支付劳务报酬。解除劳务合同后,将人员遣归内部劳务市场。

3. 施工现场经济承包责任制

(1)实施原则:

1)制定经济承包责任制要科学、先进、合理、实用、可行。

2)建立岗位责任制时,要充分发扬民主,使全体职工都有权发表自己的意见,避免主观性、片面性。

3)建立干部、人工双向选择制度,打破职务、职业终身制,使组织机构适应经济承包责任制的需要。

4)要兼顾国家、集体、个人利益,确保上缴,超收多留,欠收自补。同时要严格维护承包者的利益,避免分配不公,要体现多劳多得。

5)做好考核、审计工作,对承包经营效果,经济责任制履行情况进行总结、评价。

(2)责任制的形式。按施工现场责任制承包者的不同,责任制可划分为职工个人的经济责任制和单位集体经济责任制。前者是以每个岗位上的职工个人为对象建立经济承包责任制,包括现场行政领导的经济责任制、专业管理人员责任制和施工人员的经济责任制;后者是以单位集体,如工程队、专业队、作业班组为对象建立的经济承包责任制。

### 四、人力资源管理考核

1. 人力资源管理考核评比标准

对人力资源进行考核评比时,多采取百分制和等级制考核相结合的评比办法,即设立"优"、"良"、"可"、"差"四个等级,按岗位职责划分出得分项目,累计为100分。考核时以得分多少就近套等级,得90分以上的为"优",80分以上的为"良",70分以上的为"可",70分以下的为"差"。

2. 人力资源考核评比方法

目前,我国对人力资源的考核和评比工作,多采取定期考核与不定期抽查考核相结合、年终总评的方法。定期考核每月一次,由考评小组进行;不定期抽查考核由部门负责人组织,中心领导参加,随时可以进行,抽查情况要认真记录,以备集中考核时运用;年终结合评选工作进行总评。对中层干部和管理人员的考评,由服务中心领导组织职工管理委员会中的职工成员共同参与,进行年度考评。

3. 人力资源考核评比工作的实施

人力资源考核评比小组(简称考评小组)在每次对各部门、各岗位的工作情况进行全面检查考核后,要召开例会,结合平时的抽查情况、职工的考勤和日常工作表现、服务对象的满意度等综合因素,为每一名职工打分,作出综合评价。

考评小组通常由7人组战,其具体实施办法是:7名考评小组成员按照各自掌握的被考评职工的综合情况,先独立给出各自的综合评价分(综合评价分的起评标准为:优 90～95 分;良 80～85 分;可 70～75 分;差 60～65 分),在给出的这 7 个综合评价分中去掉最高和最低的分数,余下 5 个分数的平均数就是该职工所得的初步评分。在此基础上运用检查考核的结果,工作质量好、完全符合工作标准的可以适当加分,但加分最多不能超过 5 分;工作质量达不到工作标准要求的,不合格的每一个单项扣 1 分。最后累计总的得分就是被考评职工的最终考评得分,这个得分所套入的等级就是该职工本次考核获得的考评等级。

4. 对管理人员的考核

(1)主观评价法。依据一定的标准对被考核者进行主观评价。在评价过程中,可以通过对比较法,将被考核者的工作成绩与其他被考核者比较,评出最终的顺序或等级;也可以通过绝对标准法,直接根据考核标准和被考核者的行为表现进行比较。主观评价法比较简易,但也容易受考核者的主观影响,需要在使用过程中精心设计考核方案,减少考核的不确定性。

(2)客观评价法。依据工作指标的完成情况进行客观评价。主要包括生产指标,如产量、销售量、废次品率、原材料消耗量、能源率等;个人工作指标,如出勤率、事故率、违规违纪次数等指标。客观评价法注重工作结果,忽略被考核者的工作行为,一般只适用于生产一线从事体力劳动的员工。

(3)工作成果评价法。是为员工设定一个最低的工作成绩标准,然后将员工的工作结果与这一最低的工作成绩标准进行比较,重点考核被考核者的产出和贡献。

## 第三节　材料资源管理

**一、材料需求计划**

1. 材料需求量计算

(1)直接计算法。对于工程任务明确、施工图纸齐全,可直接按施工图计算出分部分项工程实物工程量,套用相应的材料消耗定额,逐条逐项计算各种材料的需用量,然后汇总编制材料需用计划,最后再按施工进度计划分期编制各期材料需用计划。

(2)间接计算法。对于工程已经落实,但设计尚未完成,技术资料不全,不具备直接计算需用量条件的情况,为了事前做好备料工作,便可采用间接计算法。当设计图纸等技术资料具备后,应按直接计算法进行计算调整。

2. 材料总需求计划的编制

(1)计划编制人员与投标部门进行联系,了解工程投标书中该项目的材料汇总表。

(2)计划编制人员查看经主管领导审批的项目施工组织设计,了解工程工期安排和机械使用计划;

(3)根据企业资源和库存情况,对工程所需物资的供应进行策划,确定采购或租赁的范围;根据企业和地方主管部门的有关规定确定供应方式(招标或非招标,采购或租赁);了解当期市场价格情况。

(4)进行具体编制,可按表9-1进行。

表9-1 单位工程物资总量供应计划表

项目名称: 单位:元

| 序号 | 材料名称 | 规格 | 单位 | 数量 | 单价 | 金额 | 供应单位 | 供应方式 |
|---|---|---|---|---|---|---|---|---|
| | | | | | | | | |
| | | | | | | | | |
| | | | | | | | | |
| | | | | | | | | |
| | | | | | | | | |
| | | | | | | | | |
| | | | | | | | | |
| | | | | | | | | |

制表人: 审核人: 审批人: 制表时间:

**3. 材料计划期(季、月)需求计划的编制**

季度计划是年度计划的滚动计划和分解计划,因此,欲了解季度计划,必须首先了解年度计划。年度计划是物资部门根据企业年初制定的方针目标和项目年度施工计划,通过套用现行的消耗定额编制的年度物资供应计划,是企业控制成本、编制资金计划和考核物资部门全年工作的主要依据。

月度需求计划也称备料计划,是由项目技术部门依据施工方案和项目月度计划编制的下月备料计划,也可以说是年、季度计划的滚动计划,多由项目技术部门编制,经项目总工审核后报项目物资管理部门。

其编制步骤大致如下:

(1)了解企业年度方针目标和本项目全年计划目标;

(2)了解工程年度的施工计划;

(3)根据市场行情,套用企业现行定额,编制年度计划;

(4)根据表9-2编制材料备料计划。

表9-2 物资备料计划

年 月

项目名称: 计划编号: 编制依据: 第 页共 页

| 序号 | 材料名称 | 型号 | 规格 | 单位 | 数量 | 质量标准 | 备注 |
|---|---|---|---|---|---|---|---|
| | | | | | | | |
| | | | | | | | |
| | | | | | | | |
| | | | | | | | |
| | | | | | | | |
| | | | | | | | |
| | | | | | | | |

制表人: 审核人: 审批人: 制表时间:

## 二、材料管理控制

### 1. 选择合适的供应单位

根据专业人员以往的经验和以前掌握的实际情况进行分析、比较、综合判断,选定供应单位。

### 2. 订立采购供应合同

材料采购业务谈判必须遵守国家和地方政府制定的物资政策、物价政策和有关法令,供需双方应本着平等互利、协商一致、等价有偿的精神进行谈判。

材料采购负责人在与供应商商谈采购合同时,应根据材料申请计划在采购合同中注明采购材料的名称、规格型号、单位和数量、进场日期、质量材料、环保及职业健康安全执行标准要求等内容,规定验收方式以及发生质量问题时双方所承担的责任、仲裁方式等。

### 3. 材料出厂或进场验收

(1)分包单位采购的材料。物资部重点查看材料供应厂(商)和质量,对事前没报的生产厂家产品且事前又未接到通知或说明的,可拒绝验收,并及时通知项目商务人员共同解决。

(2)业主提供的材料。根据招标文件和双方的约定,由业主提供的材料,进场时应随货提供产品合格证明;对进口物资,还应提供产品的报关单、发货票等资料。

### 4. 材料的储存管理

(1)全面规划。根据材料性能、搬运与装卸保管条件、吞吐量和流转情况,合理安排材料货位。同类材料应安排在一处;性能上互相有影响或灭火方法不同的材料,严禁安排在同一处储存。实行"四号定位",即:库内保管划定库号、架号、层号、位号,库外保管划定区号、点号、排号、位号,对号入座,合理布局。

(2)科学管理。必须按类分库,新旧分堆,规格排列,上轻下重,危险专放,上盖下垫,定量保管,五五堆放,标记鲜明,质量分清,过目知数,定期盘点,便于收发管理。

(3)制度严密,防火防盗。要建立健全保管、领发等管理制度,并严格执行,使各项工作井然有序;要做好防火防盗工作,根据保管材料的不同,配置不同类型的灭火器具。

(4)勤于盘点,及时记账。要做到日清月结季盘点,平时收发料时,随时盘点,发现问题及时解决。要健全料卡、料账制度,收发盘点及时记账,做到卡、账、物相符。健全原始记录制度,为材料统计与成本核算提供资料。

## 三、材料管理考核

### 1. 材料管理指标考核

材料管理指标,俗称软指标,是指在材料供应管理过程中,将定性的管理工作以量化的方式对物资部门进行的考核。具体考核内容应包括以下几方面:

(1)材料供应兑现率

$$材料供应兑现率 = \frac{材料实际供应量}{材料计划量} \times 100\%$$

(2)材料验收合格率

$$材料验收合格率 = \frac{材料验收合格入库量}{材料进场验收数量} \times 100\%$$

(3)限额领料执行面

$$限额领料执行面 = \frac{实行限额领料材料品种数}{项目使用材料全部品种数} \times 100\%$$

(4)重大环境因素控制率

$$重大环境因素控制率 = \frac{实际控制的重大环境因素项}{全部所识别的重大因素项} \times 100\%$$

### 2. 材料经济指标考核

材料经济指标,俗称硬指标,它反映了材料在实际供应过程中为企业所带来的经济效益,也是管理人最关心的一种考核指标。其考核内容主要包括以下两个方面:

(1)采购成本降低率

$$某材料采购成本降低率 = \frac{该种材料采购成本降低额}{该种材料工程预算收入额} \times 100\%$$

采购成本降低额 = 工程材料预算收入(与业主结算)单价×采购数量 − 实际采购单位×采购数量

工程预算收入额 = 与业主结算单价×采购量

(2)工程材料成本降低率

$$工程材料成本降低率 = \frac{工程实际材料成本降低额}{工程实际材料收入成本} \times 100\%$$

工程实际材料成本降低额 = 工程实际材料收入成本 − 工程实际材料发生成本

工程实际材料收入成本 = 与业主结算材料单价×与业主结算量

工程实际材料发生成本 = 实际采购价×实际使用量

## 第四节 机械设备资源管理

### 一、机械设备需求计划

机械设备需求计划主要用于确定施工机具设备的类型、数量、进场时间,可据此落实施工机具设备来源,组织进场。其编制方法为:将工程施工进度计划表中的每一个施工过程每天所需的机具设备类型、数量和施工日期进行汇总,即得出施工机具设备需要量计划。其表格形式见表9—3。

表9—3 施工机具需要量计划表

| 序号 | 施工机具名称 | 型号 | 规格 | 电功率<br>(kV·A) | 需要量<br>(台) | 使用时间 | 备 注 |
|---|---|---|---|---|---|---|---|
|  |  |  |  |  |  |  |  |
|  |  |  |  |  |  |  |  |
|  |  |  |  |  |  |  |  |
|  |  |  |  |  |  |  |  |
|  |  |  |  |  |  |  |  |
|  |  |  |  |  |  |  |  |

## 二、机械设备管理控制

### 1.机械设备购置管理

当实施项目需要新购机械设备时,大型机械以及特殊设备应在调研的基础上,写出经济技术可行性分析报告,经有关领导和专业管理部门审批后,方可购买。

由于工程的施工要求,施工环境及机械设备的性能并不相同,机械设备的使用效率和产出能力也各有高低,因此,在选择施工机械设备时,应本着切合需要、经济合理的原则进行。

### 2.机械设备租赁管理

(1)内部租赁。内部租赁指施工企业所属的机械经营单位与施工单位之间的机械租赁。

(2)社会租赁。社会租赁指社会化的租赁企业对施工企业的机械租赁。

### 3.机械设备操作人员管理

(1)项目应建立健全设备安全使用岗位责任制,从选型、购置、租赁、安装、调试、验收到使用、操作、检查、维护、保养和修理直至拆除退场等各个环节,都要严格,并且有操作性能的岗位责任制。

(2)项目要建立健全设备安全检查、监督制度,要定期和不定期地进行设备安全检查,及时消除隐患,确保设备和人身安全。

(3)设备操作和维护人员,要严格遵守建筑机械使用安全技术规程,对于违章指挥,设备操作者有权拒绝执行;对违章操作,现场施工管理人员和设备管理人员应坚决制止。

(4)对于起重设备的安全管理,要认真执行当地政府的有关规定,由经过培训考核,具有相应资质的专业施工单位承担设备的拆装、施工现场移位、顶升、锚固、基础处理、轨道铺设、移场运输等工作任务。

(5)各种机械必须按照国家标准安装安全保险装置。机械设备转移施工现场,重新安装后必须对设备安全保险装置重新调试,并经试运转,以确认各种安全保险装置符合标准要求,方可交付使用。任何单位和个人都不得私自拆除设备出厂时所配置的安全保险装置而操作设备。

### 4.机械设备的保养

保养指在零件尚未达到极限磨损或发生故障以前,对零件采取相应的维护措施,以降低零件的磨损速度,消除产生故障的隐患,从而保证机械正常工作,延长使用寿命。

保养的内容有:清洁、紧固、调整、润滑、防腐。

保养所追求的目标是提高机械效率、减少材料消耗和降低维修费用。因此。在确定保养项目内容时,应充分考虑机械类型及新旧程度、使用环境和条件、维修质量、燃料油、润滑油及材料配件的质量等因素。

## 三、机械设备管理考核

### 1.机械设备管理考核指标体系

机械设备的考核指标体系是机械设备管理的重要内容,对于考核企业机械装备水平、施工机械化程度,以及企业在机械设备方面的综合管理水平、变化趋势,有着重要意义。

机械设备的技术经济指标见表9—4。

表 9—4  机械设备的技术经济指标

| 技术经济指标 | | 计算公式 |
|---|---|---|
| 机械装备水平 | 技术装备率 | 机械装备率(元/人)=$\dfrac{全年机械平均价值(元)}{全年平均人数(人)}$ |
| | 动力装备率 | 动力装备率(kW/人)=$\dfrac{全年机械平均动力数(kW)}{全年平均人数(人)}$ |
| 装备生产率 | | 装备生产率(%)=$\dfrac{全年完成的总工作量(元)}{机械设备的净值(元)}\times 100\%$ |
| 完好率、利用率、机械效率 | 完好率 | 日历完好率(%)=$\dfrac{报告期完好台日数}{报告期日历台日数}\times 100\%$<br>制度完好率(%)=$\dfrac{报告期完好台日数}{报告期制度台日数}\times 100\%$ |
| | 利用率 | 日历利用率(%)=$\dfrac{报告期实作台日数}{报告期日历台日数}\times 100\%$<br>制度利用率(%)=$\dfrac{报告期实作台日数}{报告期制度台日数}\times 100\%$ |
| | 机械效率 | 机械效率=$\dfrac{报告期机械实际完成的实物工程总量}{报告期机械平均总能力}$<br>机械效率=$\dfrac{报告期内同种机械实作台班总数}{报告期内同种机械平均台数}$(台班/台) |
| 主要器材、燃料等消耗率 | | 消耗率=$\dfrac{主要器材、燃料实际消耗量}{主要器材、燃料定额消耗量}\times 100\%$<br>单位消耗率=$\dfrac{主要器材、燃料实际消耗量}{实际完成工作量}$ |
| 施工机械化程度 | 工程机械化程度 | 工程机械化程度(%)=$\dfrac{某工种工程利用机械完成的实物量}{某工种工程完成的全部实物量}$ |
| | 综合机械化程序 | 综合机械化程序(%)=$\dfrac{\sum\left(\begin{array}{c}各种工程用机\\械完成的实物量\end{array}\times\begin{array}{c}各该工种工程\\人工定额工日\end{array}\right)}{\sum\left(\begin{array}{c}各种工程完成\\的总实物工程量\end{array}\times\begin{array}{c}各该工种工程\\人工定额工日\end{array}\right)}\times 100\%$ |

2.机械设备操作人员考核

机械设备操作人员应持证上岗,实行岗位责任制,严格按照操作规范作业,搞好班组核算,加强考核和激励。

## 第五节  项目技术管理

### 一、项目技术管理计划

技术管理计划应包括技术开发计划、设计技术计划和工艺技术计划。

(1)技术开发计划。技术开发的依据有:国家的技术政策,包括科学技术的专利政策、技术成果有偿转让;产品生产发展的需要,是指未来对建筑产品的种类、规模、质量以及功能等需要;组织的实际情况,指企业的人力、物力、财力以及外部协作条件等。

(2)设计技术计划。设计计划主要是涉及技术方案的确立、设计文件的形成以及有关指导意见和措施的计划。

(3)工艺技术计划。施工工艺上存在客观规律和相互制约关系,一般是不能违背的。如基坑未挖完土方,后序工作垫层就不能施工;浇注混凝土必须在模板安装和钢筋绑扎完成后才能施工。因此,要对工艺技术进行科学、周密的计划和安排。

### 二、项目技术管理控制

**1. 技术开发管理**

(1)确立技术开发方向和方式。根据我国国情,根据企业自身特点和建筑技术发展趋势确定技术开发方向,走与科研机构、大专院校联合开发的道路。但从长远来看,企业应有自己的研发机构,强化自己的技术优势,在技术上形成一定的垄断,走技术密集形道路。

(2)加大技术开发的投入。应制定短、中、长期的研究投入费用及其占营业额的比例,逐步提高科技投入量,监督实施,并建立规范化的评价、审查和激励机制;加强研发力量,重视科研人才,增添先进的设备和设施,保证技术开发具有先进手段。

(3)加大科技推广和转化力度。

(4)增大技术装备投入。增大技术装备投入才能提高劳动生产率。考虑投入规模至少应当是承包商当年收益的 2%～3%,并逐年增长。

(5)提倡应用计算机和网络技术。利用软件进行投标、工程设计和概预算工作,利用网络收集施工技术等情报信息,通过电子商务采购降低采购成本。

**2. 新产品、新材料、新工艺的应用管理**

应有权威的技术检验部门关于其技术性能的鉴定书,制定出质量标准以及操作规程后,才能在工程上使用,加大推广力度。

**3. 施工组织设计管理**

施工组织设计是企业实现科学管理、提高施水平和保证工程质量的主要手段,也是贯穿设计、规范、规程等技术标准组织施工,纠正施工盲目性的有力措施。要进行充分的调查研究,广泛发动技术人员、管理人员制定措施,使施工组织设计符合实际,切实可行。

**4. 技术档案管理**

技术档案是按照一定的原则、要求,经过移交、归档后整理,保管起来技术文件材料。它既记录了各建筑物、构筑物的真实历史,更是技术人员、管理人员和操作人员智慧的结晶。实行统一领导、分专业管理。资料收集做到及时、准确、完整,分类正确,传递及时,符合地方法规要求,无遗留问题。

**5. 测试仪器管理**

组织建立计量、测量工作管理制度。由项目技术负责人明确责任人,制定管理制度,经批准后实施。管理制度要明确职责范围,仪表、器具使用、运输、保管有明确要求,建立台账定期检测,确保所有仪表、器具的精度、检测周期和使用状态符合要求。记录和成果符合规定,确保成果、记录、台账、设备的安全、有效、完整。

### 三、项目技术管理考核

项目技术管理考核应包括对技术管理工作计划的执行,技术方案的实施,技术措施的实施,技术问题的处置,技术资料收集、整理和归档以及技术开发,新技术和新工艺应用等情况进行分析和评价。

## 第六节　项目资金管理

### 一、项目资金管理计划

项目经理部应编制年、季、月进度资金管理(收支)计划,有条件的可以考虑编制旬、周、日的资金管理(收支)计划,上报组织主管部门审批实施。

年度资金管理(收支)计划的编制,要根据施工合同工程款支付的条款和年度生产计划安排,预测年内可能达到的资金收入,要参照施工方案,安排工料机费用等资金分阶段投入,作好收入与支出在时间上的平衡。编制年度资金计划,主要是摸清工程款到位情况,测算筹集资金的额度,安排资金分期支付,平衡资金,确立年度资金管理工作总体安排。这对保证工程项目顺利施工,保证充分的经济支付能力,稳定队伍提高生产,完成各项税费基金的上缴,是十分重要的。

季度、月度资金管理(收支)计划的编制,是年度资金收支计划的落实和调整,要结合生产计划的变化,安排好季、月度资金收支。特别是月度资金收支计划,要以收定支,量入为出,要根据施工月度作业计划,计算出主要工、料、机费用及分项收入,结合材料月末库存,由项目经理部各用款部门分别编制材料、人工、机械、管理费用及分包单位支出等分项用款计划,报项目财务部门汇总平衡。汇总平衡后,由项目经理主持召开计划平衡会,确定整个部门用款数,经平衡确定的资金收支计划报公司审批后,项目经理部作为执行依据,组织实施。

### 二、项目资金管理控制

1. 资金收入与支出管理

(1)在项目资金收入与支出管理过程中,应以项目经理为理财中心,并划定资金的管理办法,以哪个项目的资金主要由哪个项目支配为原则。

(2)项目经理按月编制资金收支计划,由公司财务及总会计师批准,内部银行监督执行,并每月都要作出分析总结。企业内部银行可实行"有偿使用"、"存款计息"、"定额考核"等办法。当项目资金不足时,可由内部银行协调解决,不能搞平衡。

(3)项目经理部可在企业内部银行开独立账户,由内部银行输出项目资金的收、支、划、转,并由项目经理签字确认。

(4)项目经理部可按用款计划控制项目资金使用,以收定支,节约开支,并应按规定设立财务台账记录资金支付情况,加强财务核算,及时盘点盈亏。

(5)项目经理部要及时向发包方收取工程款,作好分期结算、增(减)账结算、竣工结算等工作,加快资金入账的步伐,不断提高资金管理水平的效益。

(6)建设单位所提供的"三材"和设备也是项目资金的重要组成,经理部要设置台账,根据收料凭证及时入账,按月分析使用情况,反映"三材"收入及耗用动态,定期与交料单位核对,保证资料完整、准确,为及时作好各项结算创造先决条件。

(7)项目经理部应每月定期召开请业主代表参加的分包商、供应商、生产商等单位的协调会,以便更好地处理配合关系,解决甲方提供资金、材料以及项目向分包商、供应商支付工程款等事宜。

(8)项目经理部应坚持作好项目资金分析,进行计划收支与实际收支对比,找出差异,分析

· 184 ·　　　　　　　　　　　项 目 经 理

原因,改进资金管理。项目竣工后,结合成本核算与分析进行资金收支情况和经济效益总分析,上报企业财务主管部门备案。

2.资金使用的成本管理

项目经理部按组织下达的用款计划控制使用资金,以收定支,节约开支。同时,应按会计制度规定设立财务台账,记录资金支出情况,加强财务核算,及时盘点盈亏。

(1)按用款计划控制资金使用。项目经理部各部门每次领用支票或现金,都要填写用款申请表(表9-5),由项目经理部部门负责人具体控制该部门支出。

**表9-5　用款申请表**

用款部门:　　　　　　　　　年　月　日　　　　　　　　　　　金额单位:元

| 申请人: |
|---|
| 用途: |
| 预计金额: |
| 审批人: |

(2)设立财务台账,记录资金支出。项目经理部需要设立财务台账(表9-6),作会计核算的补充记录,进行债权债务的明细核算。

**表9-6　财务台账**

供货单位名称:　　　　　　　　　　　　　　　　　　　　　　金额单位:元

| 年 | 月 | 日 | 凭证号 | 摘要 | 应付款(贷方) | 已货款(借方) | 借或贷 | 余额 |
|---|---|---|---|---|---|---|---|---|
|  |  |  |  |  |  |  |  |  |
|  |  |  |  |  |  |  |  |  |
|  |  |  |  |  |  |  |  |  |
|  |  |  |  |  |  |  |  |  |
|  |  |  |  |  |  |  |  |  |
|  |  |  |  |  |  |  |  |  |
|  |  |  |  |  |  |  |  |  |
|  |  |  |  |  |  |  |  |  |

(3)加强财务核算,及时盘点盈亏。项目部要随着工程进展定期进行资产和债务的清查,以考查以前的报告期结转利润的正确性和目前项目经理部利润的后劲。

3.资金风险管理

项目经理部应注意发包方资金到位情况,签好施工合同,明确工程款支付办法和发包方供料范围。在发包方资金不足的情况下,尽量要求发包方供应部分材料,要防止发包方把属于甲方供料、甲方分包范围的转给组织支付。同时,要关注发包方资金动态,在已经发生垫资施工的情况下,要适当掌握施工进度,以利回收资金。如果出现工程垫资超出原计划控制幅度,要考虑调整施工方案,压缩规模,甚至暂缓施工,并积极与发包方协调,保证开发项目以利回收资金。

## 三、项目资金管理考核

1. 固定资产利用效果的考核

(1) 固定资产占用率。固定资产占用率愈小,即完成每单位建设项目工作量占用的固定资产愈小,说明固定资产的利用效果愈好。

$$\text{固定资产占用率} = \frac{\text{固定资产全年平均原始价值}}{\text{年度完成建设项目工作量}}$$

(2) 固定资产产值率。固定资产产值率是固定资产占用的倒数,每个单位固定资产完成的建设项目工作量愈多,说明固定资产的利用效果愈好。

$$\text{固定资产产值率} = \frac{\text{年度完成建设项目工作量}}{\text{固定资产全年平均原始价值}}$$

(3) 固定资产利润率。固定资产利润率愈高,表明固定资产的利用效果愈好。

$$\text{固定资产利润率} = \frac{\text{利润总额}}{\text{固定资产全年平均原始价值}}$$

固定资产全年平均原始价值=年初固定资产的原始价值+本年增加固定资产平均原始价值-本年减少固定资产平均原始价值

$$\text{本年增加固定资产平均原始价值} = \frac{\sum(\text{某月份增加固定资产总值} \times \text{该固定资产使用月数})}{12}$$

2. 流动资金定额的核定方法

(1) 分析调整法。分析调整法是以上年度流动资金实有额为基础,剔除其中呆滞积压和不合理部分,然后再根据计划年度生产任务的发展变化情况,考虑施工技术水平和管理水平提高等因素,进行分析调整,计算本年度的各项流动资金定额。其计算公式为:

$$\text{流动资金定额} = \frac{(\text{上年流动资金实有额} - \text{不合理占用额}) \times \text{本年计划工作量}}{\text{上年实际工作量} \times (1 - \text{计划期资金节约率})}$$

(2) 定额天数法。采用这种方法时,首先计算出平均每日垫支的流动金额和该项流动资金的定额储备天数,然后将每日平均垫支的流动资金乘上定额储备天数就可求出该项流动资金的定额。

$$\text{机械配件资金定额} = \frac{\text{上年度机械配件耗用量} \times \text{计划年度机械设备台数} \times \text{定额天数}}{360 \times \text{上年度机械配件设备台数}}$$

3. 流动资金利用率效果的考核

(1) 流动资金的周转次数。流动资金在一定时期内周转的次数叫做"周转次数"。在一定的时期内周转的次数愈多,流动资金的用效果愈好。其计算公式如下:

$$\text{流动资金周转次数} = \frac{\text{本期完成的建设项目工程量}}{\text{流动资金平均占用额}}$$

(2) 流动资金的周转天数。流动资金的周转天数是指流动资金周转一次需要多少天,周转一次所需的天数愈少,说明流动资金周转的速度愈快,效果愈好。其计算公式如下:

$$\text{流动资金周转天数} = \frac{360}{\text{流动资金周转次数}}$$

(3) 流动资金占用率。流动资金占用率是流动资金周转次数指标的倒数,它是反映完成每单位建设项目工作占用多少流动资金。其计算公式如下:

$$\text{流动资金占用率} = \frac{\text{流动资金平均占用率}}{\text{本期完成建设项目工程量}}$$

由于加速资金周转而节约的流动资金,通常称为周转中腾出资金,其计算公式如下:

由于加速资金周转而节约的流动资金=本期完成的建设项目工作量×(计划周转天数-实际周转天数)/360。

# 第十章  工程项目沟通管理

## 第一节  概  述

### 一、项目沟通管理的概念

流通是组织协调的手段,是解决组织成员间障碍的基本方法。组织协调的程度和效果常常依赖于各项目参加者之间沟通的程度。通过沟通,不但可以解决各种协调的问题,如在技术、过程、逻辑、管理方法和程序中的矛盾、困难和不一致,而且还可以解决各参加者心理的和行为的障碍和争执。

工程项目沟通管理就是要确保项目信息及时、正确地提取、收集、传播、存储,以及最终进行处置所需实施的一系列过程,最终保证项目组织内部的信息畅通。

在工程项目管理中,信息沟通管理的作用主要表现在以下几个方面:

(1)是决策和计划的基础。项目组织要想作出正确的决策,必须以准确、完整、及时的信息作为基础。

(2)是组织和控制管理过程的依据和手段。只有通过信息沟通,掌握项目组织内的各方面情况,才能为科学管理提供依据,才能有效地提高项目组织的管理效能。

(3)有利于建立和改善人际关系。信息沟通可以将许多独立的个人、团体组织贯通起来,成为一个整体。畅通的信息沟通,可以减少人与人的冲突,改善项目组织内、外部的关系。

(4)保证项目经理成功领导。项目经理需要通过各种途径将意图传递给下级人员,并使下级人员理解和执行。如果沟通不畅,下级人员就不能正确理解和执行领导意图,项目就不能按经理的意图进行,最终导致项目混乱甚至失败。

### 二、项目沟通计划的编制

1. 项目沟通计划编制的依据

(1)沟通要求

沟通要求是指项目涉及人信息需求总和。信息需求结合信息类型和格式定义。信息的类型和格式在信息的数值分析中是必须的。项目资源只有通过信息沟通才能获得扩展。决定项目沟通通常所需要的信息有:

1)项目组织和项目涉及人责任关系。

2)涉及项目的纪律,行政部门、专业。

3)项目所需人员的推算以及应分配的位置。

4)外部信息需求(例如同媒体的沟通)。

(2)沟通技术

在项目的基本单位之间来回传递信息,所能使用的技术和方法有时会差异很大。例如:从简短的谈话到长期的会议;从简单的书面文件到即时查询的在线的进度表和数据库。项目沟通技术的影响因素有:

1)信息要求的即时性:项目的成功是取决于即时通知频繁更新的信息,还是通过定期发行的报告已足够。

2)技术的有效性:已到位的系统运行是否良好,还是需要作一些变动。

3)预期的项目人员配置:计划中的沟通系统是否同项目参与方的经验和知识相兼容,还是需要大量的培训和学习。

4)项目工期的长短:现有技术在项目结束前是否已经变化以至于必须采用更新的技术。

(3)制约与假设因素

1)制约因素。制约因素是限制项目管理小组作出选择的因素。例如,如果需要大量地采购项目资源,那么处理合同的信息就需要更多考虑。当项目按照合同执行时,特定的合同条款也会影响沟通计划。

2)假设因素。对计划中的目的来说,假设因素是被认为真实的确定的因素。假设通常包含一定程度的风险。

2.项目沟通计划的内容

项目沟通计划主要指建设工程项目的沟通管理计划,应包括下列内容:

(1)信息沟通方式和途径。主要说明在项目的不同实施阶段,针对不同的项目相关组织及不同的沟通要求,拟采用的信息沟通方式和沟通途径。即说明信息(包括状态报告、数据、进度计划、技术文件等)流向何人、将采用什么方法(包括书面报告、文件、会议等)分发不同类别的信息。

(2)信息收集归档格式。用于详细说明收集和储存不同类别信息的方法。应包括对先前收集和分发材料、信息的更新和纠正。

(3)信息的发布和使用权限。

(4)发布信息说明。包括格式、内容、详细程度以及应采用的准则或定义。

(5)信息发布时间。即用于说明每一类沟通将发生的时间,确定提供信息更新依据或修改程序,以及确定在每一类沟通之前应提供的现时信息。

(6)更新和修改沟通管理计划的方法。

(7)约束条件和假设。

3.项目沟通计划的执行规定

项目组织应根据项目沟通管理计划规定沟通的具体内容、对象、方式、目标、责任人、完成时间、奖罚措施等,采用定期或不定期的形式对沟通管理计划的执行情况进行检查、考核和评价,并结合实施结果进行调整,确保沟通管理计划的落实和实施。

**三、项目沟通的程序**

一般说来,组织进行项目沟通时,应按以下程序进行:

(1)根据项目的实际需要,预见可能出现的矛盾和问题,制定沟通与协调计划,明确原则、内容、对象、方式、途径、手段和所要达到的目标。

(2)针对不同阶段出现的矛盾和问题,调整沟通计划。

(3)运用计算机信息处理技术,进行项目信息收集、汇总、处理、传输与应用,进行信息沟通与协调,形成档案资料。

工程项目沟通的基本流程如图10-1所示。

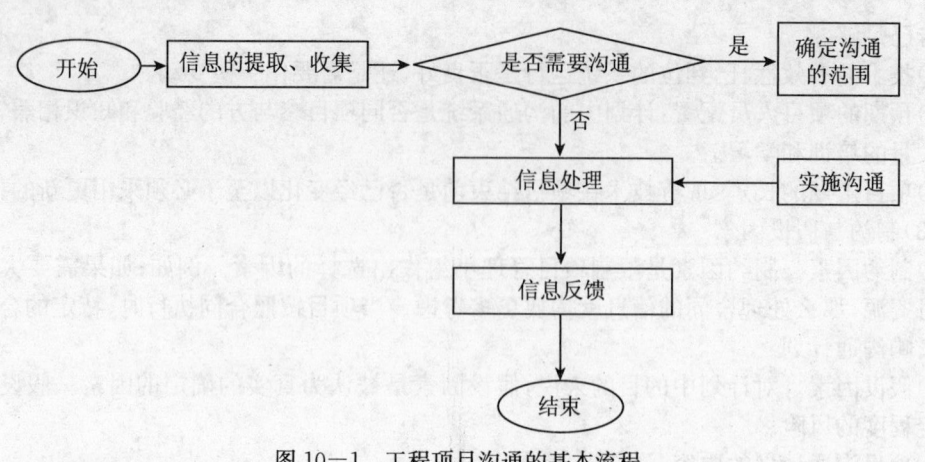

图 10-1　工程项目沟通的基本流程

### 四、项目沟通的内容

工程项目沟通的内容涉及与项目实施有关的所有信息,主要包括项目各相关方共享的核心信息,以及项目内部和相关组织产生的有关信息,具体可归纳为以下几个方面:

(1)核心信息应包括单位工程施工图纸、设备的技术文件、施工规范、与项目有关的生产计划及统计资料、工程事故报告、法规和部门规章、材料价格和材料供应商、机械设备供应商和价格信息、新技术及自然条件等。

(2)取得政府主管部门对该项建设任务的批准文件,取得地质勘探资料及施工许可证,取得施工用地范围及施工用地许可证,取得施工现场附近区域内的其他许可证等。

(3)项目内部信息主要有工程概况信息、施工记录信息、施工技术资料信息、工程协调信息、工程进度及资源计划信息、成本信息、资源需要计划信息、商务信息、安全文明施工及行政管理信息、竣工验收信息等。

(4)监理方信息主要有项目的监理规划、监理大纲、监理实施细则等。

(5)相关方包括社区居民、分承包方、媒体等提出的重要意见或观点等。

## 第二节　项目沟通依据、方式与渠道

### 一、项目沟通的方式

1. 正式沟通与非正式沟通

(1)正式沟通是通过项目组织明文规定的渠道进行信息传递和交流的方式。它的优点是沟通效果好,有较强的约束力。缺点是沟通速度慢。

(2)非正式沟通指在正式沟通渠道之外进行的信息传递。这种沟通的优点是沟通方便,沟通速度快,且能提供一些正式沟通中难以获得的信息,缺点是容易失真。

2. 上行沟通、下行沟通和平行沟通

(1)上行沟通。上行沟通是指下级的意见向上级反映,即自下而上的沟通。

(2)下行沟通。下行沟通是指领导者对员工进行的自上而下的信息沟通。

(3)平行沟通。平等沟通是指组织中各平行部门之间的信息交流。在项目实施过程中,经常可以看到各部门之间发生矛盾和冲突,除其他因素外,部门之间互不通气是重要原因之一,保证平行部门之间沟通渠道畅通,是减少部门之间冲突的一项重要措施。

3. 单向沟通与双向沟通

(1)单向沟通。单向沟通是指发送者和接受者两者之间的地位不变(单向传递),一方只发送信息,另一方只授受信息的方式。这种方式信息传递速度快,但准确性较差,有时还容易使授受者产生抗拒心理。

(2)双向沟通。双向沟通中,发送者和接受者两者之间的位置不断交换,且发送者是以协商和讨论的姿态面对接受者,信息发出以后还需及时听取反馈意见,必要时双方可进行多次重复商谈,直到双方共同明确和满意为止,如交谈、协商等。其优点是沟通信息准确性较高,接受者有反馈意见的机会,产生平等感和参与感,增加自信心和责任心,有助于建立双方的感情。

4. 书面沟通和口头沟通

(1)书面沟通。书面沟通大多用来进行通知、确认和要求等活动,一般在描述清楚事情的前提下尽可能简洁,以免增加负担而流于形式。书面沟通一般在以下情况使用:项目团队中使用的内部备忘录,或者对客户和非公司成员使用报告的方式,如正式的项目报告、年报,非正式的个人记录、报事贴。

(2)口头沟通。口头沟通包括会议、评审、私人接触、自由讨论等。这一方式简单有效,更容易被大多数人接受,但是不像书面形式那样"白纸黑字"留下记录,因此不适用于类似"确认"这样的沟通。口头沟通过程中应该坦白、明确,避免由于文化背景、民族差异、用词表达等因素造成理解上的差异,这是特别需要注意的。沟通的双方一定不能带有想当然或含糊的心态,不理解的内容一定要表示出来,以求以方的进一步解释,直到达成共识。

5. 言语沟通和体语沟通

言语沟通是指用有言语的形式进行沟通。体语沟通是指用形体语言进行沟通,像手势、图形演示、视频会议都可以用来作为体语沟通方式。它的优点是摆脱了口头表达的枯燥,在视觉上把信息传递给接受者,更容易理解。

**二、项目沟通的依据**

项目沟通分为内部沟通和外部沟通,因此它的沟通依据也应分情况对待。

1. 项目内部沟通依据

项目内部沟通应包括项目经理部与组织管理层、项目经理部内部的各部门和相关成员之间的沟通与协调。

(1)项目经理部与组织管理层之间的沟通与协调,主要依据《项目管理目标责任书》,由组织管理层下达责任目标、指标,并实施考核、奖惩。

(2)项目经理部与内部作业层之间的沟通与协调,主要依据《劳务承包合同》和项目管理实施规划。

(3)项目经理部各职能部门之间的沟通与协调,重点解决业务环节之间的矛盾,应按照各自的职责和分工,顾全大局、统筹考虑、相互支持、协调工作。特别是对人力资源、技术、材料、设备、资金等重大问题,可通过工程例会的方式研究解决。

(4)项目经理部人员之间的沟通与协调,通过做好思想政治工作,召开党小组会和职工大会,加强教育培训,提高整体素质来实现。

2. 项目外部沟通依据

项目外部沟通应由组织与项目相关方进行沟通。外部沟通应依据项目沟通计划、有关合同和合同变更资料、相关法律法规、伦理道德、社会责任和项目具体情况等进行。

(1)施工准备阶段:项目经理部应要求建设单位按规定时间履行合同约定的责任,并配合做好征地拆迁等工作,为工程顺利开工创造条件;要求设计单位提供设计图纸、进行设计交底,并搞好图纸会审;引入竞争机制,采取招标的方式,选择施工分包和材料设备供应商,签订合同。

(2)施工阶段:项目经理部应按时向建设、设计、监理等单位报送施工计划、统计报表和工程事故报告等资料,授受其检查、监督和管理;对拨付工程款、设计变更、隐蔽工程签证等关键问题,应取得相关方的认同,并完善相应手续和资料。对施工单位应按月下达施工计划,定期进行检查、评比。对材料供应单位严格按合同办事,根据施工进度协商调整材料供应数量。

(3)竣工验收阶段:按照建设工程竣工验收的有关规范和要求,积极配合相关单位做好工程验收工作,及时提交有关资料,确保工程顺利移交。

### 三、项目沟通管理的渠道

沟通渠道是指项目成员为解决某个问题和协调某一方面的矛盾而在明确规定的系统内部进行沟通协调工作时,所选择和组建的信息沟通网络。沟通渠道分为正式沟通渠道和非正式沟通渠道两种。每一种沟通渠道都包含多种沟通模式。

(1)正式沟通渠道及其比较见表 10—1。

**表 10—1 正式沟通渠道及其比较**

| 沟通模式<br>指标 | 链式 | Y 型 | 轮式 | 环式 | 全能道式 |
|---|---|---|---|---|---|
| 解决问题的速度 | 适中 | 适中 | 快 | 慢 | 快 |
| 正确性 | 高 | 高 | 高 | 低 | 适中 |
| 领导者的突出性 | 相当显著 | 非常显著 | 非常显著 | 不发生 | 不发生 |
| 士气 | 适中 | 适中 | 低 | 高 | 高 |

(2)非正式沟通渠道有单线式、偶然式、流言式、集束式等几种形式。

# 第三节 项目沟通处理

### 一、项目沟通障碍

#### 1.项目沟通障碍的表现形式

在项目沟通过程中,沟通双方所具有的不同心态、表达能力、理解能力以及所处的环境和所采取的沟通方式,都会影响到沟通的效果,进而造成语义理解、知识水平的限制、知觉的选择性、心理因素的影响、组织结构的影响、沟通渠道的选择、信息量过大等障碍。

工程项目障碍的表现形式主要有:

(1)沟通的延迟。即基层信息在向上传递时过分缓慢。一些下属在向上级反映问题时犹豫不决,因为当工作完成不理想时,向上汇报就可能意味着承认失败。于是,每一层的人都可以延迟沟通,以便设法决定如何解决问题。

(2)信息的过滤。这种信息被部分筛除的情况之所以发生,是因为员工有一种自然的倾向。即在向主管报告时,只报告那些他们认为主管想要听的内容。不过,信息过滤也有合理的原因。所有的信息可能非常广泛;或者有些信息并不确定,需要进一步查证;或者主管要求员工仅报告那些事情的要点。因此,过滤必然成为沟通中潜在的问题。

为了设法防止信息的过滤,人们有时会采取短路而绕过主管,也就是说他们越过一个甚至更多个沟通层级。从积极的一面来看,这种短路可以减少信息的过滤和延迟;但其不利的一面是,由于它属于越级反应,管理中通常不鼓励这种做法。另一个问题涉及员工需要得到答复。由于员工向上级反映情况,他们作为信息的传递者,通常强烈地期望得到来自上级的反馈,而且希望能及时得到反馈。如果管理者提供迅速的相应,就会鼓励进一步的向上的沟通。

(3)信息的扭曲。这是指有意改变信息以便达到个人目的信息。有的项目组织成员为了得到更多的表扬和更多的获取,故意夸大自己的工作成绩,有些人则会掩饰部门中的问题。任何信息的扭曲都使管理者无法准确了解情况,不能作出明智的决策。而且,扭曲事实是一种不道德的行为,会破坏双方彼此的信任。

2. 项目沟通障碍的解决方法

(1)应重视双向沟通与协调方法,保持多种沟通渠道的利用,正确运用文字语言等。

(2)信息沟通后必须同时取得反馈,以弄清沟通方是否已经了解,是否愿意遵循并采取了相应的行动等。

(3)项目经理部应自觉以法律、法规和社会公德约束自身行为,在出现矛盾和问题时,首先应取得政府部门的支持、社会各界的理解,按程序沟通解决,必要时借助社会中介组织的力量,调节矛盾、解决问题。

(4)为了消除沟通障碍,应熟悉各种沟通方式的特点,确定统一的沟通语言或文字,以便在进行沟通时能够采用恰当的交流方式。

**二、项目冲突处理**

1. 项目冲突的类型

(1)人际冲突。人际冲突是指群体内的个人之间的冲突,主要指群体内两个或两个以上个体由于意见、情感不一致而相互作用时导致的冲突。

(2)群体或部门冲突。群体或部门冲突是指项目中的部门与部门、团体与团体之间,由于各种原因发生的冲突。

(3)个人与群体或部门之间的冲突。这种冲突不仅包括个人与正式组织部门的规则制度要求及目标取向等方面的不一致,也包括个人与非正式组织团体之间的利害冲突。

(4)项目与外部环境之间的冲突。项目与外部环境之间的冲突主要表现在项目与社会公众、政府部门、消费者之间的冲突。如社会公众希望项目承担更多的社会责任和义务,项目的组织行为与政府部门约束性的政策法规之间的不一致和抵触,项目与消费者之间发生的纠纷等。

2. 项目管理过程中发生冲突的原因

在项目管理过程中,冲突涉及项目组的所有成员和项目的各个阶段。引起冲突的原因主要有以下几方面:

(1)工作的内容。一个项目中,在将采用技术、工作量、工作完成后的质量标准方面都可能存在冲突,不同的成员可能都有自己的看法。

(2)任务分配。项目组的成员在具体任务分配方面可能也会产生冲突。项目过程中,每个任务在工作量、难度、成员的兴趣、成员的专长等方面可能有很大的差别,冲突可能会由于分配某个成员从事某项具体的工作任务而产生。

(3)计划进度。冲突可能来源于完成任务所需时间的长短、完成任务的次序等方面存在不同意见。项目经理在指定项目计划时,会经常碰到这方面的问题。

(4)任务的先后次序。当一个成员同时在多个项目中工作,或者忽然有新的任务,就会使正常的工作量突然增加,同时一个工作进程收到干扰。这时,在任务完成的先后次序方面就会产生冲突。

(5)项目组织。如果项目的组织和行为规范不合理,就会使项目过程缺乏沟通、成员对问题表述含糊导致理解出现分歧、出现问题无法及时作出决策。当项目到了最后阶段,就会发现所有的问题都逐渐显现出来,而解决起来就很困难,涉及面太多。

(6)成员差异。项目组成员在思维方式、对待问题的态度方面的不同也会导致冲突。例如,某个功能的处理,有人喜欢这样,有人喜欢那样。

3.项目冲突的解决方法

项目管理过程中,人们也许会认为冲突是没有好处的,所以,总是尽量避免。然而,冲突又是不可避免的,不同的意见存在是正常的。试图压制冲突是一种错误的做法,因为冲突可能带来新的信息、新的方法,帮助项目组另辟蹊径,指定更好的问题解决方案。

对建设工程项目实施各阶段出现的冲突,项目经理部应根据沟通的进展情况和结果,按程序要求通过各种方式及时将信息反馈级相关各方,实现共享,提高沟通与协调效果,以便及早解决冲突。项目冲突的解决可采用以下方法:

(1)灵活地采用协商、让步、缓和、强制和退出等方式。

(2)使项目的相关方了解项目计划,明确项目目标。

(3)及时作好变更管理。

# 参 考 文 献

[1] 中华人民共和国铁道部. 铁路路基工程施工质量验收标准 TB 10414—2003[S]. 北京:中国铁道出版社,2004.
[2] 中华人民共和国铁道部. 铁路桥涵工程施工质量验收标准 TB 10415—2003[S]. 北京:中国铁道出版社,2004.
[3] 中华人民共和国铁道部. 铁路隧道工程施工质量验收标准 TB 10417—2003[S]. 北京:中国铁道出版社,2004.
[4] 中华人民共和国铁道部. 客运专线铁路轨道工程施工质量验收暂行标准[S]. 北京:中国铁道出版社,2005.
[5] 中华人民共和国铁道部. 铁路混凝土与砌体工程质量验收标准 TB 10424—2003[S]. 北京:中国铁道出版社,2004.
[6] 中华人民共和国铁道部. 铁路给水排水工程施工质量验收标准 TB 10422—2003[S]. 北京:中国铁道出版社,2004.
[7] 赵暑生,张龙祥. 铁路建设项目管理[M]. 北京:中国铁道出版社,2004.
[8] 陆东福. 铁路建设项目管理[M]. 北京:中国铁道出版社,2004.
[9] 虞纯. 客运专线铁路物资管理手册[M]. 北京:中国铁道出版社,2008.
[10] 米振友,吴若冰. 铁路企业合同管理实务[M]. 北京:中国铁道出版社,2004.
[11] 刘湘宁. 既有铁路施工安全管理[M]. 北京:中国铁道出版社,2001.
[12] 铁道部安全监察司,铁道部建设管理司. 铁路营业线施工及安全管理[M]. 北京:中国铁道出版社,2006.